住房和城乡建设部"十四五"规划教材

高等职业教育活页式系列教材

市政工程制图与识图

郭启臣 **主编**

吕　君 **主审**

中国建筑工业出版社

图书在版编目（CIP）数据

市政工程制图与识图/郭启臣主编 . — 北京：中国建筑工业出版社，2023.12
住房和城乡建设部"十四五"规划教材 高等职业教育活页式系列教材
ISBN 978-7-112-29132-8

Ⅰ . ①市… Ⅱ . ①郭… Ⅲ . ①市政工程－工程制图－识图－高等职业教育－教材 Ⅳ . ① TU99

中国国家版本馆 CIP 数据核字（2023）第 172199 号

本书主要介绍了制图基础及市政工程图的绘制与识读方法。本书内容主要有：认识投影和三面投影图，绘制点、线、平面的投影，绘制立体的投影，绘制标高投影，轴测投影，道路工程图识读，桥隧工程图识读，涵洞、通道工程图识读，给水排水施工图识读。

本书是"市政工程制图与识图"在线开放课程的配套教材。针对重点、难点的知识点配有微课、动画、教学课件等教学资源，可通过扫描书中二维码在线观看。

本书为高等职业院校教学用书，也可作为应用型本科、开放大学、成人教育、自学考试、中职学校教学用书，同时还可作为市政工程类相关专业技术人员的参考书。扫描下方的"任务单"二维码可下载各任务的任务单。

为了更好地支持相应课程的教学，我们向采用本书作为教材的教师提供课件，有需要者可与出版社联系。建工书院：http://edu.cabplink.com，邮箱：jckj@cabp.com.cn，电话：（010）58337285。

任务单

责任编辑：聂　伟　王美玲　吕　娜
责任校对：赵　力

住房和城乡建设部"十四五"规划教材
高等职业教育活页式系列教材
市政工程制图与识图
郭启臣　主编
吕　君　主审

*

中国建筑工业出版社出版、发行（北京海淀三里河路 9 号）
各地新华书店、建筑书店经销
北京雅盈中佳图文设计公司制版
北京市密东印刷有限公司印刷

*

开本：787 毫米 ×1092 毫米　1/16　印张：21¼　字数：434 千字
2025 年 2 月第一版　2025 年 2 月第一次印刷
定价：**79.00** 元（附数字资源及赠教师课件）
ISBN 978-7-112-29132-8
（41818）

出版说明

党和国家高度重视教材建设。2016 年，中办国办印发了《关于加强和改进新形势下大中小学教材建设的意见》，提出要健全国家教材制度。2019 年 12 月，教育部牵头制定了《普通高等学校教材管理办法》和《职业院校教材管理办法》，旨在全面加强党的领导，切实提高教材建设的科学化水平，打造精品教材。住房和城乡建设部历来重视土建类学科专业教材建设，从"九五"开始组织部级规划教材立项工作，经过近 30 年的不断建设，规划教材提升了住房和城乡建设行业教材质量和认可度，出版了一系列精品教材，有效促进了行业部门引导专业教育，推动了行业高质量发展。

为进一步加强高等教育、职业教育住房和城乡建设领域学科专业教材建设工作，提高住房和城乡建设行业人才培养质量，2020 年 12 月，住房和城乡建设部办公厅印发《关于申报高等教育职业教育住房和城乡建设领域学科专业"十四五"规划教材的通知》（建办人函〔2020〕656 号），开展了住房和城乡建设部"十四五"规划教材选题的申报工作。经过专家评审和部人事司审核，512 项选题列入住房和城乡建设领域学科专业"十四五"规划教材（简称规划教材）。2021 年 9 月，住房和城乡建设部印发了《高等教育职业教育住房和城乡建设领域学科专业"十四五"规划教材选题的通知》（建人函〔2021〕36 号）。为做好"十四五"规划教材的编写、审核、出版等工作，《通知》要求：（1）规划教材的编著者应依据《住房和城乡建设领域学科专业"十四五"规划教材申请书》（简称《申请书》）中的立项目标、申报依据、工作安排及进度，按时编写出高质量的教材；（2）规划教材编著者所在单位应履行《申请书》中的学校保证计划实施的主要条件，支持编著者按计划完成书稿编写工作；（3）高等学校土建类专业课程教材与教学资源专家委员会、全国住房和城乡建设职业教育教学指导委员会、住房和城乡建设部中等职业教育专业指导委员会应做好规划教材的指导、协调和审稿等工作，保证编写质量；（4）规划教材出版单位应积极配合，做好编辑、出版、发行等工作；（5）规划教材封面和书脊应标注"住房和城乡建设部'十四五'规划教材"字样和统一标识；（6）规划教材应在"十四五"期间完成出版，逾期不能完成的，不再作为《住房和城乡建设领域学科专业"十四五"规划教材》。

住房和城乡建设领域学科专业"十四五"规划教材的特点，一是重点以修订教育部、住房和城乡建设部"十二五""十三五"规划教材为主；二是严格按照专业标准规范要求编写，体现新发展理念；三是系列教材具有明显特点，满足不同层次和类型的学校专业教学要求；四是配备了数字资源，适应现代化教学的要求。规划教材的出版凝聚了作者、主审及编辑的心血，得到了有关院校、出版单位的大力支持，教材建设管理过程有严格保障。希望广大院校及各专业师生在选用、使用过程中，对规划教材的编写、出版质量进行反馈，以促进规划教材建设质量不断提高。

住房和城乡建设部"十四五"规划教材办公室

2021 年 11 月

前言 ●

　　"市政工程制图与识图"是市政工程类专业一门专业基础课。本书在开展多次行业和企业调查的基础上，根据企业岗位技能要求，结合教育部最新的职业教育教学改革理念及国家现行的有关规范、规程、标准进行编写。

　　本书立足职业岗位，以学习者为中心进行教学设计、教学组织及资源开发。结合职业岗位实际工作任务需求和职业发展所需的知识、能力、素质要求，通过"任务驱动"的模式，对教学内容进行重构和优化，突出实践技能训练，体现了教学与行业发展的紧密结合。编者结合高等职业教育的办学特点，"以应用为目的，以必需和够用为度，以适用为主"，把职业能力培养作为主线，注重处理好知识、能力和素质三者之间的关系，以体现基础知识、基础理论为出发点，设计内容结构。

　　本书为高等职业学校教学用书，也可作为应用型本科、开放大学、成人教育、自学考试、中职学校教学用书，同时还可作为市政工程类相关专业技术人员的参考书。

本书由黑龙江建筑职业技术学院郭启臣主编和统稿，黑龙江建筑职业技术学院沈义担任副主编，编写分工为：郭启臣编写项目 1、2、3、4、5、9，沈义编写项目 6、7，黑龙江伊哈公路工程有限公司高文波编写项目 8。

全书由黑龙江建筑职业技术学院吕君教授主审。

由于编者能力有限，书中错误和不当之处在所难免，恳请专家、读者批评指正。

目　录

二维码索引

认识投影和三面投影图

知识目标：

  1. 认识影子和投影；

  2. 掌握不同类型的投影，掌握正投影特性；

  3. 掌握形体三面投影图建立方法，掌握三面投影图的投影关系。

能力目标：

  1. 能区别影子和投影；

  2. 能辨认不同类型的投影，能说出正投影特性；

  3. 能建立三投影面体系。

思政目标：

  培养学生从不同角度看问题、分析问题的能力。

任务 1.1   认识投影

1.1.1   认识影子和投影

码 1-1   投影
基础

物体在阳光或灯光的照射下，在地面上或墙上会产生影子，这种常见的自然现象称为投影现象。

人们根据生产活动的需要，对于投影现象进行长期观察与研究，总结并形成一套用平面图形表达物体立体形状的投影方法。

投影法就是一束光线照射物体，在给定的平面上产生图像的方法。

例如灯光照射在桌面上，在地面上产生的影子比桌面大，如图 1-1（a）所示。如果灯的位置在桌面的正中上方，它与桌面的距离越远，则影子越接近桌面的实际大小。可以设想如果把灯移到无限远的高度，即光线相互平行并与地面垂直，这时影子的大小就和桌面一样，如图 1-1（b）所示。

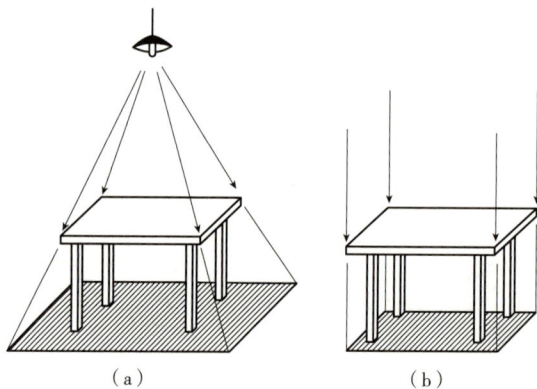

（a）   （b）

图 1-1   光线、物体和影子

人们对这种现象进行科学抽象，即按照投影的方法，把形体的所有内外轮廓和内外表面交线全部表示出来，且依投影方向可见的轮廓线画实线，不可见的轮廓线画虚线。这样，形体的影子就发展成为能满足生产需要的投影图，简称投影，如图 1-2 所示。这种按投影的方法达到用二维平面表示三维形体的方法，称为投影法。

我们把光线称为投射线，把承受投影的平面称为投影面。若求物体上任一点 A 的投影 a，就是通过 A 点作投射线与投影面的交点。

1.1.2   辨认不同类型的投影

按投射线的不同情况，投影可分为两大类，即中心投影和平行投影。

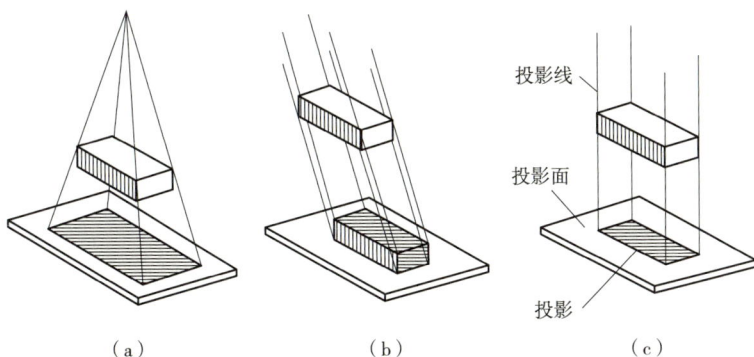

（a）　　　　　　　（b）　　　　　　　（c）

图 1-2　影子和投影

1. 中心投影

所有投射线都从一点（投影中心）引出的投影，称为中心投影。如图 1-3 所示，若投影中心为 S，把投射线与投影面 H 的各交点相连，即得三角形的中心投影。

2. 平行投影

若所有投射线互相平行，则称为平行投影。若投射线与投影面斜交，则称为斜角投影或斜投影（图 1-4a）；若投射线与投影面垂直，则称为直角投影或正投影（图 1-4b）。

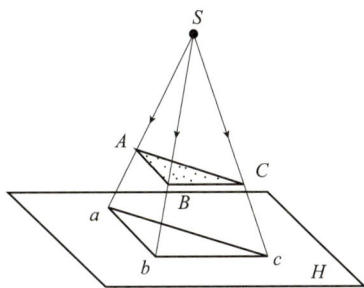

图 1-3　中心投影

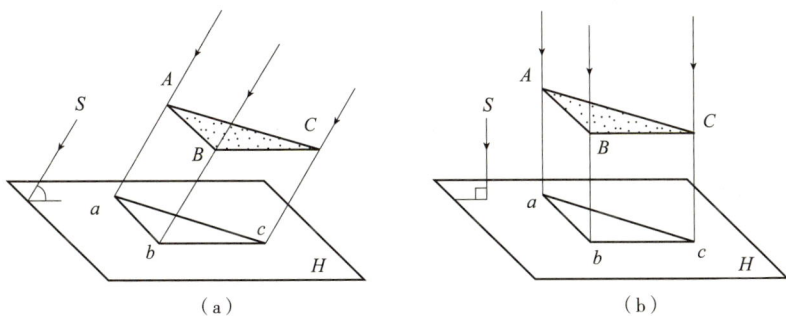

（a）　　　　　　　　　　　　　（b）

图 1-4　平行投影
（a）斜投影；（b）正投影

大多数的工程图，都是采用正投影法来绘制。正投影法是本教材研究的主要对象，今后凡未作特别说明，都属正投影。

码 1-2　正投影的特性

1.1.3　总结正投影特性

正投影是本教材研究的重点，因此本书总结了正投影的投影特性。

1. 相似性

（1）点的投影仍是点，如图 1-5（a）所示。

（2）直线的投影在一般情况下仍为直线，当直线段倾斜于投影面时，其正投影短于实长。如图 1-5（b）所示，通过直线 AB 上各点的投射线，形成一平面 $ABba$，它与投影面 H 的交线 ab 即为 AB 的投影。

（3）平面的投影在一般情况下仍为平面，当平面倾斜于投影面时，其正投影小于实形，如图 1-5（c）所示。

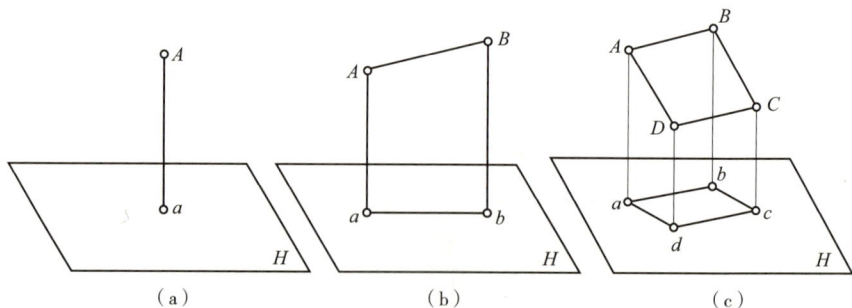

图1-5　点、直线、平面的投影
（a）点的投影；（b）直线的投影；（c）平面的投影

2. 从属性

若点在直线上，则点的投影必在该直线的投影上。如图 1-6 所示，点 K 在直线 AB 上，投射线 Kk 必与 Aa、Bb 在同一平面上，因此点 K 的投影 k 一定在 ab 上。

3. 定比性

直线上一点把该直线分成两段，该两段之比等于其投影之比。如图 1-6 所示，由于 $Aa//Kk//Bb$，所以 $AK：KB = ak：kb$。

4. 平行性

两平行直线的投影仍互相平行，且其投影长度之比等于两平行线段长度之比。

如图 1-7 所示，$AB//CD$，其投影 $ab//cd$，且 $ab：cd = AB：CD$。

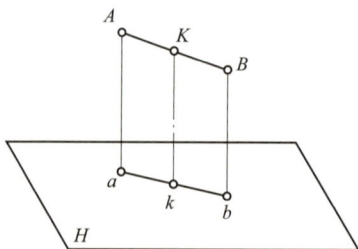

图1-6　直线的从属性和定比性　　　　图1-7　两平行直线的投影

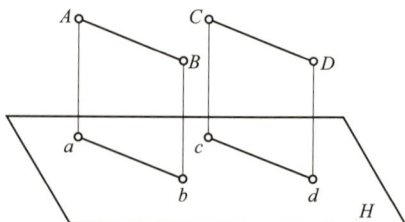

5. 实形性

平行于投影面的直线和平面，其投影反映实长和实形。如图 1-8 所示，直线 AB 平行于投影面 H，其投影 $ab=AB$，即反映 AB 的真实长度。平面 $ABCD$ 与 H 面平行，其投影 $abcd$ 反映 $ABCD$ 的真实大小。

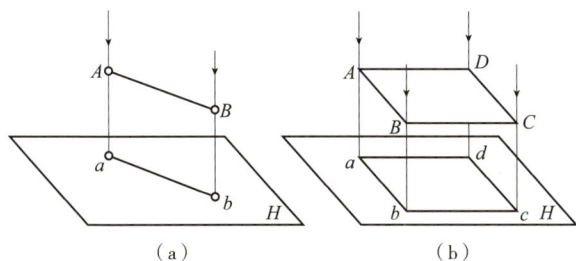

图 1-8 投影的实形性
（a）直线平行于投影面；（b）平面平行于投影面

6. 积聚性

垂直于投影面的直线，其投影积聚为一点；垂直于投影面的平面，其投影积聚为一条直线。如图 1-9 所示，直线 AB 垂直于投影面 H，其投影积聚成一点 a（b）。平面 $ABCD$ 垂直于投影面 H，其投影积聚成一直线 a（b）d（c）。

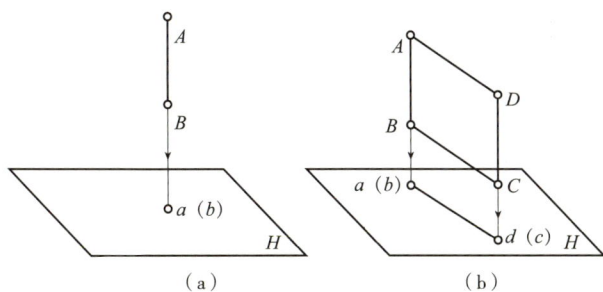

图 1-9 直线和平面的积聚性
（a）直线的积聚投影；（b）平面的积聚投影

作业页

班级：   姓名：   学号：

思考题

（1）什么是投影？投影分为几类？

（2）什么是正投影的相似性？

（3）什么是正投影的从属性？

（4）什么是正投影的定比性？

（5）什么是正投影的平行性？

（6）什么是正投影的实形性？

（7）什么是正投影的积聚性？

任务1.2 认识形体的三面投影图

1.2.1 建立三面投影体系

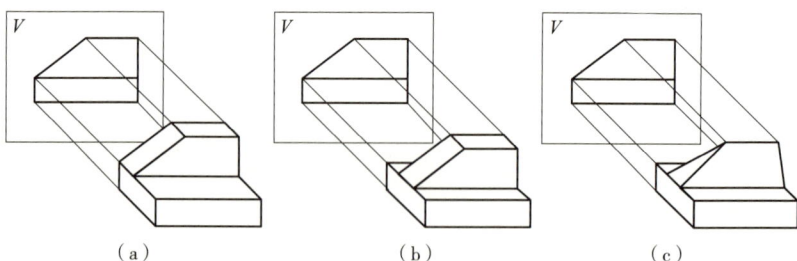

如图1-10所示,三个形状不同的形体,在同一投影面上的投影却是相同的。这说明根据形体的一个投影,往往不能准确地表示形体的形状,因此,一般把形体放在三个互相垂直的平面所组成的三面投影体系中进行

（a） （b） （c）

图1-10 一个投影图不能确定形体的空间形状

投影,如图1-11所示。在三投影面体系中,水平放置的平面称为水平投影面,用字母"H"表示,简称为H面;正对观察者的平面称为正立投影面,用字母"V"表示,简称为V面;观察者右侧的平面称为侧立投影面,用字母"W"表示,简称为W面。这三个相互垂直的投影面就构成了三面投影体系,三投影面两两相交构成三条投影轴OX、OY和OZ,三轴的交点O称为原点。只有在这个体系中,才能比较充分地表示出形体的空间形状。

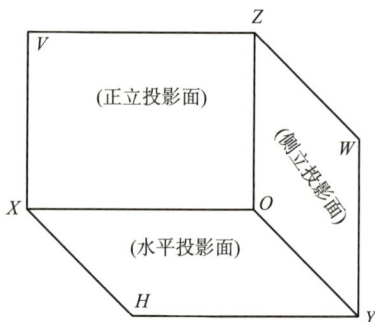

图1-11 三面投影体系

1.2.2 认识三面投影图

现将被投影的形体置于三面投影体系中,且形体在观察者和投影面之间,如图1-12所示,形体靠近观察者一面称为前面,反之称为后面。同理定出形体其余的左、右、上、下四个面。现由安放位置可知,形体的前、后两面均与V面平行,顶、底两面则与H面平行。用三组分别垂直于三个投影面的投射线对形体进行投影,就得到该形体在三个投影面上的投影。

（1）由前向后投影,在V面上所得的投影图,称为正立面投影图,简

称 V 面投影；

（2）由上向下投影，在 H 面上所得的投影图，称为水平投影图，简称 H 面投影；

（3）由左向右投影，在 W 面上所得的投影图，称为（左）侧立面投影图，简称 W 面投影。

上述所得的 V、H、W 三个投影图就是形体最基本的三面投影图。根据形体的三面投影图，就可以确定该形体的空间位置和形状。

为了使三面投影图能画在一张图纸上，还必须把三个投影面展开，使之摊平在同一个平面上。V 面不动，H 面绕 OX 轴向下旋转 $90°$，W 面绕 OZ 轴向右旋转 $90°$，使它们转至与 V 面同在一个平面上，如图 1–13 所示，这样就得到在同一平面上的三面投影图。这时 Y 轴出现两次，一次是随 H 面转至下方，与 Z 轴同在一铅垂线上，标以 Y_H；另一次随 W 面转至右方，与 X 轴在同一水平线上，标以 Y_W。摊平后的三面投影图如图 1–14（a）所示。

为了简化作图，在三面投影图中不画投影面的边框线，投影图之间的距离可根据需要确定，三条轴线也可省去，如图 1–14（b）所示。

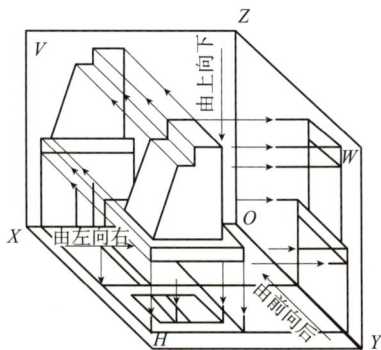

图 1-12　三面投影图的形成

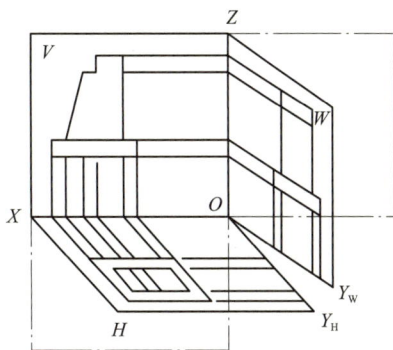

图 1-13　三面投影图的展开

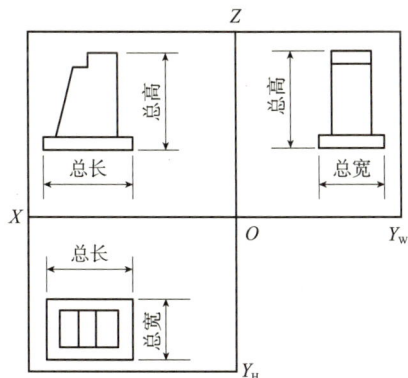

（a）

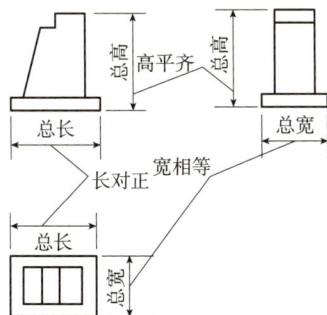

（b）

图 1-14　三面投影图的形成和投影规律

1.2.3 总结三面投影图的投影关系

由于三面投影图是将同一个形体从不同的三个方向投影得到的，而且在投影过程中物体的位置不会发生改变，所以三面投影图之间存在着密切的关系，主要表现在它们的度量和相互位置的联系上。

1.投影形成相关的顺序关系

在三投影面体系中：从前向后，以人→物→图的顺序形成 V 面投影；从上向下，以人→物→图的顺序形成 H 面投影；从左向右，以人→物→图的顺序形成 W 面投影。所以，投影形成相关的顺序关系是人→物→图。

2.投影中的长、宽、高和方位关系

每个形体都有长度、宽度、高度或左右、前后、上下三个方向的形状和大小变化。形体左右两点之间平行于 OX 轴的距离称为长度；上下两点之间平行于 OZ 轴的距离称为高度；前后两点之间平行于 OY 轴的距离称为宽度。

每个投影图能反映其中两个方向关系：H 面投影反映形体的长度和宽度，同时也反映左右（X 轴）、前后位置（Y 轴）；V 面投影反映形体的长度和高度，同时也反映左右（X 轴）、上下位置（Z 轴）；W 面投影反映形体的高度和宽度，同时也反映上下（Z 轴）、前后位置（Y 轴）。

3.投影图的三等关系

三面投影图是在形体安放位置不变的情况下，从三个不同方向投影所得到的，它们共同表达同一形体，因此它们之间存在着紧密的关系。

（1）长对正：V、H 两面投影都反映形体的长度，展开后所反映形体的长度不变，因此画图时必须使它们左右对齐，即"长对正"的关系；

（2）高平齐：V、W 两面投影都反映物体的高度，有"高平齐"的关系；

（3）宽相等：H、W 两面投影都反映物体的宽度，有"宽相等"的关系。

"长对正、高平齐、宽相等"是三面投影图最基本的投影规律，它不仅适用于整个形体的投影，也适用于形体的每个局部的投影。因此，在画图时必须遵守这一投影关系。

4.投影位置的配置关系

根据三个投影面的相对位置及展开的规定，三面投影图的位置关系是：以立面图为准，平面图在立面图的正下方，侧面图在立面图的正右方。这种配置关系不能随意改变，如图1-14所示。

作业页

班级：　　　　　　姓名：　　　　　　学号：

思考题

（1）三面投影体系是如何建立的？

（2）形体的三面投影图是怎样形成的？

（3）三面投影图如何展开？

（4）投影形成相关的顺序关系是什么？

（5）投影中的长、宽、高和方位关系是什么？

（6）投影图的"三等关系"是什么？

（7）投影位置的配置关系是什么？

课程思政

　　正投影具有相似性、从属性、定比性、平行性、实形性、积聚性等特性，要掌握正投影的这些特性，从不同的角度去观察去分析，才能学好正投影。在工作和学习中，要培养从不同角度看问题、分析问题的能力。这样的例子有很多。

　　在爱迪生 67 岁时，他的实验室在一次大火中化为灰烬，损失超过 200 万美元。但第二天早上，爱迪生看着一片废墟说道："灾难自有它的价值。我们以前所有的谬误、过失都被烧了个干净，我们又可以从头再来了。"眼看着自己几乎是耗费一生的心血付诸东流，面对这样的灾难，换了其他人都会感到命运的无情甚至绝望，而爱迪生却有着乐观向上的心态，可以昂然面对灾难，他睿智地换了一个角度，从灾难中看到了其存在的价值，看到了"从头再来"，看到了新的希望。

项目 2

绘制点、线、平面的投影

知识目标:

    1.掌握点的三面投影方法及其规律;

    2.掌握各种位置直线的投影方法及直线上的点的投影方法;

    3.掌握平面的投影方法以及平面上的点和线的投影方法。

能力目标:

    1.能绘制点的投影图;

    2.能绘制直线的投影图;

    3.能绘制平面的投影图。

思政目标:

    培养学生做事遵守规矩的工作作风。

任务 2.1　绘制点的投影

2.1.1　点的三面投影

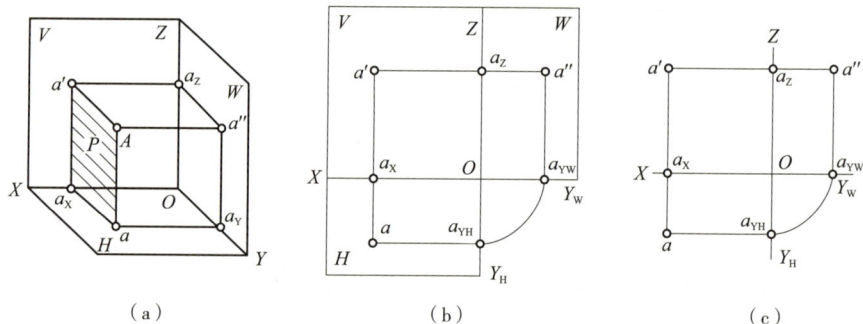

1. 投影的形成

点是构成三维形体的最基本的几何要素，点只有空间位置，而无大小之分。在工程图样中，点的空间位置是通过点的投影来确定的。

在三面投影体系中，有一个空间点 A，由 A 分别向三个投影面 H、V 和 W 引垂线，垂足 a、a' 和 a'' 即为 A 点的三面投影，如图 2-1（a）所示。按旋转规定，展开并去掉边框线后，即得到点的三面投影图，如图 2-1（b）（c）所示。

图 2-1　点的三面投影
（a）立体图；（b）投影图；（c）去边框后的投影图

空间点用大写字母表示，如 A、B、C 等；H 面投影用相应的小写字母表示，如 a、b、c 等；V 面投影用相应的小写字母加一撇表示，如 a'、b'、c' 等；W 面投影用相应的小写字母加两撇表示，如 a''、b''、c'' 等。

2. 投影规律

分析图 2-1 可得出点在三面投影体系中的投影规律为：

（1）点的 H 面投影和 V 面投影的连线垂直于 OX 轴；点的 V 面投影和 W 面投影的连线垂直于 OZ 轴。两投影的连线必垂直于相应的投影轴，即 $aa' \perp OX$、$a'a'' \perp OZ$。

如图 2-1（a）所示，由投射线 Aa'、Aa 所构成的投射平面 P（$Aa'a_{X}a$）与 OX 轴相交于 a_X 点，因 $P \perp V$、$P \perp H$，即 P、V、H 三面投影互相垂直，由立体几何可知，此三平面的交线必互相垂直，即 $a'a_X \perp OX$，$aa_X \perp OX$，$a'a_X \perp aa_X$，故 P 面为矩形。

当 H 面旋转至与 V 面重合时，a_X 不动，且 $aa_X \perp OX$ 的关系不变，所以 a'、a_X、a 三点共线，即 $a'a \perp OX$。

同理，$a'a'' \perp OZ$。

（2）点的投影至投影轴的距离，反映点至相应投影面的距离，如图 2-1（a）所示。

点的 H 面投影至 OX 轴的距离，等于其 W 面投影至 OZ 轴的距离（即宽相等），即：$aa_X = a''a_Z = Aa'$；

点的 V 面投影至 OZ 轴的距离，等于其 H 面投影至 OY 轴的距离（即长对正），即：$a'a_Z = aa_Y = Aa''$；

点的 V 面投影至 OX 轴的距离，等于其 W 面投影至 OY 轴的距离（即高平齐），即：$a'a_X = a''a_Y = Aa$。

$aa_X = a''a_Z = Aa'$，反映 A 点至 V 面的距离；

$a'a_Z = aa_Y = Aa''$，反映 A 点至 W 面的距离；

$a'a_X = a''a_Y = Aa$，反映 A 点至 H 面的距离。

此投影规律即"长对正、高平齐、宽相等"。

为了能更直接地看到 a 和 a'' 之间的关系，经常用以 O 为圆心的圆弧把 a_{YH} 和 a_{YW} 联系起来，如图 2-1（b）所示，也可以自 O 点作 45° 的辅助线来实现 a 和 a'' 的联系。

根据此投影规律，只要已知点的任意两个投影，即可求其第三个投影。

【例 2.1】已知点 B 的 V、W 面投影 b'、b''，求 H 面投影 b（图 2-2）。

【解】（1）按第（1）条投影规律，过 b' 作垂线并与 OX 轴交于 b_X 点。

（2）按第（2）条投影规律在所作垂线上量取 $b_X b = b_Z b''$ 得 b 点，即为所求。作图时，也可以借助于过 O 点作 45° 斜线 Ob_0，因为 $Ob_{YH} b_0 b_{YW}$ 为正方形，所以 $Ob_{YH} = Ob_{YW}$。

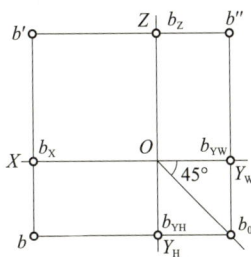

图 2-2 已知点的两个投影求第三个投影

3. 投影面上的点

投影面上的点，一个投影与空间点重合，另两个投影在相应的投影轴上。它们的投影仍完全符合上述两条基本投影规律。如图 2-3 所示，F 点在 V 面上，M 点在 H 面上，G 点在 W 面上。

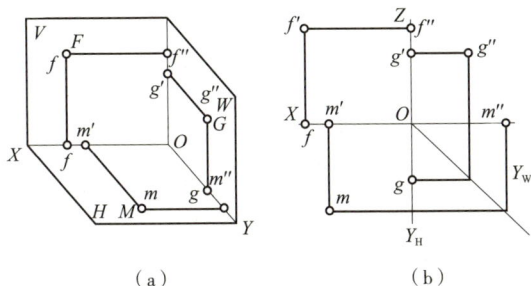

（a）　　　　　　　　　（b）

图 2-3 投影面上的点
（a）立体图；（b）投影图

4. 投影轴上的点

投影轴上的点的投影，其中两个投影与空间点重合，另一个投影在原点上。如图 2-4 所示，A 点在 OX 轴上，a、a′ 与 A 重合，a″ 在原点；B 点在 OZ 轴上，b′、b″ 与 B 重合，b 在原点；C 点在 OY 轴上，c、c″ 与 C 重合，c′ 在原点。

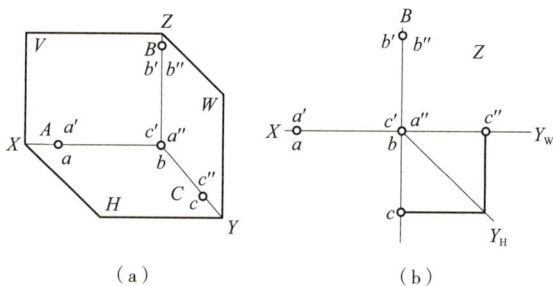

图 2-4　投影轴上的点
（a）立体图；（b）投影图

5. 分角

设想将图 2-1（a）中的 V 面、H 面和 W 面分别向后、向下、向右扩展而将整个空间划分为 8 个部分，称为 8 个分角，如图 2-5 所示。前文研究了点位于第一分角中的两条投影规律，这些规律完全适用于其他各个分角中的投影。

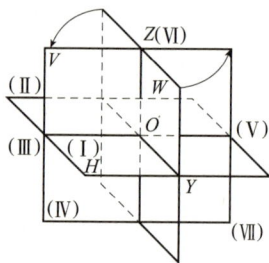

图 2-5　8 个分角

2.1.2　点的投影与坐标

如果把三面投影体系看作直角坐标系，则可把 3 个投影面看作坐标面，投影轴 OX、OY、OZ 看作坐标轴 X、Y、Z，则点到 3 个投影面的距离，就是点的坐标。如图 2-1（a）所示，点 A 到 W 面的距离为 X 坐标；点 A 到 V 面的距离为 Y 坐标；点 A 到 H 面的距离为 Z 坐标。用 3 个坐标确定点 A，即 A（X_A，Y_A，Z_A，）则有：

$$X_A=Aa'' = a'a_Z = aa_Y$$
$$Y_A=Aa' = aa_X = a''a_Z$$
$$Z_A=Aa = a'a_X = a''a_Y$$

点的每个投影反映两个坐标，点的三面投影与点的坐标关系为：

（1）A 点的 H 面投影 a 可反映该点的 X 和 Y 坐标；

（2）A 点的 V 面投影 a′ 可反映该点的 X 和 Z 坐标；

（3）A 点的 W 面投影 a″ 可反映该点的 Y 和 Z 坐标。

如果已知一点 A 的三投影（a、a′、a″），就可从图中量出该点的 3 个坐标（X_A，Y_A，Z_A）；反之，如果已知 A 点的 3 个坐标（X_A，Y_A，Z_A），就

能作出该点的三面投影（a、a'、a''）。空间点的任意两个投影都反映了点的 3 个坐标，所以给出 1 个点的两个投影即可求得第三个投影。

【例 2.2】已知 B（5，4，6），求作点 B 的三面投影。

【解】作图步骤如下。

（1）画出三轴及原点 O 后，在 X 轴上自 O 点向左量取 5 个单位得 b_X 点，如图 2-6（a）所示。

（2）过 b_X 引 OX 轴的垂线，由 b_X 向上量取 6 个单位，得 V 面投影 b'；向下量取 4 个单位，得 H 面投影 b，如图 2-6（b）所示。

（3）由 b' 和 b 求出 b''，即为点 B 的三面投影，如图 2-6（c）所示。

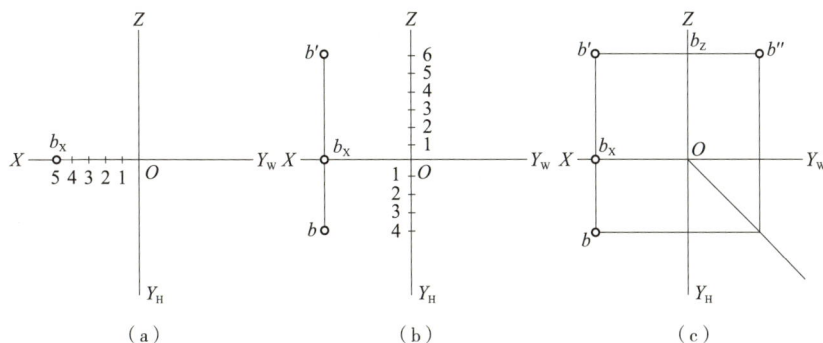

图 2-6　已知点的坐标求作点的三面投影

2.1.3　两点的相对位置

空间两点的相对位置是以其中某一点为基准，判别另一点在该点的上下、左右和前后的位置，这可由两点的坐标差来确定。

如图 2-7 所示，若以 B 点为基准，因为 $X_A<X_B$，$Y_A<Y_B$，$Z_A>Z_B$，所以 A 点在 B 点的右方、后方、上方。

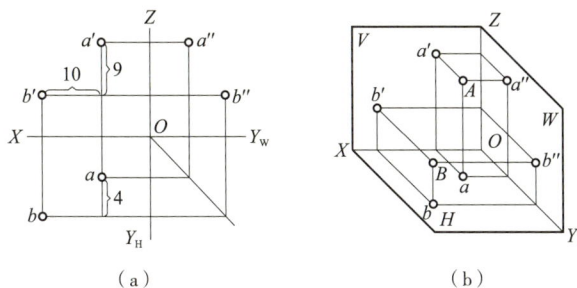

图 2-7　两点的相对位置
（a）投影图；（b）立体图

2.1.4　重影点及其可见性的判别

当空间两点位于某一投影面的同一投射线上时，则此两点在该投影面

上的投影重合，此两点称为对该投影面的重影点。

如图2-8（a）所示，A、B两点在H面的同一投射线上，A点在B点的正上方；B点则在A点的正下方，a、b两投影重合，为对H面的重影点，但其他两面的投影不重合。至于a、b两点的可见性，可从V面投影（或W面投影）进行判别：因为a'高于b'（或a''高于b''），即A点在B点之正上方，所以a为可见，b为不可见。为区别起见，凡不可见的投影其字母写在后面，并可加括号表示。

同理如图2-8（b）所示，A点在B点的正前方，位于V面的同一投射线上，a'、b'两投影重合，为对V面的重影点，a'可见，b'不可见；如图2-8（c）所示，A点在B点的正左方，位于W面的同一投射线上，a''、b''两投影重合，为对W面的重影点，a''可见，b''不可见。

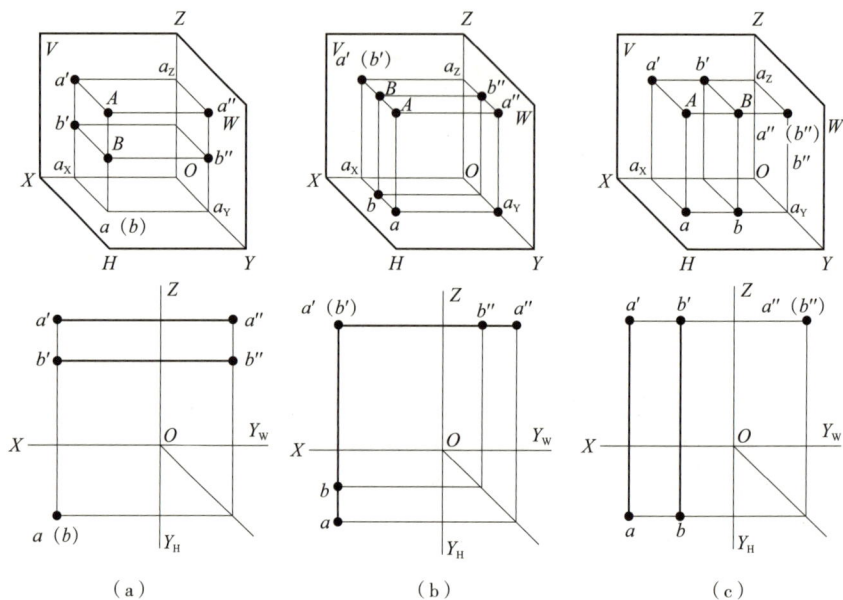

（a）　　　　　　　　　（b）　　　　　　　　　（c）

图2-8　重影点及可见性判别

作业页

班级：　　　　　　姓名：　　　　　　学号：

思考题

（1）试述点的投影的形成过程。

（2）试述点在三面投影体系中的投影规律。

（3）什么是投影面上的点？

（4）什么是投影轴上的点？

（5）点的投影和坐标有什么关系？

（6）怎样判别两点的相对位置？

（7）什么是重影点？怎样判别重影点的可见性？

任务 2.2　直线的投影

由初等几何知识可知，两点确定一条直线。画出直线上任意两点的投影，连接其同面投影，即为直线的投影。直线的投影一般仍为直线，特殊情况下，当直线垂直于投影面时，其投影积聚为一个点。

直线和它在某一投影面上的投影间的夹角，称为直线对该投影面的倾角。对 H 面的倾角用 α 表示；对 V 面的倾角用 β 表示；对 W 面的倾角用 γ 表示，如图 2-9 所示。

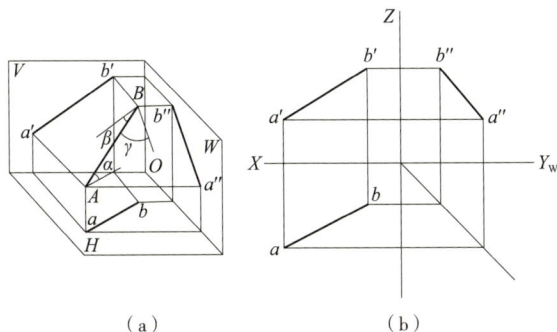

码 2-5　直线投影 1

图 2-9　一般位置直线
（a）立体图；（b）投影图

根据直线与投影面的相对位置，直线可分为：一般位置直线、投影面平行线和投影面垂直线 3 种，后两种统称为特殊位置直线。

2.2.1　一般位置直线

对 3 个投影面均不平行不垂直的直线称为一般位置直线（简称一般线）。如图 2-9 所示，为一般位置直线的立体图和投影图。

一般位置直线的投影特性为：

（1）从图 2-9（a）可看出，$ab=AB\cos\alpha$，$a'b'=AB\cos\beta$，$a''b''=AB\cos\gamma$，而 α、β 和 γ 均介于 0° 与 90° 之间，$\cos\alpha$、$\cos\beta$ 和 $\cos\gamma$ 均小于 1，所以一般位置直线的三个投影都短于实长。

（2）直线上各点对某一投影面的距离都不相等，所以其三面投影都倾斜于各投影轴，各投影与相应的投影轴所成的夹角，都不反映直线对各投影面的真实倾角，如图 2-9（b）所示。

2.2.2　投影面平行线

只平行某个投影面，而倾斜于另外两个投影面的直线，称为某投影面

的平行线。

与 V 面平行的直线称为正面平行线，简称正平线，如表 2-1 中的 AB；

与 H 面平行的直线称为水平面平行线，简称水平线，如表 2-1 中的 CD；

与 W 面平行的直线称为侧面平行线，简称侧平线，如表 2-1 中的 EF。

现以正平线为例讨论其投影特性：

（1）因为 $AB//V$ 面，正平线的正面投影反映实长，即 $a'b'=AB$，而且 $a'b'$ 与投影轴的夹角反映了直线与 H、W 面的真实倾角 α、γ。

（2）因为 AB 上各点到 V 面的距离都相等，所以正平线的水平投影平行于 OX 轴，即 $ab//OX$ 轴；同理，正平线的侧面投影平行于 OZ 轴，即 $a''b''//OZ$ 轴。

各种投影面平行线的投影图及其投影特性见表 2-1。

投影面平行线　　　　　　　　　　　　表 2-1

投影面平行线	立体图	投影图	投影特性
正面平行线（正平线）			1. $ab//OX$ 轴；$a''b''//OZ$ 轴 2. $a'b'=AB$ 3. $a'b'$ 与投影轴的夹角，反映直线与 H、W 面的真实倾角 α、γ
水平面平行线（水平线）			1. $c'd'//OX$ 轴；$c''d''//OY$ 轴 2. $cd=CD$ 3. cd 与投影轴的夹角反映直线与 V、W 面的真实倾角 β、γ
侧面平行线（侧平线）			1. $e'f'//OZ$ 轴；$ef//OY_H$ 轴 2. $e''f''=EF$ 3. $e''f''$ 与投影轴的夹角反映直线与 H、V 面的真实倾角 α、β

投影面平行线的共性为：

（1）直线在所平行的投影面上的投影反映实长，且该投影与相应投影轴所成之夹角，反映直线对其他两投影面的倾角。

（2）直线其他两投影均小于实长，且平行于相应的投影轴。

【例 2.3】已知水平线 AB 的长度为 25mm，$\beta=30°$，A 点的两投影 a、a'，试求 AB 的三面投影（图 2-10）。

【解】（1）过 a 作直线 ab=25mm，并与 OX 轴成 30° 角；

（2）过 a' 作直线平行于 OX 轴，与过 b 作 OX 轴的垂线相交于 b'；

（3）根据 ab 和 a'b' 作出 a"b"。

（4）根据已知条件，B 点可以在 A 点的前、后、左、右四种位置，本例题有 4 个答案。

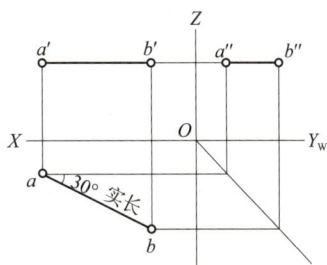

图 2-10　求水平线的三面投影

2.2.3　投影面垂直线

与某一个投影面垂直的直线统称为投影面垂直线，垂直于一个投影面，必平行于另两个投影面。投影面垂直线有三种情况。

与 V 面垂直的称为正面垂直线，简称正垂线，见表 2-2 中的 CE；

与 H 面垂直的称为水平面垂直线，简称铅垂线，见表 2-2 中的 AB；

与 W 面垂直的称为侧面垂直线，简称侧垂线，见表 2-2 中的 CD。

投影面垂直线　　　　　　　　　　　　表 2-2

投影面垂直线	立体图	投影图	投影特性
正面垂直线（正垂线）			1. c'e' 积聚为一点 2. ce ⊥ OX; c"e" ⊥ OZ 3. ce=c"e"=CE
水平面垂直线（铅垂线）			1. ab 积聚为一点 2. a'b' ⊥ OX; a"b" ⊥ OY_W 3. a'b' = a"b" =AB
侧面垂直线（侧垂线）			1. c"d" 积聚为一点 2. c'd' ⊥ OZ; cd ⊥ OY_H 3. c'd'=cd=CD

现以正垂线为例，讨论其投影特性。

（1）正垂线 CE ⊥ V 面，所以其 V 面投影 c'e' 积聚为一点；

（2）正垂线 CE 平行于 H、W 面，其 H、W 面投影反映实长，即 $ce=c''e''=CE$；

（3）$ce \perp OX$；$c''e'' \perp OZ$。

表 2-2 中列出了这 3 种直线的立体图和三面投影图，从中可以归纳出投影面垂直线的投影特性。

（1）直线在所垂直的投影面上的投影积聚为一点（积聚性）；

（2）直线的其他两投影与相应的投影轴垂直，并都反映实长（显实性）。

2.2.4 直线的实长及其与投影面的倾角

码 2-6 直线投影 2

一般位置直线的三面投影图既不反映其实长，也不反映倾角，要想求得一般线的实长和倾角，可以采用直角三角形法。

如图 2-11 所示，在 $BEeb$ 所构成的投射平面内，延长 BE 和 be 交于点 M，则 $\angle BMb$ 就是 BE 直线对 H 面的倾角 α。过 E 点作 $EB_1//eb$，则 $\angle BEB_1=\alpha$，且 $EB_1=eb$。所以只要在投影图上作出直角三角形 BEB_1 的实形，即可求出 BE 直线的实长和倾角 α。

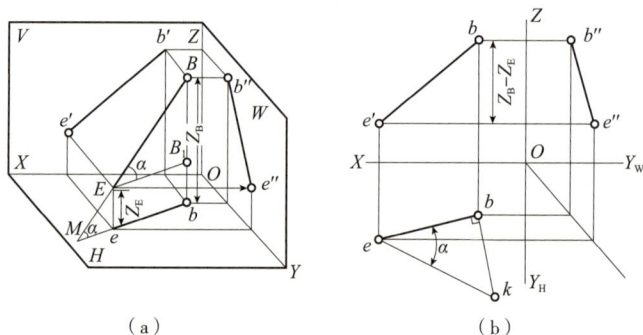

图 2-11 求直线的实长与倾角 α
（a）立体图；（b）投影图

其中直角边 $EB_1=eb$，即 BE 为已知的 H 面投影；另一直角边 BB_1，是直线两端点的 Z 坐标差，即 $BB_1=Z_B-Z_E$，可从 V 面投影图中量得，也是已知的，其斜边 BE 即为实长。

作图步骤为：

（1）过 H 面投影 eb 的任一端点 b 作直线垂直于 eb；

（2）在所作垂线上截取 $bk=Z_B-Z_E$，得 k 点；

（3）连接直角三角形的斜边 ek，即为所求的实长，$\angle bek$ 即为倾角 α。

如图 2-12 所示，求作 BE 直线对 V 面的倾角 β 的立体图和投影图。以直线的 V 面投影，直线上两端点的 Y 坐标差为两条直角边，组成一个直角三角形，就可求出直线的实长和直线对 V 面的倾角 β。如果求直线对 W 面

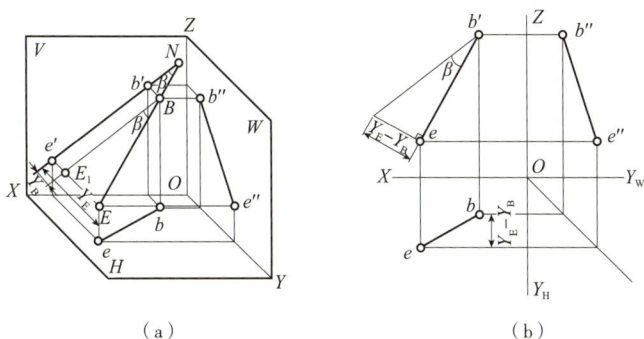

（a）　　　　　　　　　　（b）

图 2-12　求直线的实长与倾角 β
（a）立体图；（b）投影图

的倾角 γ，则以直线的 W 面投影，直线两端点的 X 坐标差为两直角边，组成一个直角三角形。

这种利用直角三角形求一般位置直线的实长及倾角的方法称为直角三角形法，其要点是以线段的一个投影为直角边，以线段两端点相对于该投影面的坐标差为另一直角边，所构成的直角三角形的斜边即为线段实长，斜边与线段投影之间的夹角即为直线对该投影面的倾角。

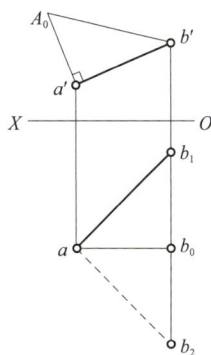

图 2-13　用直角三角形法补全直线的投影

【例 2.4】直线 AB 的实长为 20mm，已知 a、a'、b'，求 b（图 2-13）。

【解】（1）过 $a'b'$ 的任一端点 a' 作 $a'b'$ 的垂线，以 b' 为圆心，$R=20$mm 画圆弧，与垂线相交于 A_0 点，得直角三角形 $A_0 a'b'$；

（2）过 b' 作 OX 轴的垂线，再过 a 作 OX 轴的平行线，两直线相交于 b_0，在 $b'b_0$ 线上截取 Y 坐标差 $b_0 b_1 = a'A_0$，得 b_1 点，边 ab_1 即为所求。

如果截取 $b_0 b_2 = a'A_0$，连 ab_2 也为所求，所以本题有两解。

2.2.5　直线上的点

由正投影的特性可知：

（1）点在直线上，则点的各个投影必在直线的同面投影上，即点的从属性；

（2）点分割线段成定比，其投影也把线段的投影分成相同的比例，即点的定比分割特性。

如图 2-14 所示，点 M 在直线 AB 上，则其投影 m、m'、m'' 必在 AB 的相应投影 ab、$a'b'$、$a''b''$ 上；且 $AM:MB=am:mb=a'm':m'b'=a''m'':m''b''$。

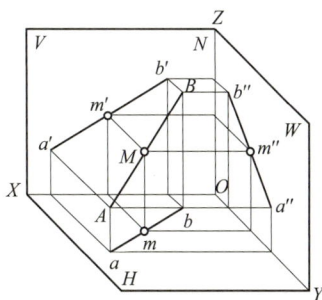

图 2-14　直线上的点

【**例 2.5**】已知侧平线 AB 的两投影 ab 和 $a'b'$，及 AB 线上一点 K 的 V 面投影 k'，求 k，如图 2-15 所示。

【**解**】做法一：如图 2-15（a）所示，由 ab 和 $a'b'$ 求出 $a''b''$；根据点的属性先求出 k''，再由 k'' 作出 k。

做法二：如图 2-15（b）所示，用定比分割特性求作。因为 $AK:KB=a'k':k'b'=ak:kb$，所以可在 H 面投影中过 a 作任一辅助线 aB_0，并使它等于 $a'b'$，再取 $aK_0=a'k'$。连 B_0b，并过 K_0 作 $K_0k//B_0b$ 交 ab 于 k，即为所求。

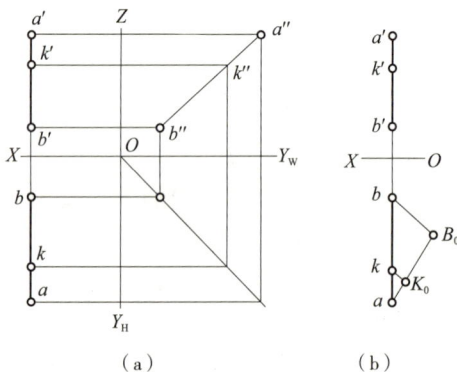

图 2-15 求直线上一点的投影
（a）做法一；（b）做法二

【**例 2.6**】已知侧平线 CD 及点 M 的 V、H 面投影，试判定 M 点是否在侧平线 CD 上（图 2-16）。

【**解**】判定点是否在直线上，一般只要观察两面投影即可，但对于侧平线，只考虑两面投影还不行，可作出 W 面投影来判定，或用定比分割特

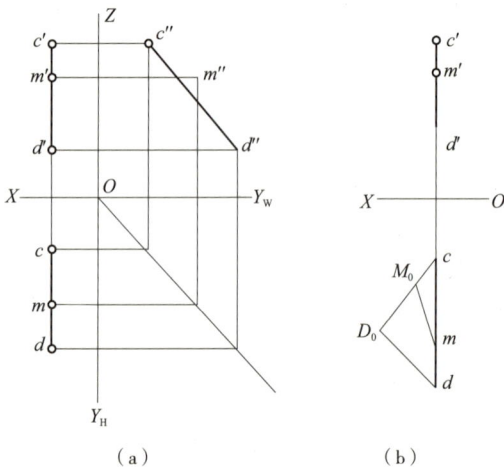

图 2-16 判定点是否在直线上
（a）做法一；（b）做法二

性来判定。

做法一：如图 2-16（a）所示，作出 CD 和 M 的 W 面投影，由作图结果可知：m'' 在 $c''d''$ 外面，因此 M 点不在直线 CD 上。

做法二：用定比分割特性来判定。如图 2-16（b）所示，在任一投影（如 H 面投影）中，过 c 任作一辅助线 cD_0，并在其上取 $cD_0=c'd'$，$cM_0=c'm'$，连接 dD_0、mM_0。因 mM_0 不平行于 dD_0，说明 M 点不在直线 CD 上。

2.2.6　直线的迹点

直线与投影面的交点，称为直线的迹点。与水平投影面的交点称为水平迹点，用 M 表示；与正立投影面的交点称为正面迹点，用 N 表示；与侧投影面的交点称为侧面迹点，用 S 表示。图 2-17 为直线 AB 的 H 面和 V 面迹点的求作方法。

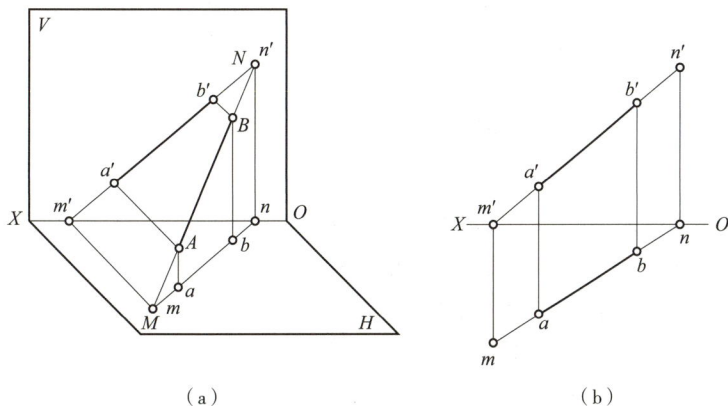

图 2-17　直线的迹点
（a）立体图；（b）投影图

迹点是直线与投影面的交点，所以迹点既在直线上又在投影面内，因此，迹点的投影必须同时具有直线上的点和投影面上的点的投影特点，这是求作迹点的依据。

如图 2-17 所示，由于水平迹点 M 是 H 面上的点，所以 m' 必在 OX 轴上；同时 M 也是直线 AB 上的点，所以 m' 一定在 $a'b'$ 上，m 在 ab 上。

求作水平迹点 M 的方法是：①延长 AB 的正面投影 $a'b'$ 与 OX 轴相交得 m'；②自 m' 引 OX 轴的垂线与直线的水平投影 ab 的延长线相交，即得 m。

同理，求作正面迹点 N 的方法是：①延长 AB 的水平投影 ab 与 OX 轴相交得 n；②自 n 引 OX 轴的垂线与直线的正面投影 $a'b'$ 的延长线相交，即得 n'。

2.2.7 两直线的相对位置

空间两直线的相对位置分为三种情况：即平行、相交和交叉，其中交叉位置的两直线称为异面直线。

1. 两直线平行

若空间两直线互相平行，则其同面投影互相平行，反之，若两直线的同面投影互相平行，则此空间两直线一定互相平行。如图2-18所示，如果$AB//CD$，则$ab//cd$，$a'b'//c'd'$，$a''b''//c''d''$。

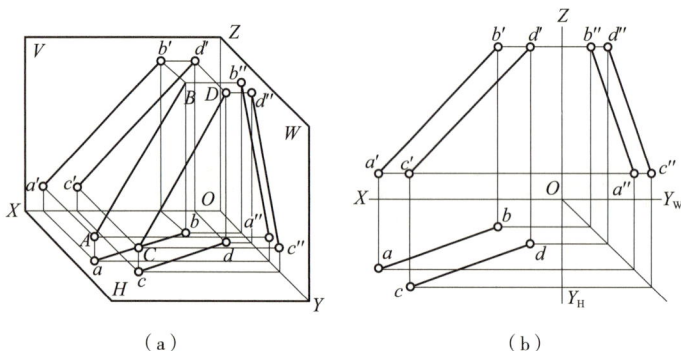

图2-18 两平行直线的投影
(a)立体图；(b)投影图

在一般情况下，判定两直线是否平行，只要直线的任意两同面投影互相平行，就可判定两直线是平行的，但对与投影面平行的两直线来说，有时不能确定两直线平行。如图2-19所示两条侧平线CD和EF，它们的V、H面投影平行，但是还不能确定它们是否平行，必须求出它们的侧面投影或通过判断比值是否相等才能最后确定。如图2-19所示，其侧面投影$c''d''$和$e''f''$不平行，则CD和EF两直线不平行。

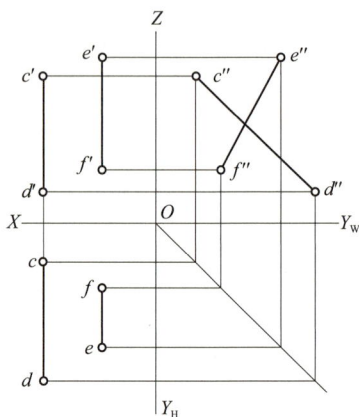

图2-19 判定两直线的相对位置

2. 两直线相交

如图2-20所示，两直线AB和CD相交，其交点K为两直线的共有点，它既是AB上的一点，又是CD上的一点。由于线上一点的投影必在该直线的同面投影上，因此K点的H面投影k既在ab上，又应在cd上。这样k必然是ab和cd的交点；同理k'必然是$a'b'$和$c'd'$的交点；k''必然是$a''b''$和$c''d''$的交点。

由此可得出结论：两直线相交，其同面投影必相交，交点符合点的投影规律。反之，如果两直线的各同面投影相交，且交点符合点的投影规

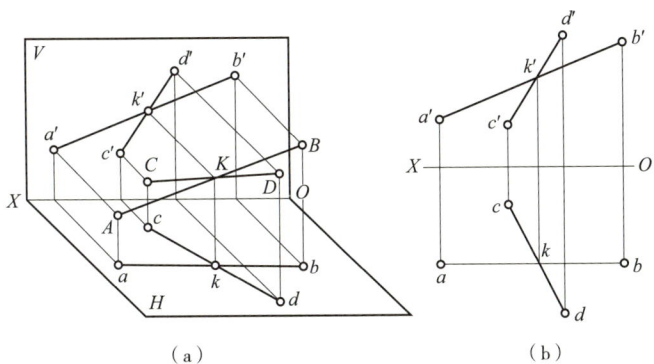

图 2-20 两相交直线的投影
（a）立体图；（b）投影图

律，则此两直线在空间必定相交。

判定两直线是否相交，对一般位置直线，根据任意两组同面投影即可判断，但当两直线之一为投影面平行线时，则要看该直线在所平行的那个投影面上的投影情况。如图 2-21 所示，两直线 *AB* 和 *CD*，因为 *a″b″* 和 *c″d″* 的交点与 *a′b′* 和 *c′d′* 的交点不符合点的投影规律，所以可以判定 *AB* 和 *CD* 不相交。

3. 两直线交叉

两直线交叉，则两直线既不平行也不相交。其各面投影既不符合平行两直

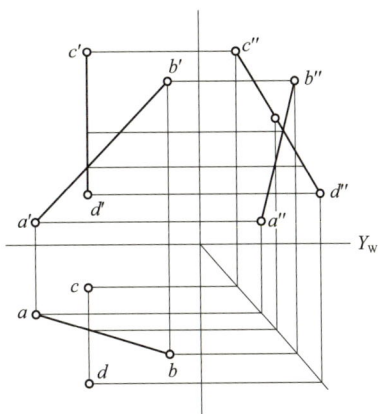

图 2-21 判定两直线的相对位置

线的投影特性，也不符合相交两直线的投影特性。若两直线的同面投影不同时平行，或同面投影虽相交但交点连线不垂直于投影轴，则该两直线必交叉。它们的投影可能有一对或两对同面投影互相平行，但决不可能三对同面投影都互相平行。交叉两直线也可表现为一对、两对或三对同面投影相交，但其交点的连线不可能符合点的投影规律。

如图 2-22 所示，*AB* 和 *CD* 是两条交叉直线，其三面投影都相交，但其交点不符合点的投影规律，即 *ab* 和 *cd* 的交点不是一个点的投影，而是 *AB* 上的 *M* 点和 *CD* 上的 *N* 点在 *H* 面上的重影点，*M* 点在上，*m* 可见，*N* 点在下，*n* 为不可见。同样 *a′b′* 和 *c′d′* 的交点是 *CD* 上的 *E* 点和 *AB* 上的 *F* 点在 *V* 面上的重影点，*E* 点在前，*e′* 为可见，*F* 点在后，*f′* 为不可见。*W* 面投影 *a″b″* 和 *c″d″* 的交点也是重影点。

4. 直角投影

两直线相交（或交叉）成直角，如果其中有一条直线与某一投影面平行，则在该投影面上的投影仍为直角。反之，相交或交叉两直线的某一投影成直角，且有一条直线平行于该投影面，则此两直线的交角必是直角。

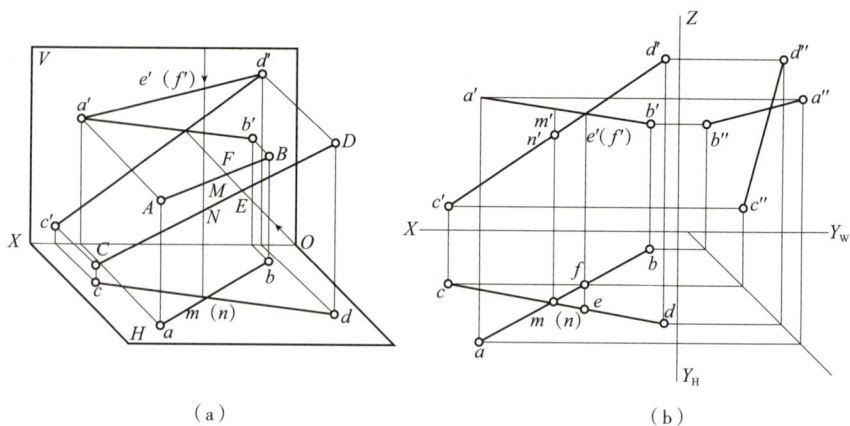

图2-22 两交叉直线的投影
（a）立体图；（b）投影图

（1）垂直相交

已知：如图2-23所示，直线AB垂直于BC，BC//H面，求证：∠abc=90°。

证明：因为BC⊥AB，BC⊥Bb；所以BC⊥平面ABba；又bc//BC，所以bc⊥平面ABba。因此，bc垂直于平面ABba上的一切直线，即bc⊥ab，所以∠abc=90°。

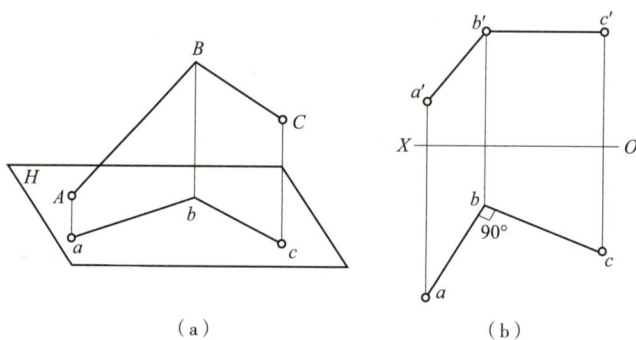

图2-23 一边平行于一投影面的直角的投影
（a）立体图；（b）投影图

（2）垂直交叉

已知：如图2-24所示，BC与MN垂直交叉，BC//H面。求证：bc⊥mn。

证明：过BC上任一点B作BA//MN，则AB⊥BC。根据上述证明已知bc⊥ab，现AB//MN，故ab//mn，所以bc⊥mn。因为BC为水平线，故bc⊥mn。

两条垂直相交的直线AB和BC，其中AB为水平线，a'b'//OX，则∠abc为直角（图2-25）。

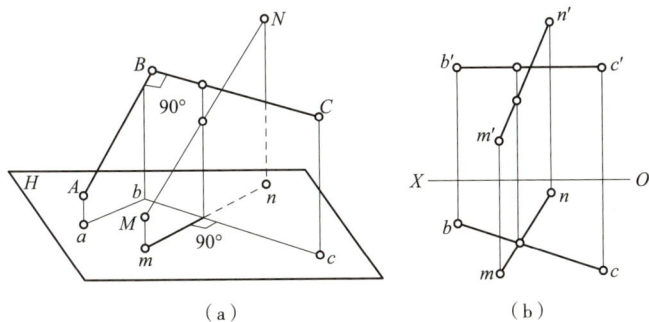

图 2-24　两直线垂直交叉
（a）立体图；（b）投影图

【例 2.7】求点 A 到正平线 BC 的距离（图 2-26）。

【解】一点到直线的距离，即为该点向该直线所引垂线之长，根据直角投影定理，其作图步骤如下（图 2-26）：

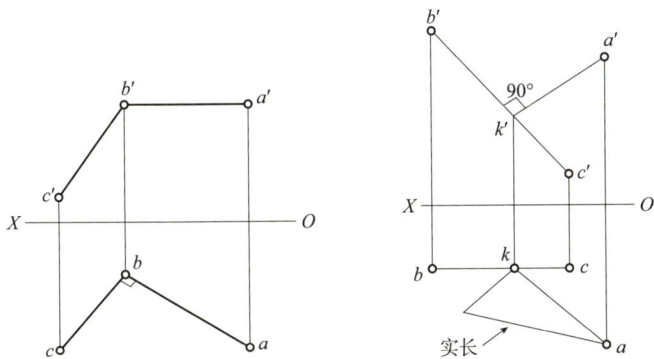

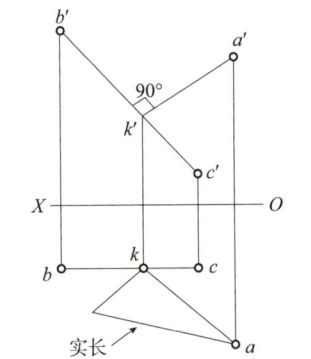

图 2-25　直角投影　　　　　图 2-26　求点到直线之间的距离

（1）由 a' 向 $b'c'$ 作垂线，得垂足 k'；

（2）过 k' 作 OX 轴的垂线，在 bc 上得 k；

（3）连 ak 即为所求垂线的 H 面投影。因 AK 是一般线，故要用直角三角形法求其实长。

作业页

班级：　　　　　姓名：　　　　　学号：

📄 思考题

（1）什么是一般位置直线？

（2）什么是投影面平行线？

（3）简述投影面平行线的投影特性。

（4）什么是投影面垂直线？

（5）简述投影面垂直线的投影特性。

（6）平行、相交和交叉的两条直线，各有什么投影特性？

（7）直角投影的特性是什么？

任务 2.3　平面的投影

2.3.1　平面的表示法

1. 几何元素表示法

不在同一直线上的三点可以确定一个平面。因此在投影图上能用下列任一组几何元素的投影表示平面，如图 2-27 所示。

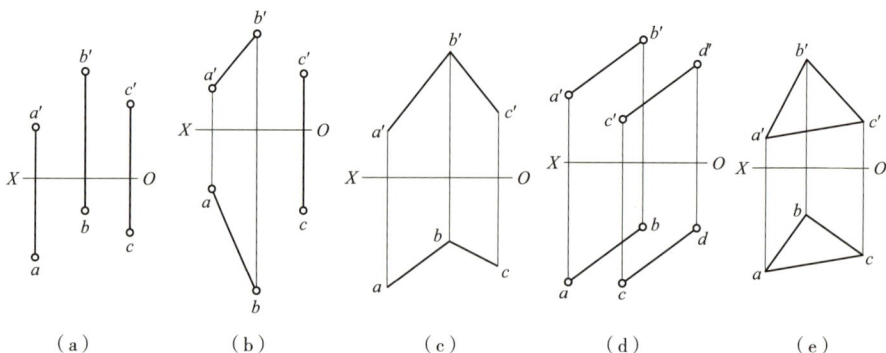

图 2-27　平面的五种表示方法

（1）不在同一直线上的三点，如图 2-27（a）所示；

（2）一直线和直线外一点，如图 2-27（b）所示；

（3）相交两直线，如图 2-27（c）所示；

（4）平行两直线，如图 2-27（d）所示；

（5）任意平面图形，如图 2-27（e）所示，即平面的有限部分，如三角形、矩形、圆形及其他封闭平面图形。

2. 迹线表示法

平面除上述五种表示方法外，还可以用迹线表示。迹线就是平面与投影面的交线。如图 2-28（a）（b）中的 Q 平面，就是用迹线表示的一般位

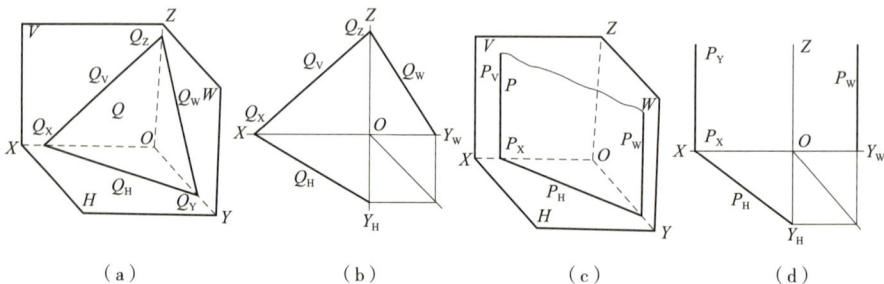

图 2-28　迹线表示的平面
（a）立体图一；（b）投影图一；（c）立体图二；（d）投影图二

置平面，与 V 面的交线称为正面迹线，用 Q_V 表示；它与 H 面的交线称为水平迹线，用 Q_H 表示；与 W 面的交线称为侧面迹线，用 Q_W 表示。迹线与投影轴的交点称为集合点，分别用 Q_X、Q_Y 和 Q_Z 表示。图 2-28（c）（d）是用迹线表示的铅垂面 P。

用迹线表示的平面简称迹线平面，用几何元素表示的平面简称非迹线平面。

2.3.2　各种位置平面投影特性

在三投影面体系中，平面与投影面的相对位置，归纳起来有投影面平行面、投影面垂直面和一般位置平面三种。前两种统称为特殊位置平面。

1. 投影面平行面

平行于某一投影面的平面，称为投影面平行面，简称平行面。投影面平行面与另外两个面垂直。它也有三种情况：

（1）与 V 面平行的面称为正面平行面，简称正平面，如图 2-29 中的平面 $ADFG$，及表 2-3 中的 $\triangle DEF$；

图 2-29　投影面平行面

（2）与 H 面平行的面称为水平面平行面，简称水平面，如图 2-29 中的平面 $ABCD$，及表 2-3 中的 $\triangle ABC$；

（3）与 W 面平行的面称为侧面平行面，简称侧平面，如图 2-29 中的平面 $DCEF$，及表 2-3 中的 $\triangle KMN$。

以水平面 $\triangle ABC$ 为例，讨论其投影特性。

（1）H 面投影 $\triangle abc$ 反映实形；

（2）V 面、W 面投影积聚成直线，且分别平行于 OX 轴和 OY 轴。

各种投影面平行面的投影特性见表 2-3。

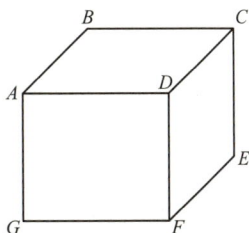

投影面平行面　　　　　　　　　　　　表 2-3

投影面平形面	立体图	投影图	投影特性
水平面平行面（水平面）			1. V 面投影积聚成直线且平行于 OX 轴； 2. W 面投影积聚成直线且平行于 OY_W 轴； 3. H 面投影反映实形
正面平行面（正平面）			1. H 面投影积聚成直线且平行于 OX 轴； 2. W 面投影积聚成直线且平行于 OZ 轴； 3. V 面投影反映实形
侧面平行面（侧平面）			1. V 面投影积聚成直线且平行于 OZ 轴； 2. H 面投影积聚成直线且平行于 OY_W 轴； 3. W 面投影反映实形

投影面平行面的共性是：平面在所平行的投影面上的投影反映实形，其他两投影都积聚成与相应投影轴平行的直线。

2. 投影面垂直面

垂直于一个投影面，倾斜于其他投影面的平面称为投影面垂直面，简称垂直面。垂直面的三种情况为：

（1）垂直于 H 面的面称为水平面垂直面，也称铅垂面，如图 2-30（a）中的平面 $ACEG$，及表 2-4 中的 $\triangle ABC$；

（2）垂直于 V 面的面称为正面垂直面，简称正垂面，如图 2-30（b）中的平面 $ABEF$，及表 2-4 中的 $\triangle DEF$；

（3）垂直于 W 面的面称为侧面垂直面，简称侧垂面，如图 2-30（c）中的平面 $BCFG$，及表 2-4 中的平面 $ABCD$。

以铅垂面 $\triangle ABC$ 为例讨论其投影特性。

（1）H 面投影 abc 积聚成一直线；

（2）abc 与 OX 轴的夹角，即为该平面与 V 面的倾角 β，与 OY 轴的夹角为该平面与 W 面的倾角 γ；

（3）V、W 面投影仍为三角形，但小于实形。

各种投影面垂直面的投影特性见表 2-4。

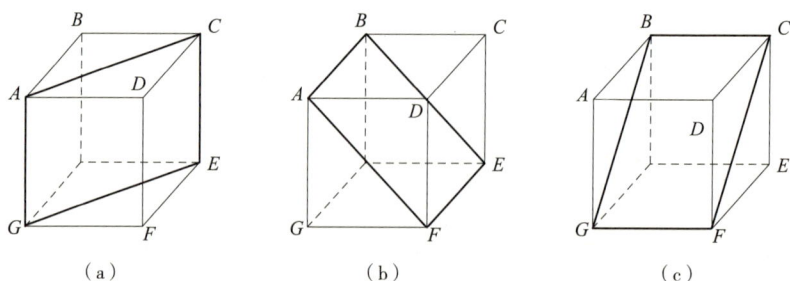

图 2-30　投影面垂直面

投影面垂直面　　　　表 2-4

投影面垂直面	立体图	投影图	投影特性
水平面垂直面（铅垂面）			1. H 面投影积聚成一直线； 2. H 面投影与投影轴的夹角反映 β、γ 实角； 3. V、W 面投影仍为类似图形，但小于实形
正面垂直面（正垂面）			1. V 面投影积聚成一直线； 2. V 面投影与投影轴的夹角反映 α、γ 实角； 3. H、W 面投影仍为类似图形，但小于实形
侧面垂直面（侧垂面）			1. W 面投影积聚成一直线； 2. W 面投影与投影轴的夹角反映 α、β 实角； 3. V、H 面投影仍为类似图形，但小于实形

投影面垂直面的共性是：

（1）平面在所垂直的投影面上的投影积聚成一直线，它与相应投影轴所成的夹角，即为该平面对其他两个投影面的倾角；

（2）其他两投影是类似图形，但小于实形。

【例2.8】过已知点 K 的两面投影 k'、k，作一铅垂面，使它与 V 面的倾角 $\beta=30°$（图 2–31）。

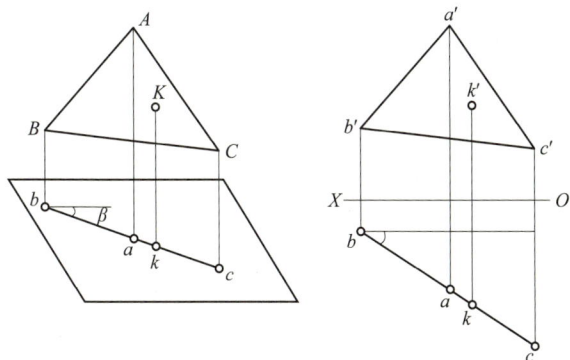

图 2–31　过已知点 K 的两面投影作铅垂面

【解】1）过点 K 作一条与 OX 轴成 30° 的直线，这条直线就是所求作铅垂面的 H 面投影；

2）所作平面的 V 面投影可以用任意图形表示，例如 $\triangle a'b'c'$。过 k 可以作两个方向与 OX 轴成 30° 角的直线，所以本例题有两解。

3. 一般位置平面

与三个投影面既不平行也不垂直的平面称为一般位置平面，简称一般面。图 2–32 中平面 ACF 即为一般位置平面。

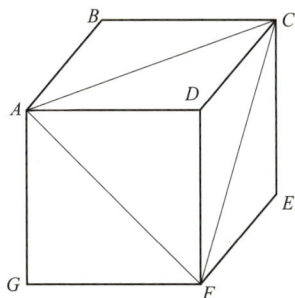

图 2–32　一般位置平面

根据平面的投影特点可知，一般位置平面的各个投影都没有积聚性，均小于实形，如图 2–33 所示。

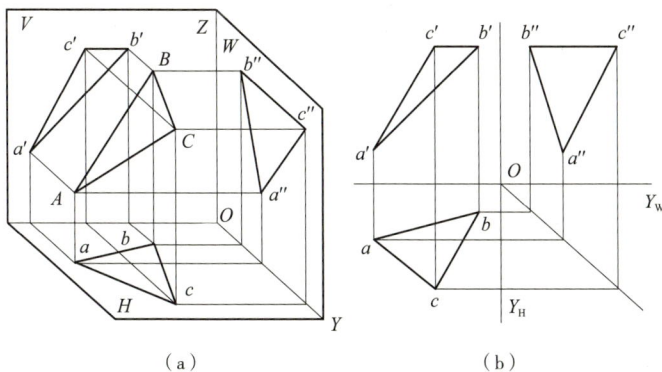

（a）　　　　　　　　　（b）

图 2–33　一般位置平面的投影
（a）立体图；（b）投影图

2.3.3 平面上的点和直线

直线在平面上必须具备下列两条件之一：

（1）直线通过平面上的两点。

如图 2-34 所示，在平面 P 上的两条直线 AB 和 BC 上各取一点 D 和 E，则过该两点的直线必在 P 面上。

图 2-34　平面上的直线

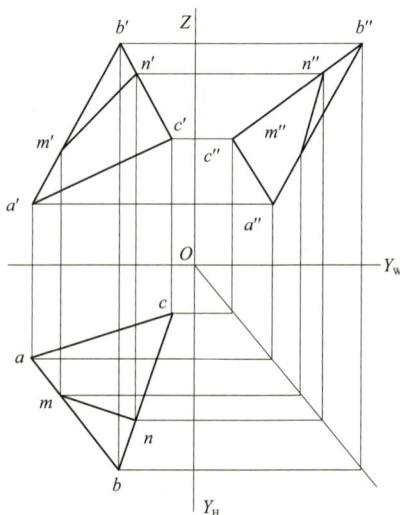

（2）直线通过平面上的一点，且平行于该平面上的一直线。

如图 2-34 所示，过 P 面上的 C 点，作 $CF//AB$，AB 是平面 P 内的一条直线，则直线 CF 必在 P 面上。

如图 2-35 所示，要在 $\triangle ABC$ 上任作一条直线 MN，则可在此平面上的两条直线 AB 和 CD 上各取点 M（m、m'、m''）和 N（n、n'、n''），连接 M 和 N 的同面投影，则直线 MN 就是 $\triangle ABC$ 上的一条直线。

1. 平面上的投影面平行线

平面上平行于投影面的直线称为平面上的投影面平行线。平面上的投影面平行线有三种：平面上平行于 H 面的直线称为平面上的水平线；平行于 V 面的直线称为平面上的正平线；平行于 W 面的直线称为平面上的侧平线。如图 2-36 所示，是用迹线表示的 P 平面上的水平线 AB 和正平线 CD。

图 2-35　在平面上任作一直线

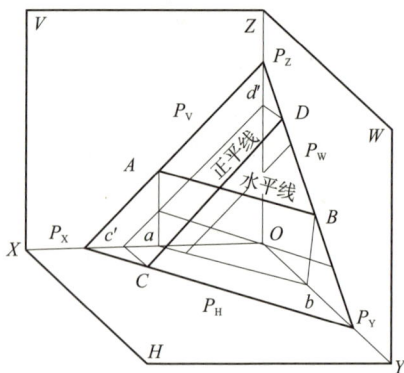

平面上的投影面平行线，既在平面上，又具有投影面平行线的一切投影特性。在 P 平面上可作出无数条水平线、正平线和侧平线。它们的投影分别与平面的相应迹线平行。

图 2-36　平面上的投影面平行线

【例 2.9】已知 $\triangle ABC$，过 A 点作平面上的水平线（图 2-37）。

【解】过 a' 作 $a'd'//OX$，交 $b'c'$ 于 d'，求出 d。连接 ad、AD（$a'd'$、ad），即为平面上的水平线。

2. 平面上的最大坡度线

平面上对投影面倾角最大的直线称为平面上对投影面的最大坡度线，

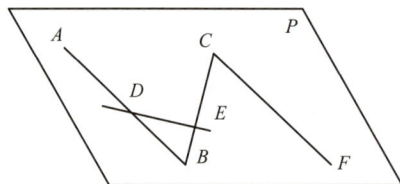

它必垂直于该平面上的同面平行线及迹线。最大坡度线有三种：垂直于水平线的称为对 H 面的最大坡度线；垂直于正平线的称为对 V 面的最大坡度线；垂直于侧平线的称为对 W 面的最大坡度线。

如图 2-38 所示的 $\triangle ABC$，扩展成平面 P 后，它与 H 面的交线为 P_H，在 $\triangle ABC$ 上作水平线 BG，则 $P_H//BG$。过 A 点作 $AD \perp P_H$，则 AD 对 H 面的倾角 α 为最大，证明如下：

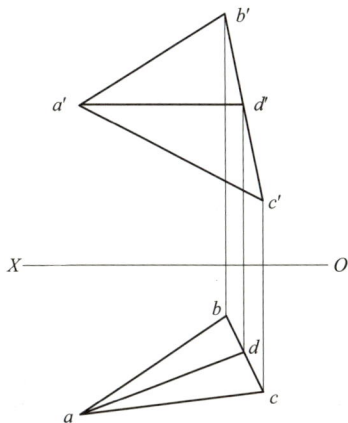

图 2-37 平面上的水平线　　图 2-38 平面上的最大坡度线

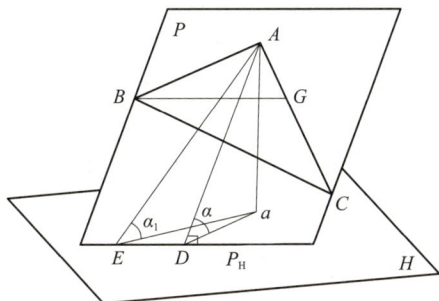

（1）过 A 点任作一直线 AE，它对 H 面的倾角为 α_1；

（2）在直角三角形 ADa 中，$\sin\alpha=\dfrac{Aa}{AD}$；在直角三角形 AEa 中，$\sin\alpha_1=\dfrac{Aa}{AE}$。又因为 $\triangle ADE$ 为直角三角形，$AD< AE$，所以 $a>a_1$。

所以，垂直于 P_H（或垂直于水平线 BG）的直线 AD 对 H 面的倾角为最大，因此称其为"最大坡度线"。从物理意义上讲，在坡面上，小球或雨滴必沿对 H 面的最大坡度线方向滚落。同理，平面上对 V、W 面的最大坡度线也分别垂直于平面上的正平线和侧平线。

由于 $AD \perp P_H$，$aD \perp P_H$（直角投影），则 $\angle ADa=\alpha$，它是 P、H 面所成的二面角，所以平面 P 对 H 面的倾角就是最大坡度线 AD 对 H 面的倾角。

综上所述，最大坡度线的投影特性是：平面内对 H 面的最大坡度线其水平投影垂直于面内水平线的水平投影，其倾角 α 代表了平面对 H 面的倾角；平面内对 V 面的最大坡度线其正面投影垂直于面内正平线的正平投影，其倾角 β 代表了平面对 V 面的倾角；平面内对 W 面的最大坡度线其侧面投影垂直于面内侧平线的侧平投影，其倾角 γ 代表了平面对 W 面的倾角。

【例 2.10】求 $\triangle ABC$ 对 H 面的倾角 α（图 2-39）。

【解】要求 $\triangle ABC$ 对 H 面的倾角 α，必须首先作出对 H 面的最大坡度线，做法如下：

1）在 $\triangle ABC$ 上任作一水平线 BG 的两面投影 $b'g'$、bg；

2）根据直角投影规律，过 a 作 bg 的垂线 ad，即为所求最大坡度线的 H 面投影，并求出其 V 面投影 a'd'；

3）用直角三角形法求 AD 对 H 面的倾角 α，即为所求△ABC 对 H 面的倾角 α。

3. 平面上取点和平面上的圆

（1）平面上取点

如果点在平面内的任一直线上，则此点一定在该平面上。因此在平面上取点，必须先在平面上取辅助线，再在辅助线上取点。在平面上可作出无数条线，一般选取作图方便的辅助线。

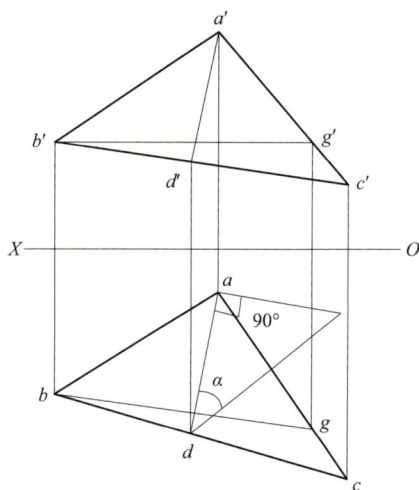

图 2-39　求△ABC 对 H 面的倾角

【例 2.11】已知△ABC 的两面投影及其上一点 K 的 H 面投影 k，求 K 点的 V 面投影 k'，如图 2-40（a）所示。

【解】点 K 在△ABC 内，它必在该平面内的一条直线上。k'、k 应分别位于该直线的同面投影上。所以，若要求点 K 的投影，则必先在△ABC 内过点 K 的已知投影作辅助线。

作图：如图 2-40（b）所示。

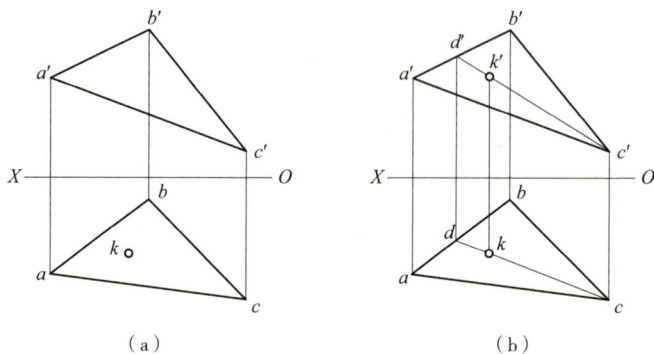

（a）　　　　　　　　　　　（b）

图 2-40　平面上取点

1）先在水平投影上过 k 任作一直线 cd，作为过 K 点的辅助线的水平投影。

2）求出辅助线 CD 的正面投影 c'd'。

3）过点 k 作投影连线与 c'd' 相交即得 k'。

【例 2.12】已知△ABC 和 M 点的 V、H 投影，判别 M 点是否在平面上（图 2-41）。

【解】如果能在△ABC 上作出一条通过 M 点的直线，则 M 点在该平面上，否则不在该平面上。

连接 $a'm'$，与 $b'c'$ 交于 d'，求出 d、m 在 ad 上，则 M 点是该平面上的点。

（2）平面上的圆

平面上圆的投影一般为椭圆。如图 2-42 所示，P 平面上有一圆，圆心为 O，过圆心 O 作互相垂直的两直径 AB 和 CD，其中 AB 为水平线，所以 CD 是 P 面的最大坡度线，其投影 $cd=CD\cos\alpha$，因此 cd 是直径 CD 的最短投影，即椭圆的短轴。$ad=AB$，反映实长，是椭圆的长轴。

如图 2-43 所示，在一平行四边形 $ENMF$ 上，有一个半径为 R 的圆，其圆心 O_1 的投影 o_1、o_1' 为已知，求作该圆的投影。

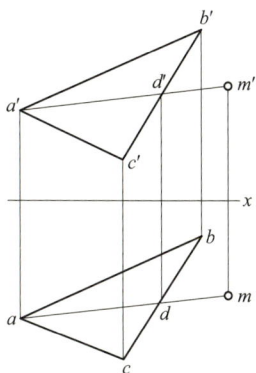

图 2-41 判别点是否在平面上

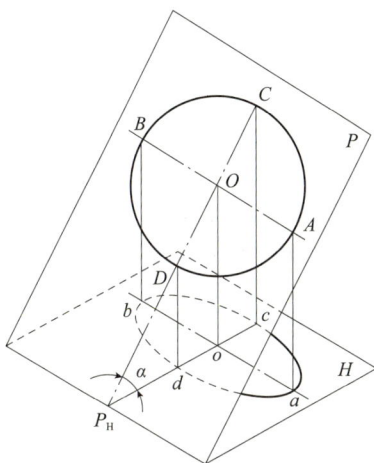

图 2-42 平面上圆的投影

先过圆心作平面上的水平线 I II（12，1'2'），在 H 面 12 上以 o_1 点为中点各向两边量取 R，得 a、b 两点，ab 即为 H 面投影椭圆的长轴。再过圆心作平面的最大坡度线 O_1P（o_1p，$o_1'p'$），求出 O_1P 的实长 o_1p，利用直角三角形法反求出短半轴 o_1d 和 o_1c，然后可按长短轴作图的方法完成此椭圆。对于 V 面投影的椭圆，同样可利用平面上的正平线 III IV（34，3'4'）和最大坡度线 O_1F（o_1f，$o_1'f'$）或 O_1N（o_1n，$o_1'n'$）作出椭圆长、短轴后，便可作出整个椭圆。

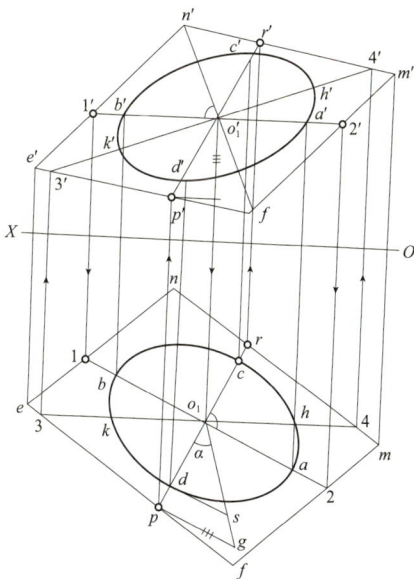

图 2-43 圆的投影——椭圆

2.3.4　直线与平面的相对位置

直线与平面的相对位置有平行、相交和垂直三种情况（垂直属于相交的特殊情况）。

1. 直线与平面平行

若直线平行于平面上的任一直线，则此直线必与该平面平行。如图 2-44 所示，直线 AB 与平面 H 上的任一直线 CD（或 EF）平行，则 AB//H 面。

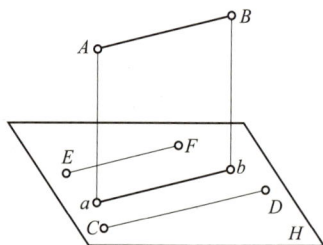

【例 2.13】过 △ABC 外一点 D，作一条水平线 DE 与 △ABC 平行（图 2-45）。

【解】求作水平线 DE 与 △ABC 平行，可以先在 △ABC 上作一条水平线，使 DE 与该直线平行，则 DE//△ABC，DE 与该水平线的同面投影必平行。

做法：1）在 △ABC 上任作一水平线 BF（b'f'，bf）；

2）过 d' 作 d'e'//b'f'；过 d 作 de//bf，则 DE 即为所求水平线。

判别直线是否与平面平行，可归结为在平面上能否作出一直线与该直线平行。

【例 2.14】已知 ABCD 平面外一直线 MN，判别 MN 是否与该平面平行（图 2-46）。

【解】在 ABCD 平面的投影图上任作 b'e'//m'n' 并与 c'd' 相交于 e'，由 e' 求 e，连 be，因为 be//mn，所以 MN 与平面 ABCD 平行。

2. 直线与平面相交

直线与平面之间，若不平行则必相交。直线与平面相交产生交点。直线与平面相交的交点是直线与平面的共有点，该点既在直线上又在平面上，求解交点的投影，则需利用直线和平面的共有点或在平面上取点的

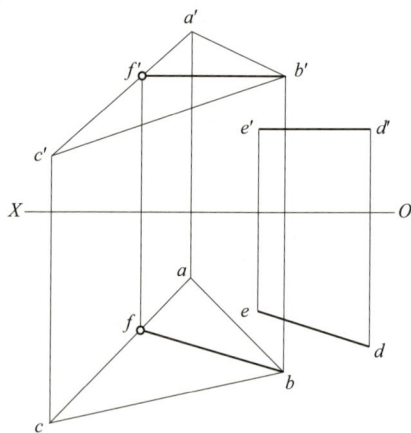

图 2-44　直线和平面平行的条件

图 2-45　过已知点作水平线平行于已知平面

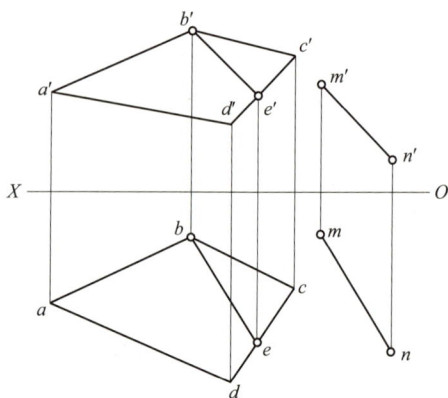

图 2-46　判别直线与平面是否平行

方法。平面与平面的交线是一条直线，是两平面的共有线，求交线时只要先求出交线上的两个共有点（或一个交点和交线的方向），连接两点即得。在投影图中，为增强图形的清晰感，必须判别直线与平面、平面与平面投影重叠的那一段（称为重影段）的可见性。

（1）投影面垂直线与一般位置平面相交

利用投影面垂直线的积聚性，可直接求出交点。

【例 2.15】求作铅垂线 EF 与一般位置平面 $\triangle ABC$ 的交点（图 2-47）。

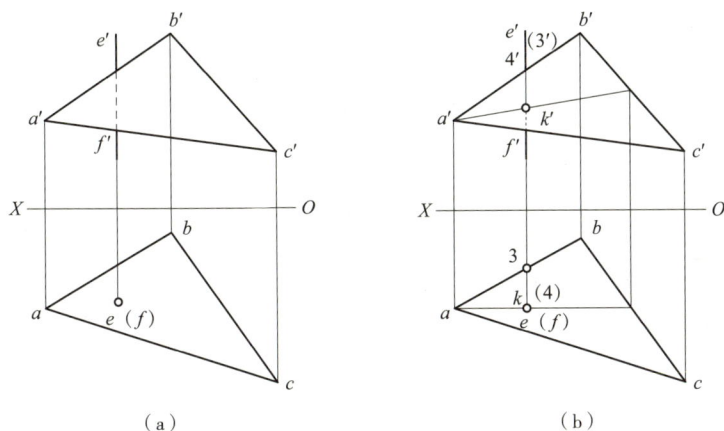

图 2-47　铅垂线与一般位置平面相交
（a）已知条件；（b）作图结果

【解】利用直线的积聚性投影可直接找到交点 K 的 H 面投影 k，再利用面上取点的方法即可求出 k'。

对 V 面上线面投影重影段的可见性，必须利用交叉直线重影点的可见性来判别，如图 2-47（b）中 $a'b'$ 及 $a'c'$ 与 $e'f'$ 的交点均为重影点，可任选其中的一点如 4'（3'），它们是 AB 上的Ⅲ点与 EF 上的Ⅳ点在 V 面上重影，由其 H 面投影可知，Ⅳ点在前，即 $e'k'$ 段可见，而 $k'f'$ 的重影段则为不可见（画虚线）。

（2）一般位置直线与投影面垂直面相交

利用投影面垂直面的积聚性投影，即可直接求出交点。

【例 2.16】求铅垂面 ABC 与一般位置直线 DE 的交点，并判别可见性（图 2-48）。

【解】因 K 在 DE 上，k 必在 de 上；又因 K 在 $\triangle ABC$ 上，故 k 必积聚在 $\triangle ABC$ 的 H 面投影 abc 上，即 k 必是 de 与 abc 的交点。由 k 作 OX 轴的垂线与 $d'e'$ 相交于 k'，K（k'，k）即为所求。

又因直线 DE 穿过 $\triangle ABC$，在交点 K 之前的一段为可见，交点 K 之后则有一段被平面遮挡而不可见，显然交点 K 为可见段与不可见段的分界点。由于铅垂面的 H 面投影有积聚性，故可根据它们之间的前后关系直接

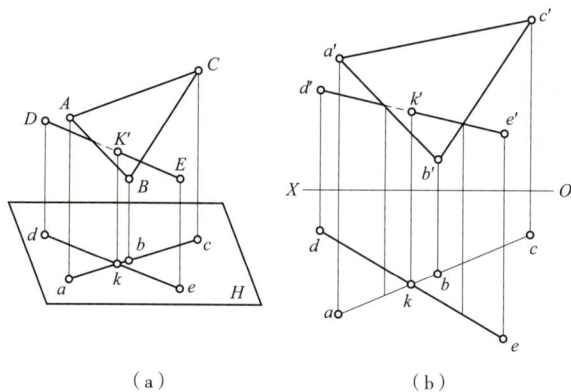

图2-48 求直线与投影面垂直面的交点
(a) 立体图;(b) 投影图

判别其 V 面投影的可见性,即 ke 一段均在 k 之前,$k'e'$ 为可见,而 k' 之后的重影段为不可见(画虚线)。对 H 面投影的可见性,因投影具有积聚性,无须判别其可见性。

(3)一般位置直线与一般位置平面相交

由于一般位置直线、面的投影没有积聚性,不能在投影图上直接定出其交点。如图2-49所示,求交点时,可采

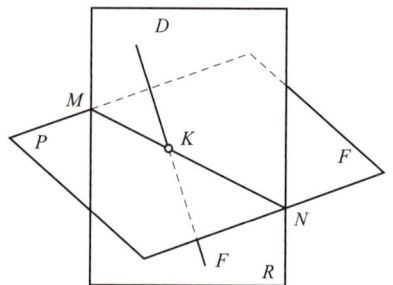

图2-49 一般位置直线与一般位置平面的交点求法

用辅助平面进行作图:①包含直线 DF 作辅助平面 R;②求平面 P 与辅助平面 R 的交线 MN;③求出交线 MN 与直线 AB 的交点 K,即为所求。为作图方便,常取投影面垂直面作为辅助平面。

【例2.17】求直线 DF 与 $\triangle ABC$ 的交点,并判别其可见性(图2-50)。

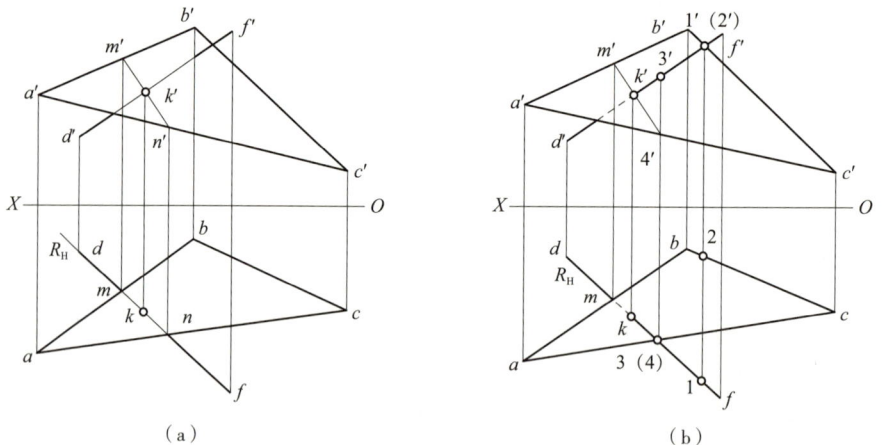

(a)   (b)

图2-50 一般位置直线与一般位置平面相交
(a) 作图过程;(b) 作图结果

【解】1）包含 DF 作一辅助铅垂面 R，这时 df 与 R_H 重合；

2）求辅助平面 R 与 $\triangle ABC$ 的交线 MN（$m'n'$，mn）；

3）$m'n'$ 与 $d'f'$ 相交于 k'，即为所求交点 K（k'，k）的 V 面投影，可在 df 上定出 k，即为所求交点 K 的 H 面投影；

4）利用重影点，判别其投影重合部分的可见性。

3. 直线与平面垂直

直线与平面垂直是直线与平面相交的特殊情况。若直线垂直于一平面，则此直线必垂直于平面上的一切直线。如图 2-51 所示，直线 AB 垂直于平面 P，B 为垂足，在平面上过垂足 B 作水平线 CD，则 AB 必垂直于 CD。根据直角投影原理，如果 $AB \perp CD$，则 ab 一定垂直于 cd。如果在平面上再作一条水

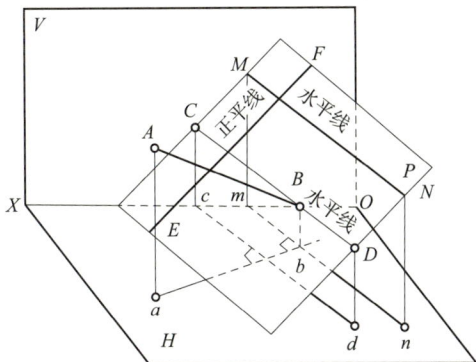

图 2-51 直线与平面垂直

平线 MN，因为 mn 平行于 cd，则 ab 也一定与 mn 垂直。所以当直线垂直于平面时，直线的 H 面投影必垂直于该平面上的所有水平线的 H 面投影。同理，直线的 V 面投影和 W 面投影必分别垂直于该平面上所有正平线的 V 面投影和侧平线的 W 面投影。

综上所述，可得出直线与平面垂直的投影特性：若直线垂直于平面，则直线的三面投影分别垂直于该平面上的水平线、正平线和侧平线的同面投影。

由此可知，要作平面的垂线，应首先作出平面上的平行线。

【例 2.18】已知 $\triangle BCD$ 平面外一点 A，求 A 点到平面的距离（图 2-52）。

【解】求 A 点到 $\triangle BCD$ 的距离，就是由 A 点向平面作垂线，求出 A 点与垂足之间的长度。

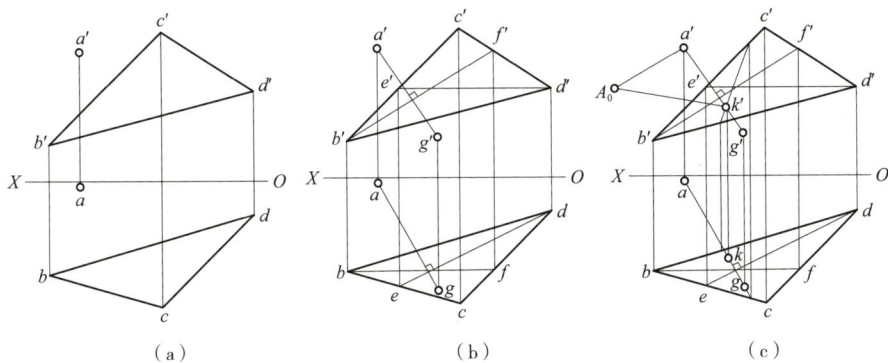

（a） （b） （c）

图 2-52 求点到平面的距离
（a）已知条件；（b）作图过程；（c）作图结果

作图步骤：1）在△BCD平面上任意作一条水平线DE（de，d'e'）和一条正平线BF（bf，b'f'）；

2）过a作ag⊥de、a'g'⊥b'f'；

3）求出AG与△BCD的交点K（k，k'）；

4）用直角三角形法求出AK的实长A_0k'，即得所求。

【例2.19】过点K作一直线与已知的一般线AB垂直并相交（图2-53）。

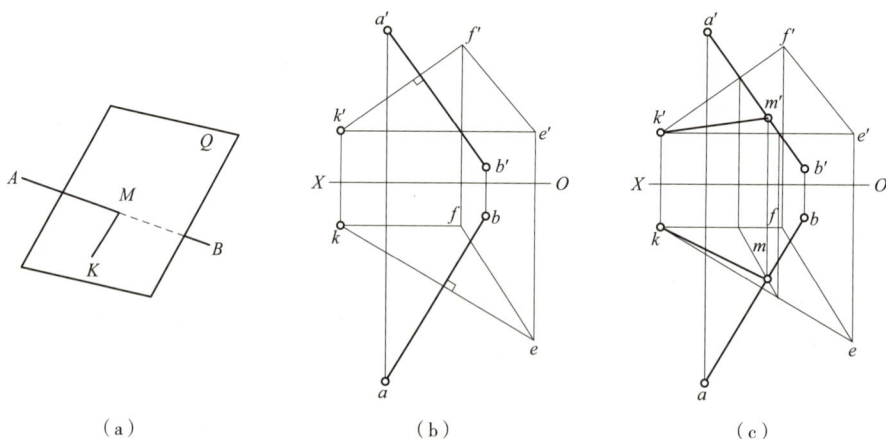

图2-53 过点作直线垂直于已知直线
（a）立体图；（b）作图过程；（c）作图结果

【解】空间两互相垂直的一般线，其投影不反映垂直关系，不可能在投影图上直接作出，所以，可根据直线与平面垂直的原理，过K点作一平面Q垂直AB，如图2-53（a）所示，然后找出线面交点M，连KM即为所求。作图步骤：

1）过点K作辅助平面Q垂直于AB，即作ke⊥ab，k'f'⊥a'b'，Q平面由水平线KE和正平线KF确定（图2-53b）；

2）求辅助平面Q与直线AB的交点M（m，m'）（图2-53c）；

3）连接km、k'm'，即得所求。

2.3.5 平面与平面相对位置

平面与平面的相对位置有平行、相交和垂直三种情况（垂直属于相交的特殊情况）。

1.平面与平面平行

若一平面上的相交两直线与另一平面上的相交两直线对应平行，则该两平面互相平行。如图2-54所示，P平面内的两条相交直线AB、AC分别平行于Q平面内的两条相交直线A_1B_1、A_1C_1，则P平面平行于Q平面。

【例2.20】判别△ABC和△DEF两平面是否相互平行（图2-55）。

【解】在△ABC上的任一点A作两相交直线AG和AK，使它们的V

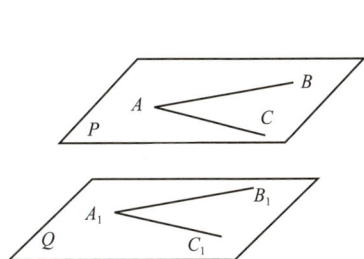

图 2-54 两平面平行的条件

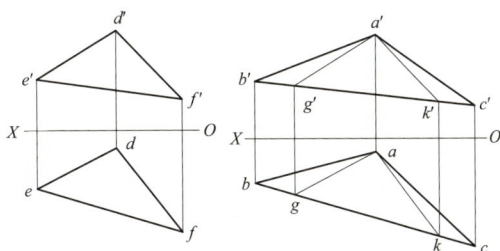

图 2-55 判别两平面是否平行

面投影 $a'g'//d'e'$，$a'k'//d'f'$，由 $a'g'$ 和 $a'k'$ 作出 ag 和 ak，因为 $ag//de$，$ak//df$，所以 $\triangle ABC // \triangle DEF$。

【例 2.21】过点 K 作一平面与两平行直线 AB 和 CD 所决定的平面平行（图 2-56）。

【解】在已知平面上先连接 AC，使该平面转换为由相交两直线 AB 和 CD 所决定的平面，再过 k' 作 $k'e'//a'b'$，$k'f'//a'c'$，过 k 作 $ke//ab$、$kf//ac$，两相交直线 KE 和 KF 所决定的平面即为所求。

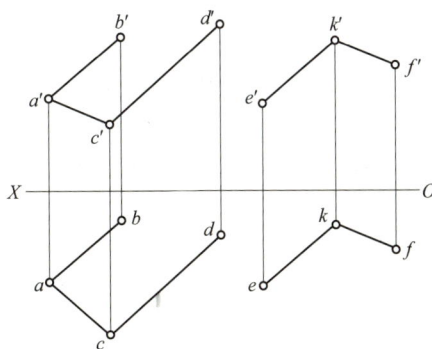

图 2-56 过已知点作平面与已知平面平行

2. 平面与平面相交

平面与平面之间，若不平行则必相交。平面与平面相交产生交线。

（1）一般位置平面与投影面垂直面相交

【例 2.22】求铅垂面 ABC 与一般面 DEF 的交线，并判别可见性（图 2-57）。

【解】如图 2-57 所示，是在例 2.18 的基础上增加直线 EF，而两相交

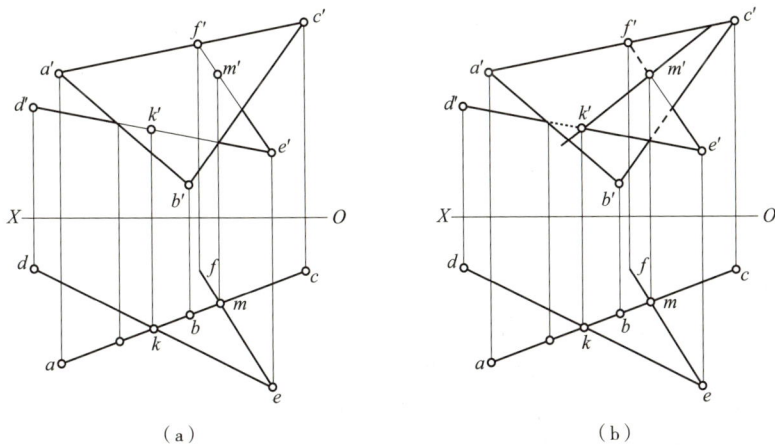

（a）

（b）

图 2-57 一般面与铅垂面相交
（a）作图过程；（b）作图结果

直线所表示的一般平面与铅垂面△ABC相交，求其交线。可同前求出交线上的一点K（k'，k），再求EF与△ABC的交点M（m'，m），连接KM（k'm'，km）即得所求。

关于可见性的判别，是在上述的线面相交可见性的基础上进行，显然交线为两平面投影重叠处可见与不可见的分界线，即两平面投影重叠处被分为两部分，交线一侧为可见，另一侧为不可见，又已知两平面周界边线之间均为交叉直线，且每一对交叉直线中，若一条边线为可见，另一条必不可见。由此对V面可见性的判别，因ED、EF两直线为同一平面，故交点M（m'，m）之后的一段也和K（k'，k）之后一样，均为不可见。这时又由于e'k'可见，e'm'也为可见，则与之交叉的重叠段b'c'为不可见（画虚线）。同理，可判别其余部分的可见性。

（2）两个一般位置平面相交

【例2.23】求一般面△ABC与一般面△DEF的交线，并判别其可见性（图2-58）。

【解】如图2-58所示，可看作是在例2.17的基础上，添加一直线DE而形成两相交直线所表示的一般面与△ABC相交，求交点。可分别求出两个交点再连接成交线。交点K（k'，k）的求法同例2.22，同理可求出DE与△ABC的交点G（g'，g），连接KG（k'g'，kg），即得所求的交线。再根据重影点判别两平面投影重合部分的可见性。

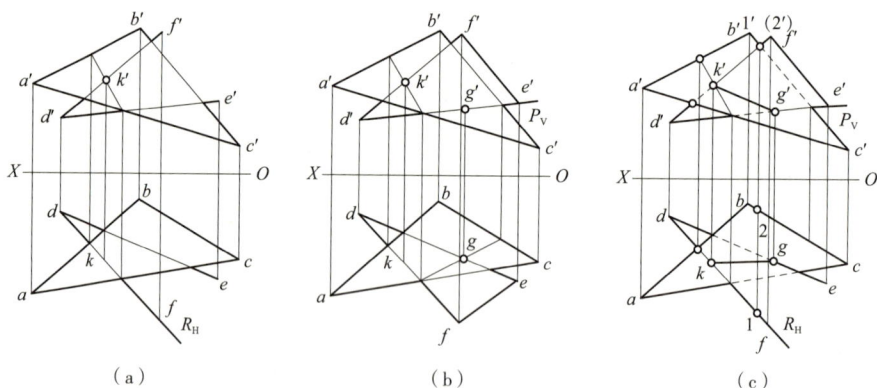

图2-58　两个一般位置平面相交
（a）作图过程；（b）作图过程；（c）作图结果

3.平面与平面垂直

平面与平面垂直是平面与平面相交的特殊情况。若直线垂直于平面，则包含此直线所作的一切平面均垂直于该平面。如图2-59所示，AB垂直P面，包含AB所作的平面Q、R等都垂直于平面P。

由此可知，若两平面互相垂直，则由第一个平面上的任意一点向第二个平面所作的垂线，必在第一个平面上。如图2-60（a）所示，若P、Q

两平面互相垂直，则由平面 Q 上任意一点 A 向平面 P 所作的垂线 AB 必在平面 Q 上，反之若所作垂线 AB 不在平面 Q 上，则 Q、P 两平面不垂直，如图 2-60（b）所示。

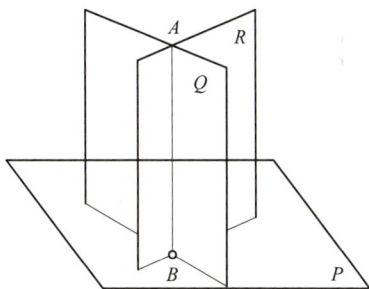

【例 2.24】过直线 AB 作一平面垂直于 $\triangle DEF$（图 2-61）。

【解】过直线 AB 作一平面垂直于 $\triangle DEF$，即过 AB 上任一点 A 作直线 AK

图 2-59　两平面互相垂直的条件

垂直于 $\triangle DEF$，所以，可在 $\triangle DEF$ 上任作一条水平线 DM 和正平线 FN，使 $a'k' \perp f'n'$、$ak \perp dm$，则 $AK \perp \triangle DEF$，而由两条相交直线 AK 和 AB 所确定的平面 BAK 一定垂直于 $\triangle DEF$。平面 BAK 即为所求。

【例 2.25】判别 $\triangle ABC$ 和 $\triangle DEF$ 是否互相垂直（图 2-62）。

【解】1）过 $\triangle DEF$ 上任一点如 F，作一直线 FK 垂直于 $\triangle ABC$；

2）判别所作直线 FK 是否在 $\triangle DEF$ 上，令 $f'k'$ 与 $d'e'$ 相交，fk 与 de 相交，它们的交点 k'、k 的连线垂直于 OX 轴，符合点的投影规律，故 FK 必在 $\triangle DEF$ 上，即 $\triangle ABC$ 和 $\triangle DEF$ 互相垂直。

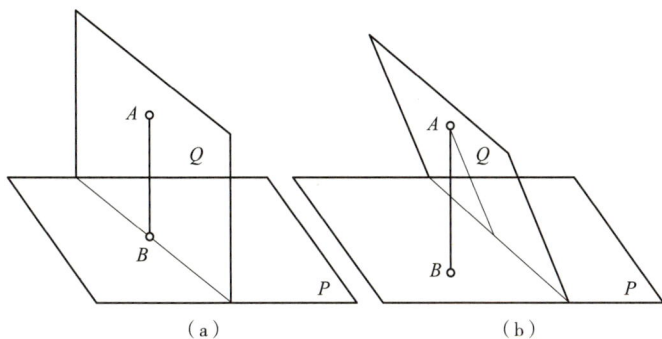

（a）　　　　（b）

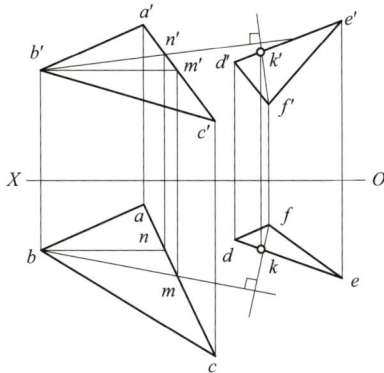

图 2-60　判别两平面是否垂直的几何条件

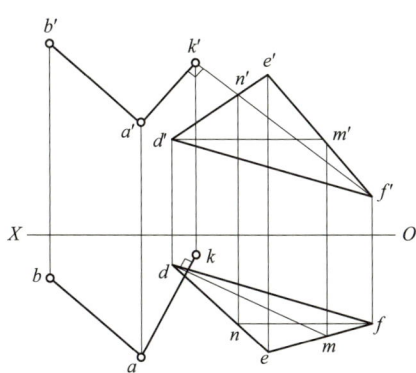

051

图 2-61　过直线作平面垂直于已知平面　　图 2-62　判别两平面是否互相垂直

作业页

班级：　　　　　　姓名：　　　　　　学号：

思考题

（1）用几何元素表示平面有几种方法？

（2）什么是投影面的平行面？其有什么投影特性？

（3）什么是投影面的垂直面？其有什么投影特性？

（4）平面上取点、取线的几何条件是什么？怎样进行投影作图？

（5）如图 2-63 所示，四边形 $ABCD$ 的 H 面投影和其中两边的 V 面投影，完成四边形的 V 面投影。

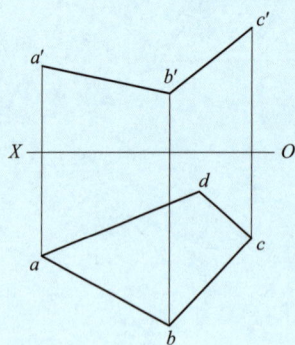

图 2-63　四边形 V、H 面投影

课程思政

投影要符合"长对正、高平齐、宽相等"的规律。投影要符合投影规律，做事要遵守规矩。

有了规和矩，才能画圆画方。天下事，都要有规矩。有了规矩，人才会有做人的底线和原则。苏武在匈奴牧羊十九载而持节不屈，用行动守住自己的底线；文天祥直面高官厚禄而不动心，囚禁折磨而不屈服，以自身的行为来捍卫自己的气节和底线。人的高尚可贵就在于，能坚守自己做人的底线。在形形色色的欲望和诱惑下，做人的底线是支撑他永不倒下的铜墙铁壁。冯骥才说："一个人只有守住底线，才能获得成功的自我与成功的人生"。有些规矩必须懂，有些底线也是必须坚守的。在原则那里，你失守得越多，人生就沦陷得越多。守住底线，不仅在于做了多少事，更在于明白哪些事做不得。

绘制立体的投影

知识目标:

  1. 掌握平面立体投影方法;
  2. 掌握曲面立体投影方法;
  3. 掌握立体表面交线的绘制方法;
  4. 掌握组合体投影的绘制方法;
  5. 掌握剖面图的绘制方法;
  6. 掌握断面图的绘制方法。

能力目标:

  1. 能绘制平面立体投影;
  2. 能绘制曲面立体投影;
  3. 能绘制立体表面交线;
  4. 能绘制组合体投影;
  5. 能绘制剖面图;
  6. 能绘制断面图。

思政目标:

培养学生认真的学习态度以及科学、严谨的工作作风。

立体可分为基本几何体和组合体。基本几何体是由平面或平面和曲面围合而成的立体，简称基本体。组合体是由两个或两个以上基本几何体组合而成的立体。基本体依据其体表面的几何性质，又可分为平面立体和曲面立体。研究基本体的投影，实质上就是研究基本体表面上点、线、面的投影。

任务 3.1　平面立体的投影

表面由若干平面围合而成立体，称为平面立体。各平面间的交线称为棱线或底边。它们间的交点称为顶点。

绘制平面立体的投影，需绘出平面立体各棱面（线）的投影，不可见部分用虚线表示。当可见棱线与不可见棱线的投影重合时，用实线表示。最基本的平面立体是棱柱和棱锥。

3.1.1　平面立体的投影

1. 棱柱体

棱线互相平行的立体，称为棱柱体，如三棱柱、四棱柱、六棱柱等。棱柱体是由棱面（棱柱体的表面）、棱线（棱面与棱面的交线）、棱柱体的上下底面共同组成。

如图 3-1 所示，三棱柱的三角形上底面和下底面是水平面，左、右两个棱面是铅垂面，后面的棱面是正平面。

水平投影是一个三角形，是上下底面的重合投影。其与 H 面平行，反映实形。三角形的三条边，是垂直于 H 面的三个棱柱面的积聚投影。三个顶点是垂直于 H 面的三条棱线的积聚投影。

码 3-1　平面立体的投影

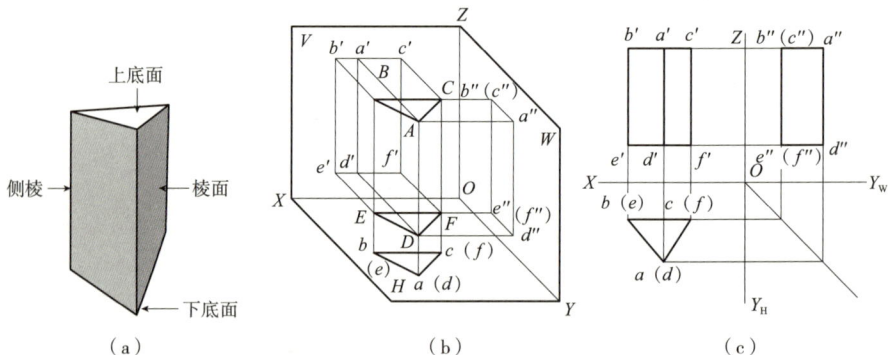

图 3-1　三棱柱的三面投影

正面投影是左右两个棱面与后面棱面的重合投影。左右两个棱面是铅垂面。后面的棱面是正平面，反映实形。三条棱线互相平行，是铅垂线且反映实长。两条水平线是上下底面的积聚投影。

侧面投影是左右两个棱面的重合投影。左边一条铅垂线是后面棱面的积聚投影，右边的一条铅垂线是三棱柱最前一条棱线的投影（左右两个棱面的交线）。两条水平线是上下底面的积聚投影。

2. 棱锥体

如图 3-2 所示，正三棱锥由底面 △ABC 和 3 个三角形棱面 SAB、SBC、SAC 组成，底面是水平面，其水平投影反映实形，正面和侧面投影积聚成直线；棱面 SAC 为侧垂面，侧面投影积聚成一直线，水平投影和正面投影为类似形；棱面 SAC 和 SBC 为一般位置平面，其三个投影均为类似形。

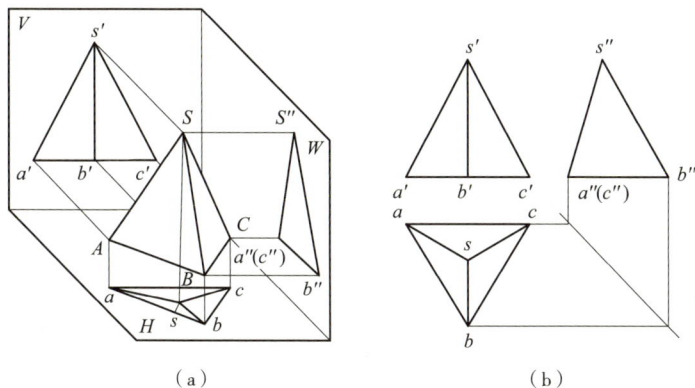

（a） （b）

图 3-2 正三棱锥的投影

正三棱锥的三面投影作图步骤如下：

（1）先从反映底面 △ABC 实形的水平投影 △abc 画起，画出 △ABC 的三面投影；

（2）画出顶点 S 的三面投影；

（3）画出棱线 SA、SB、SC 的三面投影，则得到 3 个棱面的三面投影，完成正三棱锥的三面投影图。

3.1.2 平面立体表面的点和线

在平面立体表面取点、线的方法与在平面上取点、线的方法相同。在棱柱表面上取点时，应先求出点在积聚棱面的投影，再求出点的第三面投影。在棱锥表面取点应先取线，取线时，一般将该所求点与棱锥的锥顶相连，或过所求点作棱锥底面多边形某一边的平行线。值得注意的是：位于立体可见表面上的点和线可见，反之不可见。

【例 3.1】已知三棱柱表面上点 K 的正面投影 k'，求作 k 及 k''（图 3–3a）。

【解】点 k 在 AB 棱面上，水平投影 k 落在 AB 棱面的积聚性投影上，根据点的三面投影规律又可求得 k'' 点，因为 AB 棱面的侧面投影可见，故 k'' 为可见。作图过程见图 3–3（b）。

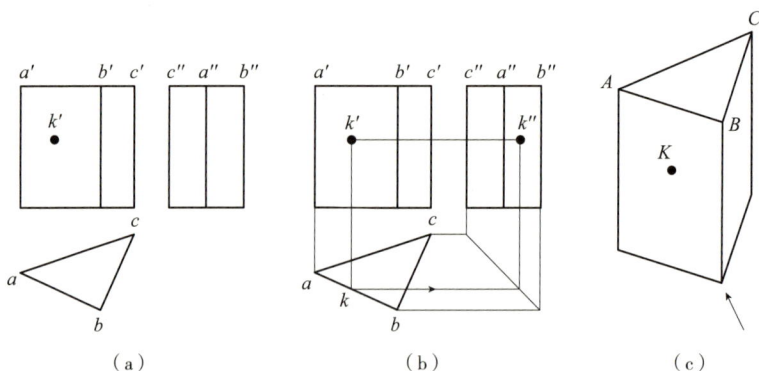

图 3-3　棱柱表面上取点

【例 3.2】已知棱锥表面上点 D 的正面投影 d'，求该点的 H 面投影 d（图 3–4）。

【解】因为 d' 为可见，故 D 点在 SBC 棱面上，图中表示出了求 D 点的 H 面投影 d 的常用两种方法。

解法一：将 D 与锥顶 s 相连。连接 $s'd'$ 交 a' 于 n'，在棱锥的 H 面投影上求得 sn，在其上定出 D 点的水平投影 d。

解法二：过 D 作平行于三棱锥底面的水平面，该水平面与棱锥的截交线为与底面相似的三角形。所作水平面交 SA 棱于 M，在 SA 棱的水平投影 sa 上求得 m，过 m 作三棱锥底面的平行线（截交线的水平投影），在其上由 d' 求得 d。因为 D 在三棱锥的侧面上，并未在 ADC 底面上，其水平投影为可见。

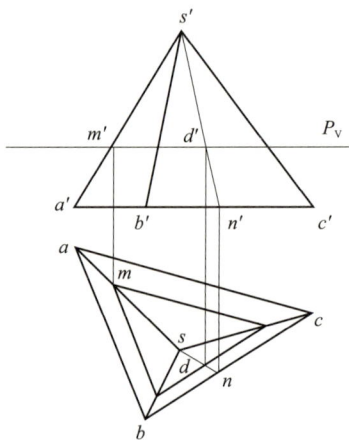

图 3-4　棱锥面上取点

3.1.3　平面立体投影图的尺寸标注

平面立体三面投影图的尺寸标注应注意以下几个问题：

（1）平面立体应标注各个底面的尺寸和高度。尺寸既要齐全，又不重复。

（2）平面立体的底面尺寸应标注在反映实形的投影图上，高度尺寸应标注在正面投影图和侧面投影图之间，见表 3–1。

平面立体的尺寸标注　　　　　表 3-1

四棱柱	三棱柱	四棱柱
三棱锥	五棱锥	四棱台

作业页

班级：　　　　　　姓名：　　　　　　学号：

　　已知三棱柱上一点 L 的正面投影 l' 和直线 MN 的正面投影，试求点 L 和直线 MN 水平投影和侧面投影，如图 3-5 所示。

　　步骤：

（1）根据 l' 的所在位置，判断点 L 所在平面。

（2）根据三棱柱三面投影分析 L 所在平面。

（3）根据 L 所在平面投影特性，判断水平投影 l 位置。

（4）根据 l 和 l' 求出侧面投影 l''，并判断 l'' 的可见性。

（5）请在空白处作图。

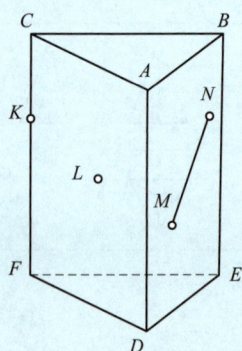

图 3-5　三棱柱上的点和直线

任务 3.2 曲面立体的投影

由平面和曲面或完全由曲面围合而成的立体，称为曲面立体。它们是由母线（直线或曲线）绕轴旋转形成的。根据曲面立体的形状，可分为圆柱体、圆锥体和球体，如图 3-6 所示。

在绘制曲面立体的投影时，应首先在 3 个投影面上画出中心轴线。

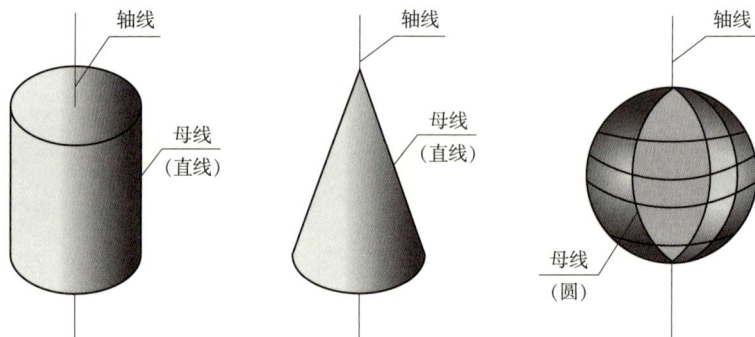

图 3-6 曲面立体的形成

3.2.1 圆柱的投影

圆柱体是由圆柱面、上下底面共同围合而成的曲面体。圆柱面是母线与轴线平行，绕轴旋转而成。处于回转运动中的直线或曲线称为母线。母线在曲面上转至某一位置时称为素线。因此，圆柱面上是由许多素线所围成的。

1. 圆柱的三面投影

（1）形成

圆柱由圆柱面和上下底面所围成。如图 3-7（a）所示，圆柱面可以看成由直线 AA_1 绕与它平行的轴线 OO_1 回转而成。直线 AA_1 为母线，圆柱面上的素线都是平行于轴线 OO_1 的直线。

（2）投影

如图 3-7（b）所示轴线为铅垂线的圆柱。圆柱面的水平投影积聚为圆，也是圆柱两底面的投影。正面和侧面投影，分别是由圆柱的上下底面和圆柱面在正面和侧面的最左最右和最前最后四种极限位置的素线（称为转向轮廓线）所组成的两个矩形。

圆柱投影的作图步骤如下：

1）用细点画线画出轴线和圆的对称中心线，画出反映上下底面实形的俯视图圆形，以及在正、侧面投影相应高度上积聚成的直线段。

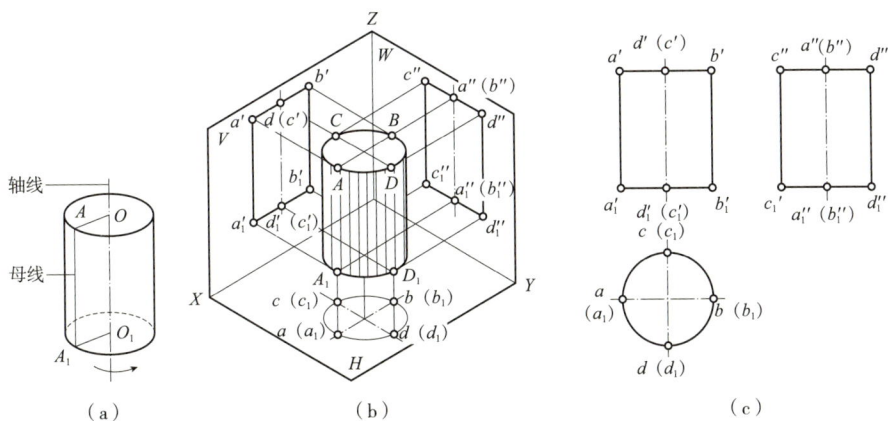

图 3-7　圆柱的投影

2）画出正面投影矩形的左、右两边 $a'a'_1$、$b'b'_1$，分别为圆柱正视转向线 AA_1、BB_1（圆柱面前后两半可见与不可见的分界线）的投影。正视转向线的侧面投影 $a''a''_1$、$b''b''_1$ 与点画线重合，不需画出。

3）同理，画出侧面投影矩形的左、右两边 $c''c''_1$、$d''d''_1$，分别是圆柱侧视转向线 CC_1、DD_1（圆柱面左右两半可见与不可见的分界线）的投影。侧视转向线的正面投影 $c'c'_1$、dd'_1 与点画线重合，不需画出。正视转向线和侧视转向线的水平投影积累在圆周上的左、右、前、后 4 个点上，如图 3-7（c）所示。

2. 圆柱体表面上点的投影

圆柱面的一面投影有积聚性，因此可以利用积聚性法表面取点。

【例 3.3】已知圆柱体表面上点 M 的正面投影 m' 和点 N 的侧面投影（n''），求其他两面投影，如图 3-8（a）所示。

分析：由 m' 可判断点 M 在左前方 1/4 圆柱面上，其 H 面投影在圆柱面的积聚投影圆周上；由 n'' 可判断点 N 位于圆柱面的最右素线上，可利用直线上取点作图。

作图：如图 3-8（b）所示。

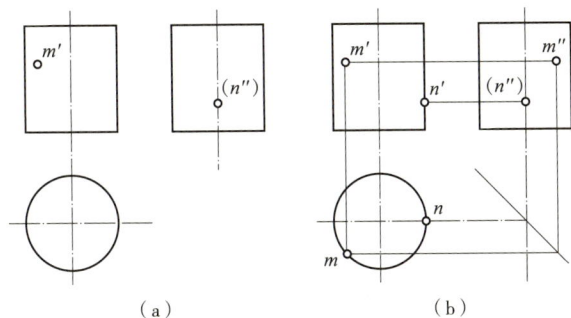

（a）　　　　　　　　　（b）

图 3-8　圆柱表面取点

063

1）作点 M 的投影。由 m' 向下作投影连线，与圆周交得 m、n，再根据投影规律作出 m''，m'' 为可见。

2）作点 N 的投影。点 N 位于圆柱正面投影的轮廓线最右素线上，可直接作出 n、n'。

3.2.2 圆锥的投影

1.圆锥面的投影

图 3-9（a）是圆锥面的立体示意，它是由母线 SA 绕与它相交的轴线 SO 旋转而形成的。

当圆锥轴线垂直于 H 面时，其投影图的形成和画法如图 3-9（b）（c）所示。水平投影是一个圆，正面投影和侧面投影都是三角形。$a'b'$ 和 $c''d''$ 是底圆的 V、W 投影，有积聚性。$s'a'$ 和 $s'b'$ 是圆锥上最左和最右两条素线的投影，是正面投影的轮廓线。$s''c''$ 和 $s''d''$ 是圆锥面上最前和最后两条素线的投影，是侧面投影的轮廓素线。SA、SB 的侧面投影和 SC、SD 的正面投影都分别重合于侧面投影和正面投影的对称线（点画线）上，且均不画出。轮廓素线也是可见与不可见的分界线。

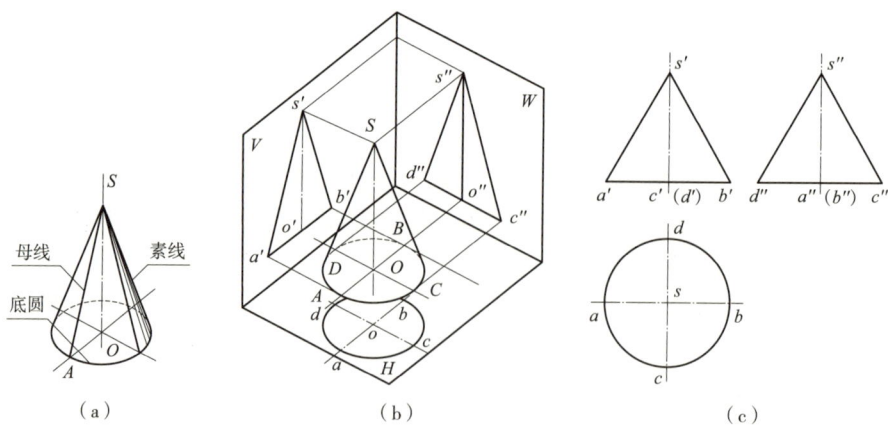

码 3-4 圆锥的投影

图 3-9 正圆锥的投影
（a）圆锥面的立体示意；（b）投影图的形成；（c）投影图的画法

2.圆锥面上取点

圆锥面上取点的方法有辅助素线法和辅助纬圆法两种。

【例 3.4】已知圆锥表面上点 M 的正面投影 m'，求另两个投影，如图 3-10（a）所示。

分析：由 m' 可判断点 M 位于右前 1/4 圆锥面上，可应用圆锥面上的素线或纬圆作辅助线求解。

作图方法如下：

方法一：素线法。圆锥面上任一点和锥顶相连即为一条素线。连接

$s'm'$ 延长后交底圆于 $1'$，点 M 位于素线 $s1$ 上，作出 $s1$、$s''1''$，然后由 m' 求出 m、m''，m'' 不可见，标记为 (m'')，如图 3-10（b）所示。

　　方法二：纬圆法。圆锥面上任一点都在和轴线垂直的纬圆上。本例中纬圆都是水平圆，纬圆的水平投影是圆锥底圆的同心圆，正面投影和侧面投影积聚成水平线。在正面投影中过 m' 在圆锥面的轮廓线之间作一段水平线，长度为纬圆的直径。然后作出该纬圆的 H 面投影，m 在此圆周上，再由 m 求出 m''，如图 3-10（c）所示。

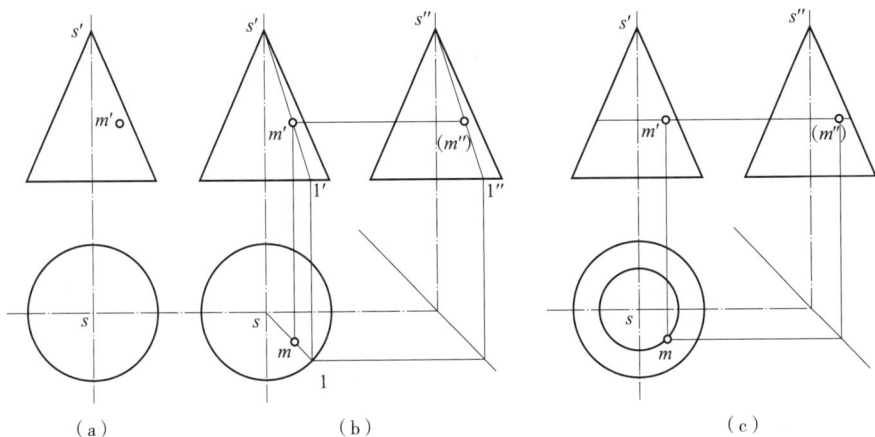

（a）　　　　　　（b）　　　　　　　（c）

图 3-10　圆锥表面取点方法

　　求圆锥面上线段的方法，实际上也是其面上取点的运用，注意求出线段的转折点及判断投影的可见性，这里不再举例。

3.2.3　球的投影

　　1. 圆球面的形成

　　如图 3-11（a）所示，圆球面可看作一个圆（母线），围绕它的直径回转而成。

　　2. 圆球的三视图

　　图 3-11（b）为圆球的三视图。它们都是与圆球直径相等的圆，均表示圆球面的投影。球的各个投影虽然都是圆形，但各个圆的意义不同。如图 3-11（a）所示，正面投影的圆是平行于正面的圆素线 A（前、后两半球的分界线，圆球面正面投影可见与不可见的分界线）的投影；按此做类似的分析，水平面投影的圆，是平行于水平面的圆素线 B 的投影；侧面投影的圆，是平行于侧面的圆素线 C 的投影。这三条圆素线的其他两面投影，都与圆的相应中心线重合。

　　3. 圆球表面上的点

　　球体表面上取点，一般采用辅助圆法，为了方便作图，一般采用水平

码 3-5　球的投影

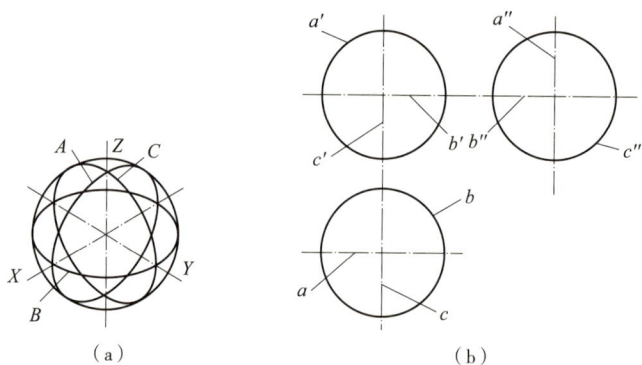

图 3-11　圆球面的形成即投影
（a）立体图；（b）投影图

圆、侧平圆或正平圆作为辅助圆。

【例 3.5】如图 3-12 所示，已知球面上点 A 的正面投影 a'，求作它的水平投影 a 和侧面投影 a''。

球面上三个投影都没有积聚性，而且球面上也不存在直线，但在球面上可以作通过 A 点而平行于投影面的圆。现过 A 点作水平圆为辅助线，实际此圆就是 A 点绕球的铅垂线旋转一周形成的，作图过程如下：

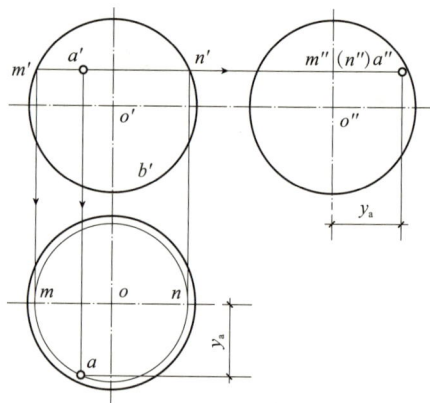

图 3-12　球面上取点

1）过点 A 作辅助水平圆的投影。此圆在 V 面上积聚成一直线 $m'n'$，以 $m'n'$ 为直径在水平投影面上画出该圆的实形。

2）由 a' 可知 A 点在球体的前半部分，从而在辅助水平圆的 H 面投影上可求出 a，且 a 可见。

3）由 a' 可知 A 点在球体的左半部分，从而在辅助水平圆的 W 面投影上可求出 a''，且 a'' 可见。

3.2.4　曲面立体投影图的尺寸标注

曲面立体投影图的尺寸标注的原则与平面立体基本相同。圆锥体或圆锥台应注出底圆的直径和高度。球体只需注出它的直径。球体的投影图可只画一个，但在直径数字前面应加注"Φ"。

作业页

班级：　　　　　　姓名：　　　　　　学号：

思考题

（1）在平面体或曲面体的表面上怎么根据已知点求未知点？有哪些解题方法？

（2）已知圆柱体上有线段 AB 的正面投影和线段 CD 的侧面投影，试完成其他两投影，如图 3-13 所示。

步骤：

1）AB 线段的作图

①根据 AB 线段所在的位置，判断线段 AB 的位置。

②判断水平投影 ab 位置及可见性。

③求出线段的侧面投影 a″b″。

④根据线段 AB 位置，判断 a″b″ 的可见性。

⑤请在空白处作图。

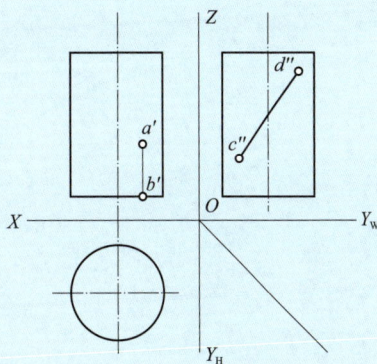

图 3-13　圆柱体表面上线段的投影

2）CD 线段的作图

CD 不是素线，是一段曲线。为了作图准确，在 CD 线段上取一点 M，M 在圆柱的最左素线上，是 CD 线段正面投影的转折点，水平投影和正面投影可直接求得。

①根据线段 CD 所在的位置，确定线段 CD 在圆柱体的哪个柱面上？

②圆柱的水平投影具有什么性质？怎样求出 cmd 的水平投影？

③求出 c′m′d′ 的正面投影。

④判断 c′m′ 和 m′d′ 的可见性。

⑤请在空白处作图。

任务 3.3　立体表面交线

3.3.1　截交线

立体被平面截断时称为截交，平面与立体表面的交线称为截交线，平面称为截平面，截交线围成的平面图形称为截断面，如图 3-14 所示。

截断面称为被截切后的立体的一个表面。截交线就是这表面的边界轮廓线。被截平面截切后的立体称为截断体。

截平面与基本体表面所产生的交线即截断面的轮廓线称为截交线。

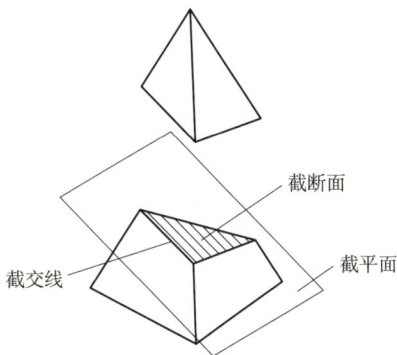

码 3-6　截交线

图 3-14　截交线的形成

1. 截交线的基本性质

截交线是截平面与截断体表面的交线，因此截交线具有以下性质；

（1）共有性

截交线既在截平面上，又在截断体表面上，属于截平面与截断体表面的共有线，线上的所有点必定是两者的共有点。

（2）封闭性

由于截交线是截平面与截断体表面的共有线，故截交线必定是平面图形，又因截断体表面均有一定范围，故截交线一般为封闭的平面图形，如图 3-14 所示。

（3）截交线的形状、大小的多变性

截交线的形状、大小由被截切立体的表面形状特征和截平面与被截切立体的相对位置所决定，截平面与被截切立体的相对位置不同时，截交线的形状也不同，如表 3-2~表 3-4 所示。

2. 求截交线投影

求截交线的投影实际上是求立体表面上有关点的投影。

（1）棱柱被平面截切

【例 3.6】如图 3-15 所示，一三棱柱被正垂面 P 截切，求作截交线。

分析：由于截平面是一个正垂面且与三棱柱的三条棱线均相交，故截交线为三角形，其 V 面投影积聚在 P_V 上。三棱柱的三个棱面垂直于 H 面，故截交线的 H 面投影与三棱柱的 H 面投影重合。因此，只需求出截交线的 W 面投影。

作图：

1）根据三棱柱的两面投影，作出三棱柱的 W 面投影；

圆柱截切的基本形式 表 3-2

截平面位置	垂直于轴线	平行于轴线	倾斜于轴线
模型图	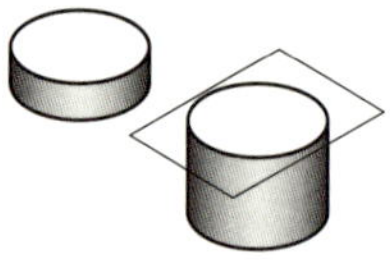	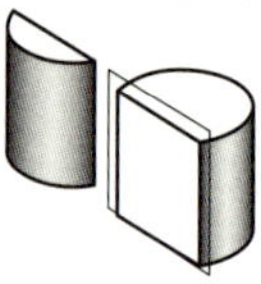	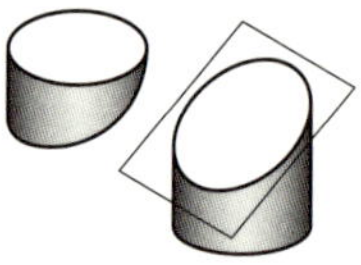
截交线形状	圆	矩形	椭圆
投影图	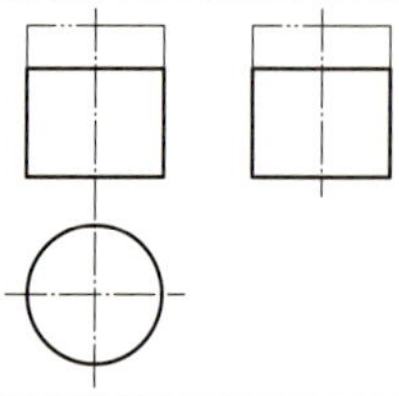	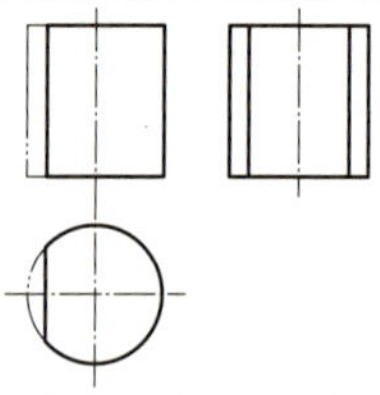	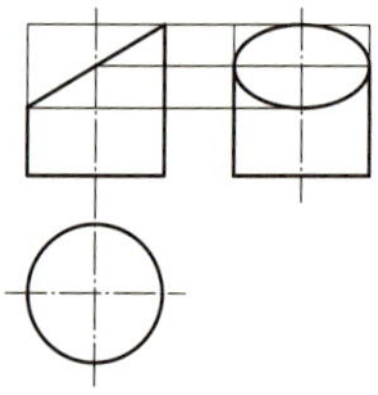

圆锥截切的基本形式 表 3-3

截平面位置	过锥顶（正垂面）	不过锥顶			
		垂直于轴线（水平面）	平行于轴线（侧平面）	倾斜于轴线（正垂面）	
				与底面相交	不与底面相交
模型图	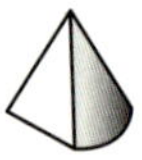				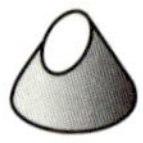
截交线形状	三角形	圆	双曲线和直线	抛物线和直线	椭圆
三面投影图	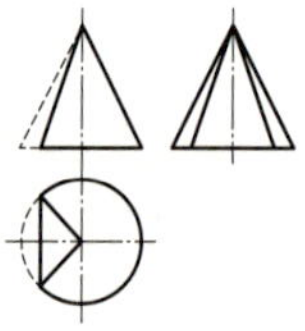	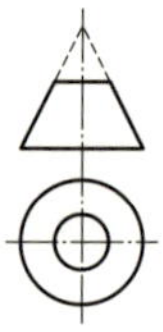	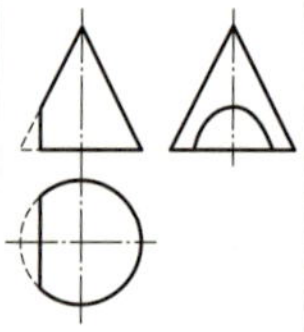	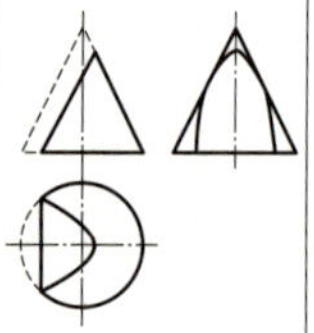	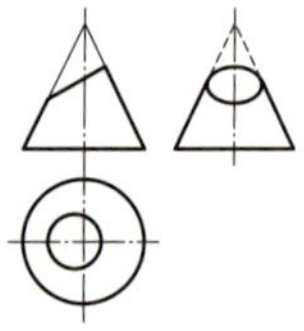
截平面可能位置	垂直面或一般位置平面	投影面平行面	投影面平行面	投影面垂直面	投影面垂直面

圆球截切的基本形式 表 3-4

截平面位置	投影面的平行面，如正平面	投影面的垂直面，如正垂面
模型图		
投影图	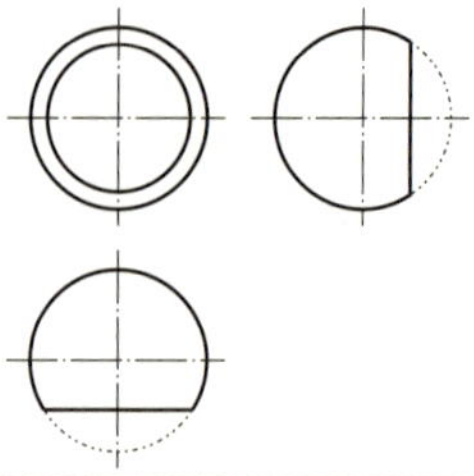	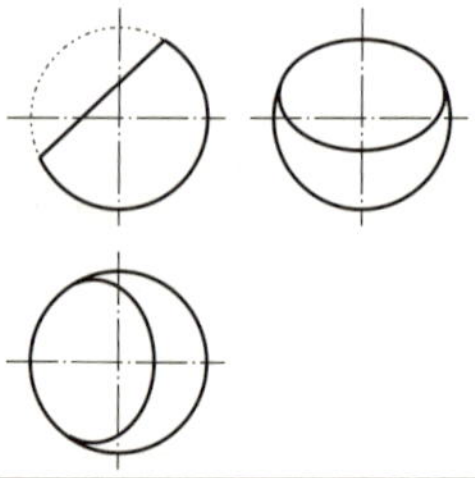

2）在 V 面投影中，求出三棱柱的三个棱线与截平面的交点 a'、b'、c'，即截交点，并由此求出 a''、b''、c''。

3）连接 $a''b''$、$b''c''$ 和 $c''a''$，即为截交线的侧面投影，因 BC、CA 所在棱面的 W 面投影不可见，故 $b''c''$ 和 $c''a''$ 不可见。

（2）棱锥被平面截切

【例3.7】如图3-16所示，三棱锥 $SABC$ 被正垂面 P 截切，求作截交线。

分析：由于截平面是一个正垂面且与三棱锥的三个棱面均相交，故截交线为三角形，其 V 面投影积聚在 P_V 上，此处只需作出截交线的 H、W 面投影即可。

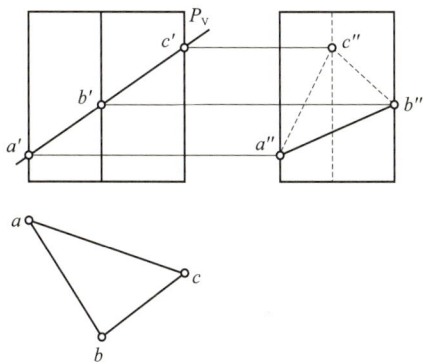

图3-15　三棱柱被平面截切　　　　　图3-16　三棱锥被正垂面截切

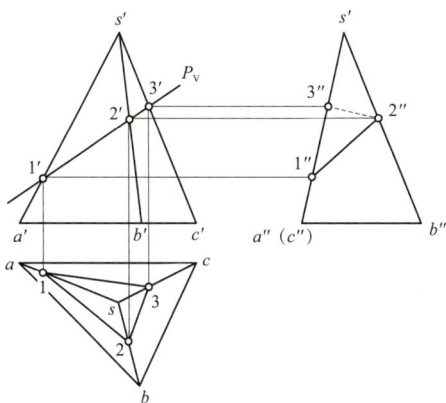

作图：

1）在 V 面投影中，求出三棱锥的三个棱线与截平面的交点 $1'$、$2'$、$3'$，即截交点，并由此求出其他截交点 1、2、3 和 $1''$、$2''$、$3''$；

2）在 H、W 面上，分别连接相邻的各截交点，即为截交线的面投影，由于棱面 SBC 的侧面投影不可见，故其上的截交线 $2''3''$ 也不可见。

（3）圆柱被截切后的基本形式

截平面与正圆柱体的相对位置有 3 种，截交线的形式如表3-2所示。

【例3.8】如图3-17所示，已知圆柱被正垂面截切后的正面投影和水平投影，求其侧面投影。

分析：由表3-2可知，截交线的侧面投影是椭圆，求出截交线上一系列点的投影，然后用相应图线平滑连接成曲线。一系列点是指截交线上特殊位置点和适当数量的一般位置点。

作图：

1）求截交线上特殊位置点。画出圆柱的侧面投影。既在截交线上又在各转向轮廓线上的点，如 1、2、3、4 点；处于截交线上极限位置点，如最低（点 1）、最高（点 2）、最前（点 3）、最后（点 4）、最左（点 $1'$）、最右（点 $2'$）的点；椭圆的长短轴端点（1、2，3、4）等。

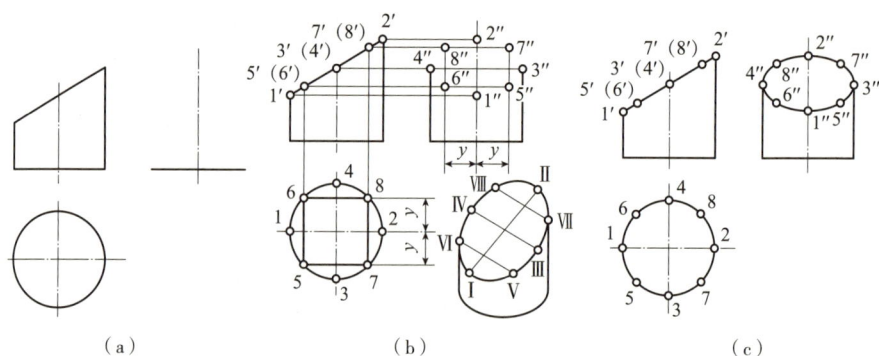

图 3-17　正垂面截切圆柱体的投影
（a）已知条件；（b）求截交线上点的投影；（c）擦除作图线，加粗

2）求一般位置点的投影。截交线上一般位置点是指处于相邻两个特殊位置点之间的点（5、6、7、8点）。作图时，至少要求一个一般位置点的投影。

3）判断可见性。在被截切圆柱的水平投影上找到 1、2、3、4、5、6、7、8点，这些点的正面投影都积聚在其正面投影的斜线 1′2′ 上，在 1′2′ 线上求出 3′、4′、5′、6′、7′、8′，其中 3′ 和 4′、5′ 和 6′、7′ 和 8′ 是重影点，再依次求出侧面投影 1″、2″、3″、4″、5″、6″、7″、8″，判别截交线投影的可见性，依次平滑连接各点的侧面投影。

4）检查、校核，擦去作图线，按规定加粗，完成。

【例3.9】如图 3-18 所示，已知上部开榫头的圆柱的正面投影和水平投影，求其侧面投影。

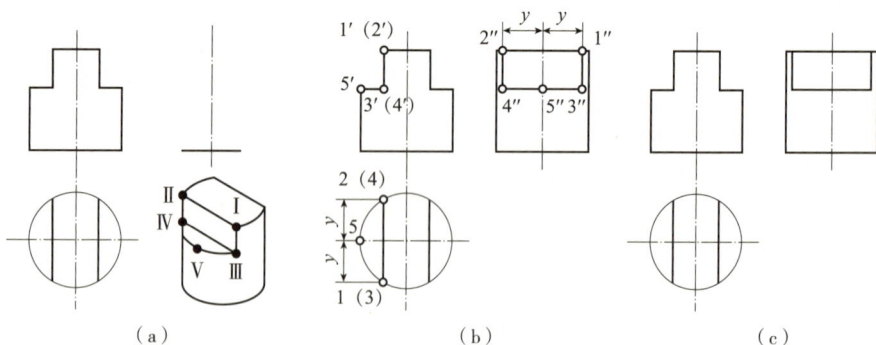

图 3-18　开榫头圆柱的投影
（a）已知条件；（b）侧面投影的求法；（c）擦除作图线

分析：由表 3-2 可知，开榫头的截交线是由垂直于轴线和平行于轴线的两种截面截切而成，观察图 3-18（a）中立体图，截交线由 2 段圆弧和 8 条直线段组成，圆弧部分应先找圆的半径及投影为圆的圆心位置，再画

出圆弧的三面投影,直线部分应找出直线段两端点的投影,再将两端点的同面投影用直线相连即可。

开榫头的截面都是特殊位置的平面(水平面和侧平面),因此截交线都有积聚性,而且开榫头关于纵横轴线对称,只需研究轴线一侧截交线的形状,另一侧对称画出就行。作图步骤如图 3-18 所示。

(4)圆锥被截切后的基本形式

截平面与正圆锥体的相对位置有 5 种,截交线的形式如表 3-3 所示。

【例 3.10】如图 3-19 所示,已知被截切圆锥的侧面投影,求其余两个投影。

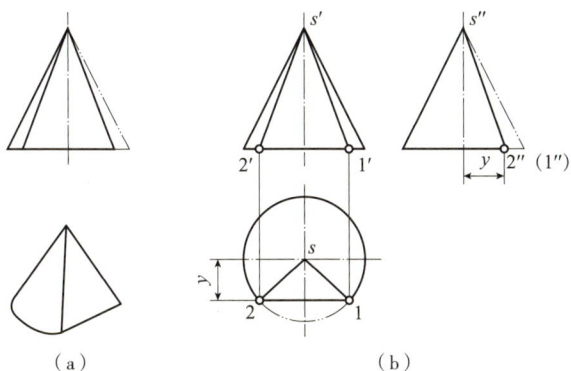

图 3-19 被截切圆锥的投影
(a)已知条件;(b)求侧面投影

分析:截平面过锥顶且为侧垂面,由表 3-3 可知,截交线为等腰三角形,腰是截平面与正圆锥面的交线,底是截平面与正圆锥底面的交线,从已知条件可知,三角形的侧面投影积聚成一条直线,另两个投影是类似形。

作图:

1)用细线画出圆锥的正面投影及水平投影。

2)求截交线的投影,截交线底面两个端点 Ⅰ、Ⅱ 的侧面投影 1″、2″ 为重影点,由宽相等可求得水平投影 1、2,再求出正面投影 1′、2′。

3)判别可见性,连接 △s12,△s′1′2′ 即为所求截交线的投影。

4)检查、校核,擦去作图线,按规定加粗,完成。

【例 3.11】如图 3-20 所示,已知斜切圆锥的正面投影,求其余两个投影。

分析:由已知条件可知,截平面为正垂面,且截平面与圆锥轴线倾斜,故截交线为椭圆。椭圆的正面投影与截平面的正面投影重合,积聚在直线上。其水平投影和侧面投影均为椭圆的类似形,为本题所求的投影。

作图:

1)画出圆锥的侧面投影和水平投影。

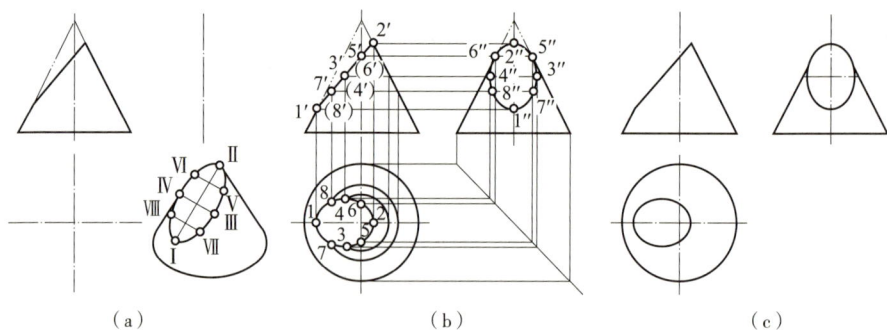

图 3-20 截切圆锥的投影方法
（a）已知条件；（b）水平投影和侧面投影的方法；（c）完成作图

2）求截交线上一系列点的投影。

①求截交线上特殊位置点的投影。转向轮廓线上点的投影：Ⅰ、Ⅱ两点是圆锥正面转向轮廓线上的点，先找到正面投影上的 1′、2′，再利用点线从属关系求得 1、2 和 1″、2″，Ⅰ、Ⅱ两点也是截面上最左、最右点，最低、最高点，也是椭圆长轴的端点。Ⅴ、Ⅵ两点是圆锥侧面转向轮廓线上的点，先找到正面投影上的 5′、6′（正面投影的中心线与斜线的交点），再利用点线从属关系求得 5″、6″，最后根据投影规律求得 5、6。椭圆长轴的端点Ⅰ、Ⅱ已求出，短轴的端点Ⅲ、Ⅳ，由同比关系可知，是线段 1′2′ 的中点，先找到 3′、4′，利用纬圆法可求得 3、4，再求出 3″、4″。

②求截交线上一般位置点的投影。在相邻两个特殊位置点之间求适量的一般位置点，如Ⅶ、Ⅷ两点，先找到 7′、8′，利用纬圆法求得 7、8，再求出 7″、8″。

③依次平滑连接各点的同面投影。

3）检查、校核，擦去作图线，按规定加粗，完成。

（5）圆球被截切后的基本形式

圆球截切后的基本形式如表 3-4 所示。

【例 3.12】如图 3-21 所示，已知切口半球的正面投影，求其余投影。

分析：半球的切口是由平行于铅垂轴线且左右对称的两个侧平面和一

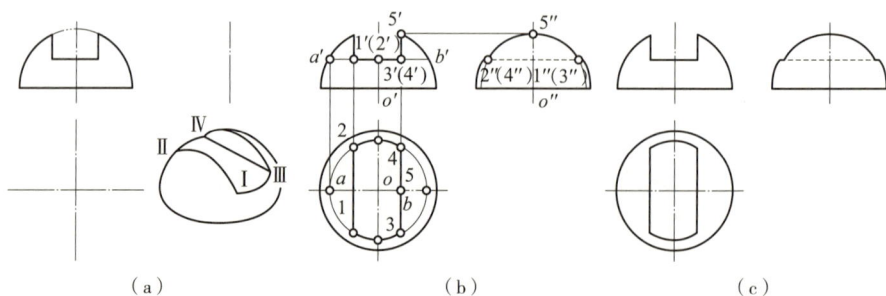

图 3-21 切口半球的投影方法
（a）已知条件；（b）水平投影和侧面投影的求法；（c）擦除作图线

个水平面组合截切形成的，截平面都是投影面的平行面。因此，左右对称的两个侧平截平面与球表面的交线为圆的一部分，侧面投影反映实形，水平投影积聚为两段直线；水平截平面与球表面的交线在水平面的投影为圆的一部分，在侧面的投影积聚为直线。

作图：

1）画出半球的侧面投影和水平投影。

2）求截交线的投影。

①求水平截平面截交线圆的水平投影利用了水平纬圆法，延长已知的正面投影直线 $1'3'$ 与圆弧相交于 $a'b'$，在水平投影上找到 a、b，以 ab 为直径画圆，利用点的投影规律可求出 1、2、3、4，其中 $\overset{\frown}{24}$、$\overset{\frown}{13}$ 为圆弧。再根据投影规律求得侧面投影 $1''$、$2''$、$3''$、$4''$。

②求侧平截平面截交线圆的侧面投影，先找到 $5'$、5，以 $o5''$ 为半径画圆交 $1''2''$，即为截交线的侧面投影。

③连接 1、2、3、4 即为截交线的水平投影。

3）整理侧面投影和水平投影转向轮廓素线的投影，并判别可见性。球的侧面转向轮廓素线投影圆自底部分别画到 $1''$、$2''$ 为止。

4）检查、校核，擦去作图线，按规定加粗，完成。

3.3.2　相贯线

两立体相交又称为两立体相贯。相交的两立体成为一个整体称为相贯体。它们表面的交线称为相贯线，相贯线是两立体表面的共有线，相贯线上的点称为贯穿点，它们都是两立体截交线表面的共有点。

贯线的形状随立体形状和位置不同而异，一般分为全贯和互贯两种类型。当一个立体全部穿过另一个立体时，产生两组相贯线，称为全贯，如图 3-22（a）所示；如两个立体互相贯穿，产生一组相贯线，称为互贯，如图 3-22（b）所示。

码 3-7　相贯线

1. 相贯线的性质

根据两立体表面形状、相对位置的不同，相贯线的形状也各不相同。

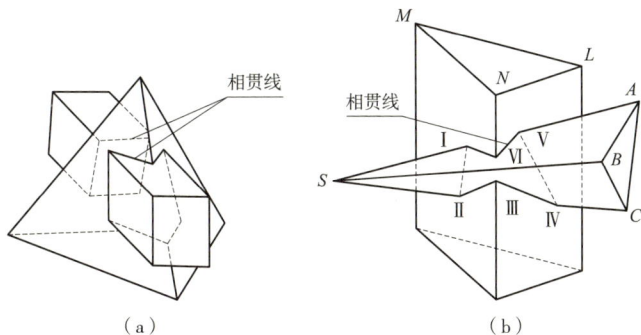

图 3-22　相贯的立体
（a）全贯；（b）互贯

（1）表面性。相贯线都位于立体的表面上。

（2）共有性。相贯线是两立体表面的共有线。相贯线上的每一点都是立体表面的共有点，这些共有点的连线就是截交线。

（3）封闭性。因为立体是由它的各表面围合而成的封闭空间，所以相贯线是封闭的空间图形。

相贯线的性质是其作图的重要依据，掌握相贯线的画法是解决相贯问题的关键。图 3-23 为不同形式的立体相贯。

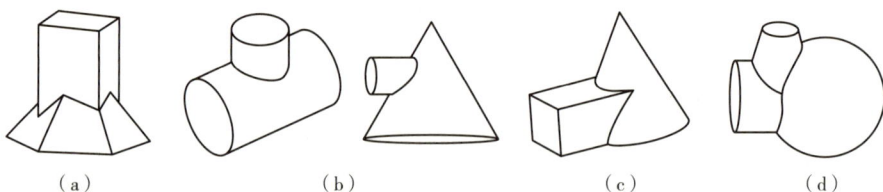

图 3-23　不同形式的立体相贯
（a）两平面立体相贯；（b）两回转体相贯；（c）回转体和平面立体相贯；（d）多个回转体相贯

2. 相贯线的求法

由相贯线的共有性可知，相贯线是由同属于两立体表面的共有点组成，所以，只需求出属于两立体表面的一系列共有点，就能作出相贯线。

如果两曲面体相贯，其中有一个曲面体在某一投影具有积聚性时，则相贯线同时积聚在该积聚投影上。于是，求两曲面体相贯线的投影，可看成已知曲面体相贯线的投影求其未知相贯线投影的问题，这样就可以按照点的投影规律求贯线上若干个点的方法，来画出相贯线。这种方法称为表面取点法。

【例 3.13】求出如图 3-24（a）所示两圆柱的相贯线。

由图 3-24（a）可知，两圆柱相贯，大圆柱积聚在侧立面上，小圆柱积聚在水平面上，其相贯线为已知，未知的相贯线在正立面上。

作图步骤：

1）求特殊点：先在水平投影面上定出最左、最右、最前、最后点 A、

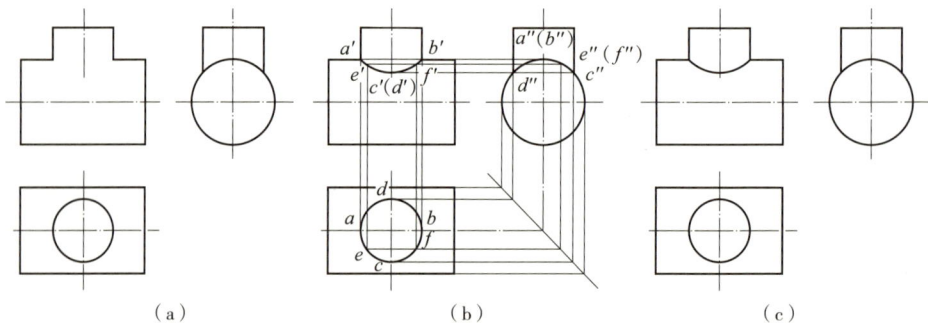

图 3-24　表面取点求作相贯线
（a）求两圆柱相贯线；（b）表面取点；（c）擦去多余的图线，完成全图

B、C、D的水平面投影a、b、c、d，然后依照"长对正、高平齐、宽相等"的投影对应关系，分别求得特殊点a'、b'、c'、d'和a''、b''、c''、d''，如图3-24（b）所示。

2）求一般点：为精确作图，可在已知相贯线上取适当数量的一般点，如在水平面上定出e、f两点，再根据"宽相等"投影关系作出侧立面投影点e''、f''，然后求得正立面上的一般点e'、f'，如图3-24（b）所示。

3）连点：根据相贯线的可见性，依次将相贯线上的点圆滑连接起来，如图3-24（c）所示。

4）擦去多余的图线，检查无误后加深图线，完成全图，如图3-24（c）所示。

3. 相贯线的其他形式

（1）相贯线的特殊形式

1）两个回转体具有公共轴线时，其表面的相贯线为圆，并且该圆垂直于公共轴线。当公共轴线处于投影面垂直位置时，相贯线有一个投影反映圆锥实形，其余投影积聚为直线，如图3-25所示。

2）外切于同一球面的圆锥、圆柱相贯时，其相贯线为两条平面曲线。当两立体的轴线所在的平面平行于一投影面时，则此两椭圆曲线在该投影面上的投影为相交两直线，如图3-26所示。

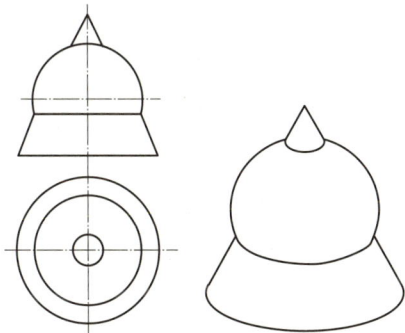

图 3-25　两个回转体具有公共轴线

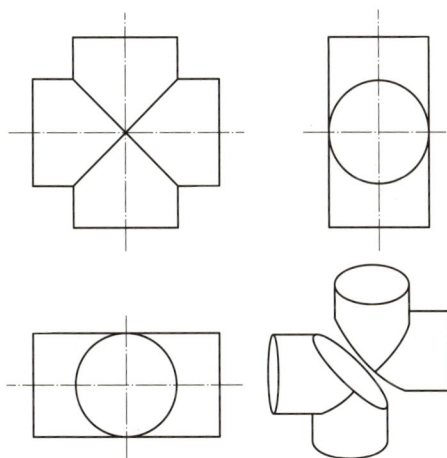

图 3-26　外切于同一球面的圆锥、圆柱相贯

（2）相贯线的变化趋势

1）两圆柱相贯线的变化趋势如图3-27、图3-28所示。

2）圆柱与圆锥相贯线的变化趋势如图3-29所示。

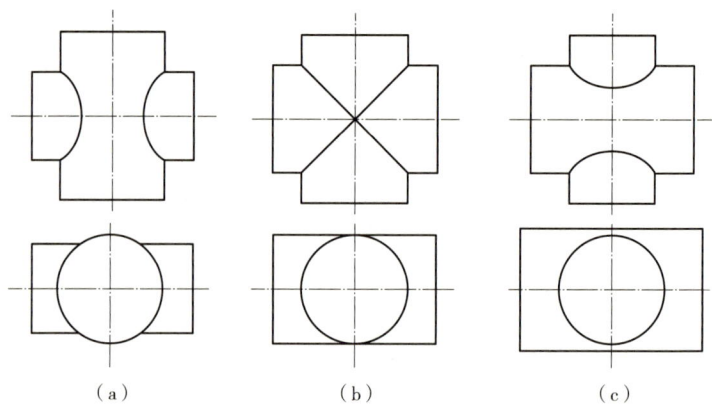

图 3-27　相贯两圆柱的轴心线同面但直径变化
（a）$R_1>R_2$；（b）$R_1=R_2$；（c）$R_1<R_2$

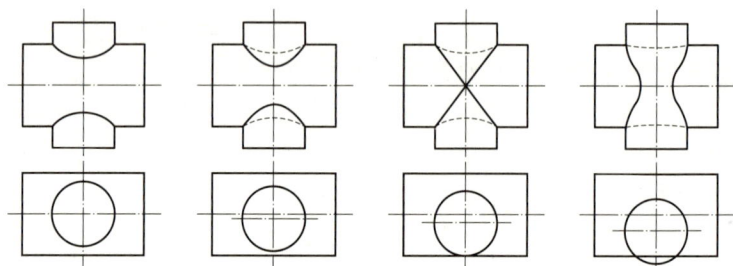

图 3-28　相贯两圆柱的轴心线从同面到逐渐拉开距离

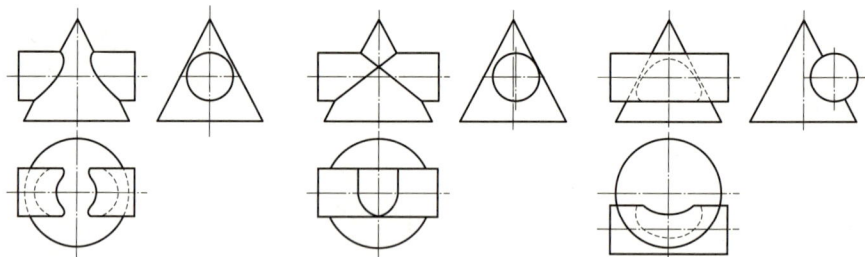

图 3-29　相贯圆锥和圆柱的轴心线从同面到逐渐拉开距离

作业页

班级： 　　　　姓名： 　　　　学号：

思考题

（1）选择截平面有什么要求？怎样求平面体截交线的三面投影？

（2）截平面与圆柱、圆锥曲面相交，各自产生哪几种截交线？

（3）平面截交线与曲面截交线在求作方法上有哪些不同？

（4）平面组合体的相贯线与曲面组合体的相贯线在求作方法上有哪些不同？

（5）辅助平面法求相贯线。作一辅助平面与相贯的立体相交，辅助面与两立体各有一条截交线，这两条截交线的交点必为两立体表面的共有点，即为相贯线上的点。作若干个辅助面，求得一系列这样的点，依次连接可得到所求的相贯线。选择辅助平面的原则是以截两立体表面都能获得最简单易画的交线为准，即尽可能使辅助面与立体表面交线至少有一个投影为直线或圆。

已知圆锥和圆柱两轴线正交，求相贯线（图 3-30）。

作图步骤如下：

1）两立体正交，判断其相交的最高点和最低点所在位置。

2）求出最高点和最低点的正面和侧面投影。

3）求出最高点和最低点的水平投影。

4）做辅助面，利用辅助面求出相贯线上的点。

5）请在空白处作图。

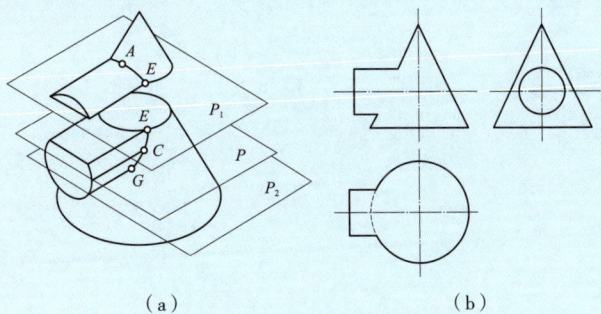

（a） 　　　　　　　（b）

图 3-30　正交相贯圆锥、圆柱

任务 3.4　组合体的投影

3.4.1　组合体的形体分析与组合形式

1. 组合体的形体分析

工程形体的形状虽然很复杂，但总可以把它看成是由一些简单的基本几何体组成。这种由基本几何体组成的立体称为组合体。

假设将物体分解成若干个简单形体后逐个进行画图或读图的分析方法，称为形体分析法。它是画图、看图、标注尺寸的基本方法。

应用形体分析法的目的是化难为易，把复杂难懂的视图分部分看懂，并按照投影规律分部分完成组合体三视图。

组合体在工程中常以综合的形式出现，所以在读、画组合体视图时，必须掌握其组合形式和各基本体表面之间的连接关系，才能做到不多线、不漏线。下面是两种典型的组合体表面连接关系。

（1）两基本体的相邻表面相交

两基本体的相邻表面彼此相交，在相交处产生交线。求交线的基本方法在画法几何中已讨论过，画图时必须正确画出交线的投影，如图 3-31 所示。

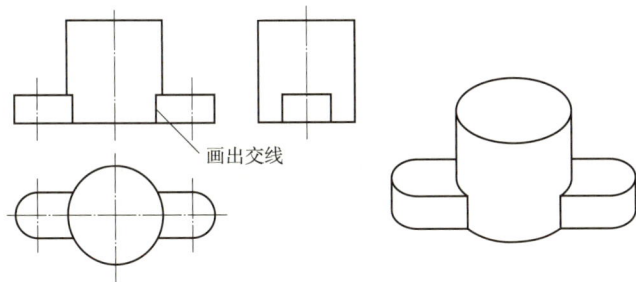

码 3-8　组合体的形体分析与组合形式

图 3-31　表面相交组合体

（2）两基本体相邻表面相切

两基本体相邻表面相切时，由于相切是光滑过渡的，不存在分界线，所以相切处不画线，如图 3-32 所示。

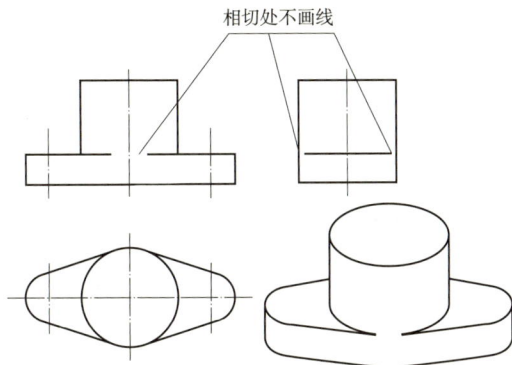

2. 组合体的组合形式

组合体的组成方式一般为叠加和切割两种。很多组合体的组成是同时具有以上两种方式的，可称为综合式。

相切处不画线

图 3-32　表面相切组合体

所以组合体的组成方式有叠加、切割和综合三种形式。

由基本几何体组成组合体时，由于相互间的组成方式和位置不同，它们相邻表面的连接有相接（共面与不共面）、相交、相切几种情况。

（1）叠加式

当组合体是由基本体叠加而成时，先将组合体分解为若干个基本体，然后按各基本体的相对位置逐个画出各基本体的轴测图，经组合后完成整个组合体的轴测图，这种绘制组合体轴测图的方法叫叠加法。

【例3.14】求作如图3-33（a）所示组合体的正等轴测投影图。

1）形体分析：由已知的三面投影图可知，该组合体由四个基本体叠加而成，所以可用叠加法完成组合体的轴测投影图。

2）建立坐标系：根据正等轴测投影图的轴间角建立坐标系。

3）绘制各基本体的正等轴测投影图：分析各基本体的相对位置，分别画出各基本体的轴测投影，依次叠加完成组合体的轴测投影图。具体作图步骤如图3-33（b）～（d）所示。

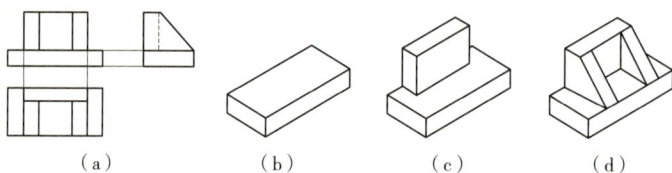

（a）　　　　　（b）　　　　　（c）　　　　　（d）

图3-33　组合体轴测图的画法——叠加法

4）校核、清理图面，加深图线。

（2）切割式

当组合体是由基本体切割而成时，先画出完整的原始基本体的轴测投影图，然后按其截平面的位置，逐个切去多余部分，从而完成组合体的轴测图，这种绘制组合体轴测图的方法叫切割法。

画出如图3-34所示组合体的正等轴测投影图。

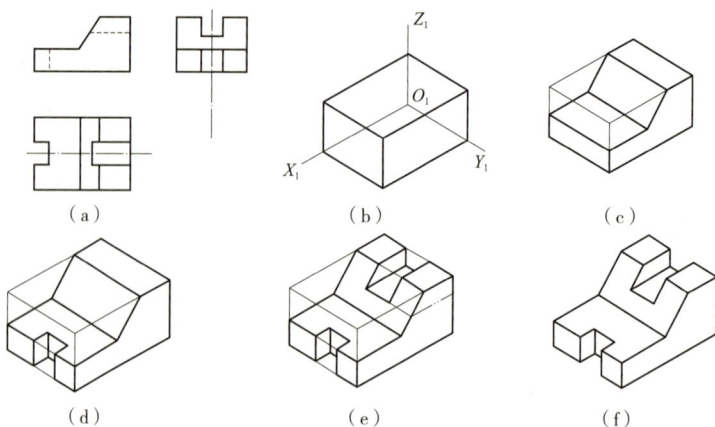

（a）　　　　　　　　（b）　　　　　　　　（c）

（d）　　　　　　　　（e）　　　　　　　　（f）

图3-34　组合体轴测图的画法——切割法

（a）三面投影图；（b）原始四棱柱的轴测图；（c）切去左上角；（d）底板开口；（e）背板切槽；（f）作图结果

1）形体分析：由图 3-34（a）可知，组合体是四棱柱由 8 个截平面经 3 次切割而形成，所以完成该组合体的轴测投影图用切割法。

2）建立坐标系：根据正等轴测投影图的要求建立坐标系。

3）画完整基本体的轴测投影图：画出完整四棱柱的轴测投影图，如图 3-34（b）所示。

4）按截平面的位置逐个切去被切部分。具体作图如图 3-34（c）～（e）所示。

（3）综合式

如图 3-35 所示，在画图前假设将该组合体分解为 3 种基本形体，由 1、2、3、5 形体叠加，再挖切去 4、6、7 部分而成。

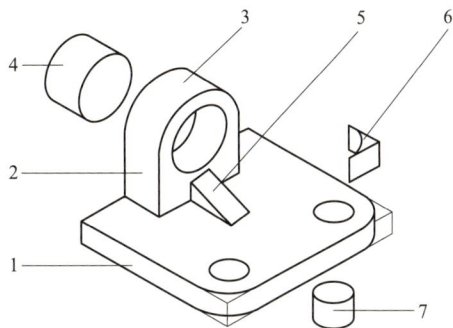

图 3-35　综合式组合体

3.4.2　组合体画法

画组合体视图时，应先分析它是由哪些基本形体组合而成的，再分析这些基本形体的组合形式、相对位置和连接关系，最后根据以上分析，按各个基本形体的组合顺序进行定位、布图，然后画出组合体的视图。

画组合体视图的具体步骤如下：

1）对组合体进行形体分析。分析组合体由哪些部分组成，每部分的投影特征，它们之间的相对位置以及组合体的形状特征。

2）选择主视图。一般选择最能反映组合体形状特征和相对位置关系的投影作为主视图，同时要考虑组合体的安装位置，另外要注意其他两个视图上的虚线尽量少。

3）徒手画出草图。形体结构分析清楚后，徒手画出组合体三视图的草图，以保证投影正确。

4）计算机绘图。利用计算机绘图软件，根据草图绘制图形并标注尺寸。

5）布局与图形输出。将绘制好的图形按要求和标准布局，然后打印出图或发布图形。

【例 3.15】根据图 3-36（a）所示窨井立体图，画出其草图三视图。

分析作图：

1）对窨井进行形体分析。如图 3-36(b)所示，该形体可分为 5 部分；底板和井身为四棱柱，盖板为四棱台，管道为圆柱形。

2）确定主视图。如图 3-36（a）所示，A 向能较好地反映窨井几个形体之间的位置关系，也符合安装位置，且左视图中无虚线。所以选择 A 向为主视图方向。

3）徒手画出草图。绘图步骤如图 3-37 所示。

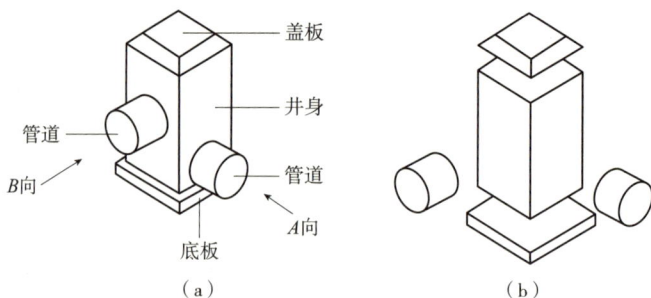

图 3-36　窨井的形体分析
（a）立体图；（b）形体分析

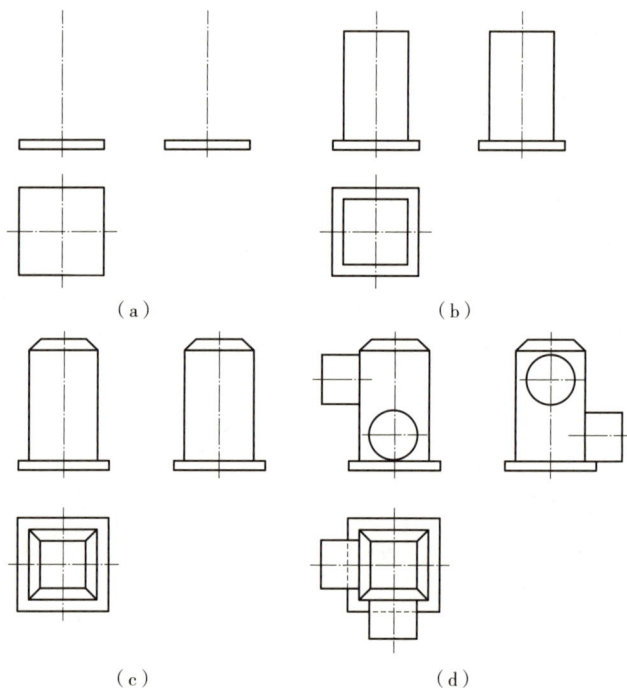

图 3-37　形体分析法绘图的步骤
（a）画对称线及底板的三视图；（b）画井身的三视图；（c）画盖板的三视图；（d）画圆柱的三视图

3.4.3　组合体视图的识读

码 3-9　组合体视图的识读

　　画图是把空间形体用一组视图表示出来，读图则是根据已画出的一组视图，运用投影规律，想象出物体空间结构形状的过程。画图是读图的基础，而读图是提高空间想象能力和投影分析能力的重要手段。读图的学习是一个艰苦的过程，读图训练是学习的主要环节，通过多读多画，才能掌握读图的基本方法，提高读图能力。

　　1.组合体读图的基本知识

　　（1）几个视图联系起来看

　　由物体的一个投影通常不能确定它的空间形状，如图 3-38 所示。物

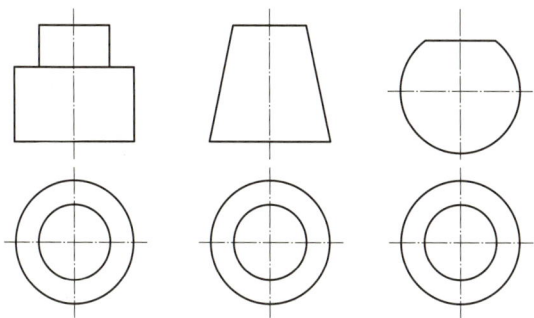

图 3-38　俯视图相同的几个形体

体的两个投影有时也不能确定它的空间形状，如图 3-39 所示。

（2）常见形体的视图特征

1）柱体的视图特征——矩矩为柱。"矩矩为柱"的含义是：在基本几何体的三视图中如有两个视图的外形轮廓为矩形，则可肯定它所表达的物体是圆柱或棱柱，如图 3-40 所示。

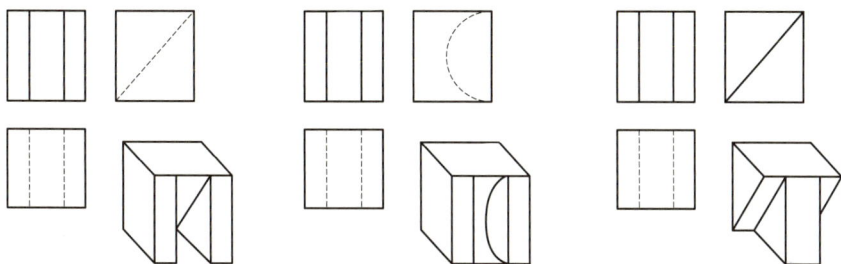

图 3-39　主、俯视图相同的几个形体

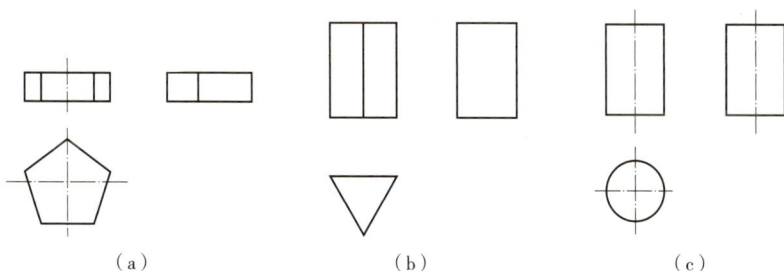

（a）　　　　　　　　　（b）　　　　　　　　　（c）

图 3-40　柱体的视图特征
（a）五棱柱；（b）三棱柱；（c）圆柱

2）锥体的视图特征——三三为锥。"三三为锥"的含义是：在基本几何体的三视图中如有两个视图的外形轮廓为三角形，则可肯定它所表达的物体是圆锥或棱锥，如图 3-41 所示。

3）台体的视图特征——梯梯为台。"梯梯为台"的含义是：在基体几

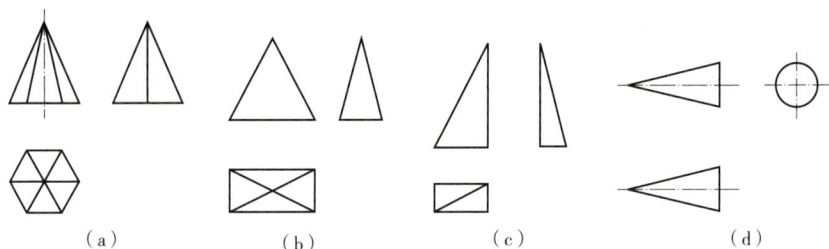

图 3-41 锥体的视图特征
（a）六棱锥；（b）四棱锥；（c）四棱锥；（d）圆锥

何体的三视图中如有两个视图的外形轮廓为梯形，则可肯定它所表达的物体是圆锥台或棱锥台，如图 3-42 所示。

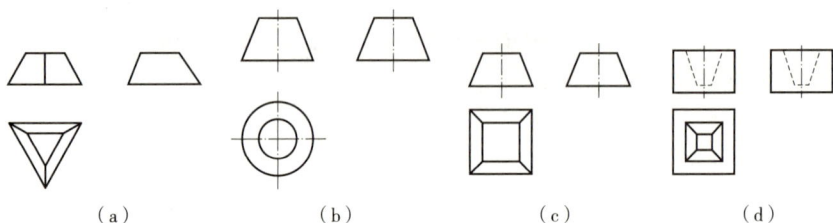

图 3-42 台体的视图特征
（a）三棱台；（b）圆台；（c）四棱台；（d）台坑

4）球体的视图特征——三圆为球。"三圆为球"的含义是：球体的三视图全部为圆形，如图 3-43 所示。

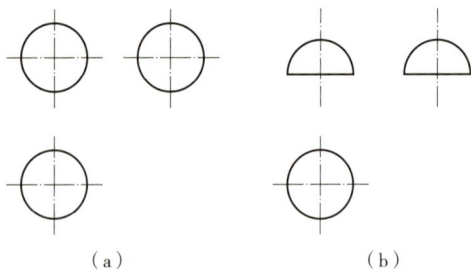

图 3-43 球体的视图特征

（3）视图中图线的含义

视图中一个封闭的线框必是一个面的投影（曲面或平面），如图 3-44 中的 Ⅰ、Ⅱ、Ⅲ、Ⅳ、Ⅴ、Ⅵ线框。而线框不是凸出来的表面，就是凹进去的表面，或者是通孔，如图 3-44 中的 5、6 线框。视图中的一条线有三个含义：一是表示一个面的积聚投影，如图 3-44 中的 3′、4′、6′；二是表示物体上的棱线，如图 3-44 中的 8 线；三是表示曲面上的轮廓素线，如图 3-44 中的 7′ 线。

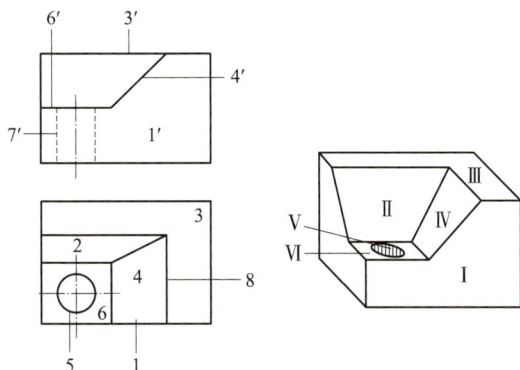

图 3-44 视图中线和线框的含义

2. 组合体读图的基本方法

读图方法实质上是根据已知的投影图，想象出形体空间形状的思维过程。下面介绍两种读图的一般方法。

（1）形体分析法

形体分析法是假想把组合形体分解为一些基本几何体来识读（或画图），然后综合起来"想象整体形状"的读图、画图的一种思维方法。由于组合体各侧面投影图是由构成组合体的各基本形体表面投影而成，所以各侧面图表现为一些线框的组合。形体分析法就是利用组合体中的基本体在三面投影图中保持"长对正、高平齐、宽相等"的投影关系，读出（或画出）对应基本体的线框，并综合各种基本体之间的投影特征，读出每组对应线框表示的是什么基本体，以及它们之间的相对位置，最后综合起来想象出组合体的形状。

形体分析法是读图和画图时经常采用的方法，无论组合体多么复杂，通常可采用"先分后合"的办法，先在想象中把组合体分解成若干基本几何体，并分析清楚各基本几何体的形状、投影特点、相对位置以及组合方式；然后综合起来想象整体，按其相对位置逐个对照各基本几何体的投影。应当注意，所分析的组合体与投影图之间必须要符合投影对应关系，还要正确分析出组合体表面上的交线。

如图 3-45（a）所示为台阶的三面投影图。该台阶可分解为 3 块板，板Ⅰ、板Ⅱ组合在一起形成了两级台阶，板Ⅲ的前上角被切去了一角，由板Ⅲ挡在台阶的右端面，其分析结果如图 3-45（b）所示，然后依照三面投影图，按台阶的形成及投影关系，把被分解的基本形体重新组合成一体，综合起来想象出该投影图所表达的形体，如图 3-45（c）所示。

（2）线面分析法

当组合体比较复杂或者是不完整的形体，而图中某些线框或线段的含

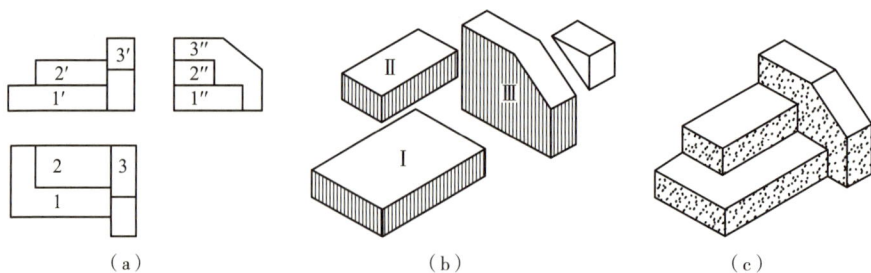

图3-45 台阶形成分析
（a）三面投影图；（b）形体分析；（c）台阶模型

义用形体分析法又不好解释时，则辅以线面分析法确定这些线框或线段的含义。线面分析法是利用线、面的几何投影特性，分析投影图中有关线框或线段表示（如平面、曲面、转向素线、表面交线、棱线等）哪一项投影，并确定其空间位置，然后联系起来想象形体，即由图到物的思维过程。

如图3-46所示形体，S 面在两个 R 面的后中上方，S 面与 R 互相平行，并且都平行于 H 面。Q 面在两个 P 面的中前方，Q 面与 P 面互相平行，并且都倾斜，垂直于阶面。在该投影图中，可先看 W 面上的线或面，找出它们在 V、H 投影面中对应的位置关系。如 W 面上的两根倾斜线用 p''、q'' 所指，其 V、H 投影均为比实形小的面（p'、p、q'、q 标记），就说明 P 与 Q 面均为垂直于 W 面的侧垂面，Q 面在两个 P 平面的中间靠前的位置。s'' 所指的线，在 H 面上的投影反映该平面的实形，V 面上的投影反映的线是积聚线，说明 S 面是平行于 H 面的水平面。V 面标记的 s' 两侧的线分别是两个 P 平面的一端轮廓线。用同样的方法分析其他各线、面在投影图中的相互关系。然后依照该投影图，综合上述分析，联想出与该图对应的空间形体的形状。

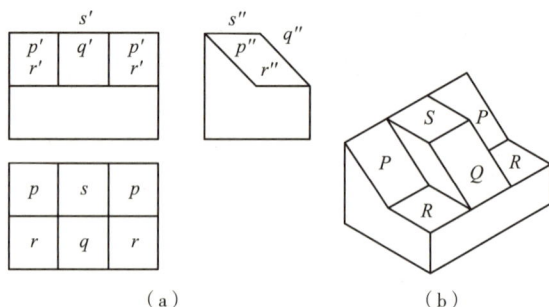

图3-46 形体的线面分析
（a）三面投影图；（b）立体图

3.组合体读图训练示例

【例3.16】如图3-47所示，已知物体的主视图和左视图，补画其俯视图。

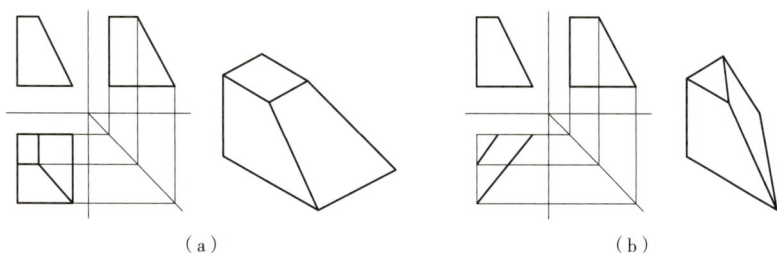

（a） （b）

图 3-47 已知两视图补第三视图
（a）答案一：四棱台；（b）答案二：三棱台

分析作图：

（1）主、左视图均为直角梯形，根据"梯、梯为台"的视图特征，可初步判断形体是棱台或圆台。

（2）再进一步判断出不是圆台，因为如果是圆台，主视图、左视图应是相同的或对称的梯形，否则应有截交线，本例主、左视图不同也不对称，所以不是圆台。

（3）画棱台的方法是先画下底面，再画上底面，由于上、下底面在主视图、左视图中均积聚成直线且不与第三边交叉，所以上、下底面有两种可能的形状，即三边形或四边形，不可能是五边形以上的形状。

（4）确定本例有两个答案，三棱台和四棱台，如图 3-47（a）（b）所示。

【例 3.17】如图 3-48 所示，已知组合体的主、左两视图，补画其俯视图。

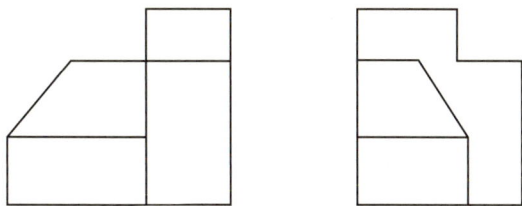

图 3-48 组合体的主、左视图

分析作图：

（1）如图 3-49 所示，应用形体分析法，将形体分为 3 个部分，可看出第一部分为四方块（四棱柱），第二部分为四棱台，第三部分为缺角四方体。

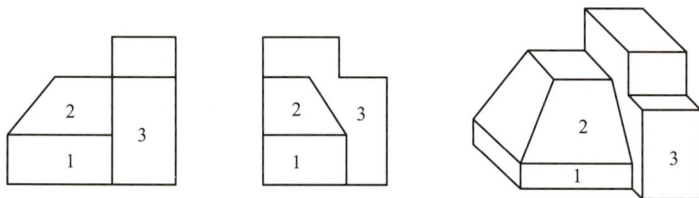

图 3-49 形体分析

（2）画出每部分的俯视图，画图步骤如图 3-50 所示。

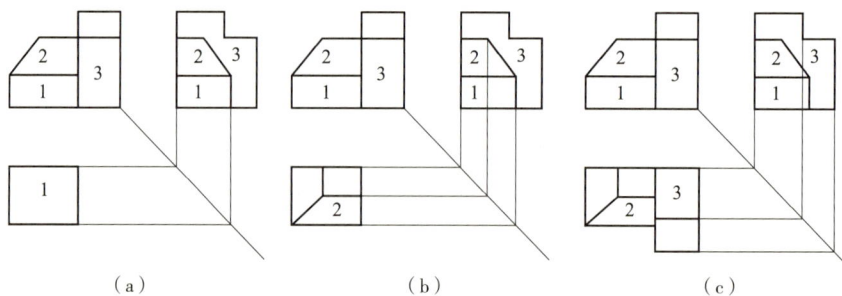

（a） （b） （c）

图 3-50 形体分析法补图的作图步骤

【例 3.18】如图 3-51 所示，已知组合体的主、左两视图，补画其俯视图。

分析作图：

（1）从已知的两视图看出，本例形体为平面切割体，在基本形体的左方和前方进行了多个面的切割。

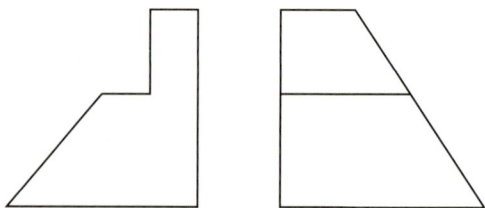

图 3-51 组合体的主、左两视图

（2）按线面分析法，画出形体上每个水平面的实形，最后连接平面角点间的连线，具体作图步骤如图 3-52 所示。

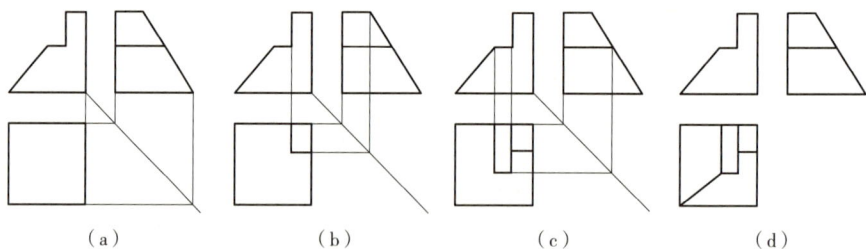

（a） （b） （c） （d）

图 3-52 线面分析法补图的作图步骤

3.4.4 组合体视图的尺寸标注

尺寸是图样的重要组成部分，国家标准对尺寸标注具有很高的要求。所以尺寸标注的学习是制图课程的重要环节。

1.尺寸标注的要求

图形中对尺寸标注的要求概括为"标注正确、尺寸齐全、布局清晰"。

（1）标注正确

标注正确一是要求尺寸标注样式符合国家制图标准规定，二是要求尺寸标注基准符合技术要求。

用来确定尺寸起点位置的点、线、面，称为尺寸基准。由于组合体有长、宽、高 3 个方向的尺寸，因此每个方向上至少各有一个尺寸基准。工程图中的尺寸基准是根据设计、施工、制造要求确定的。尺寸基准一般选在组合体的对称平面、大的或重要的底面、端面或回转体的轴线上。

底平面为高度方向的尺寸基准；左右对称线是长度方向的尺寸基准；前后对称线是宽度方向的尺寸基准。

（2）尺寸齐全

尺寸齐全是指所注尺寸能完全确定出物体各部分大小及它们之间相互位置关系和组合体的总体大小。

组合体的尺寸包括定位尺寸、定形尺寸、总体尺寸三种。

1）定位尺寸。确定各基本形体之间相对位置（上下、左右、前后）的尺寸，称为定位尺寸。定位尺寸要直接从基准注出，以减少累计误差，方便测量与定位。如图 3-53 中的定位尺寸有：主视图、左视图中的 50、23，它们是两圆柱中心高度方向的定位尺寸。井身及圆柱的前后、左右位置可由中心线确定，不必再标注尺寸（注：尺寸单位为"mm"，下文同此）。

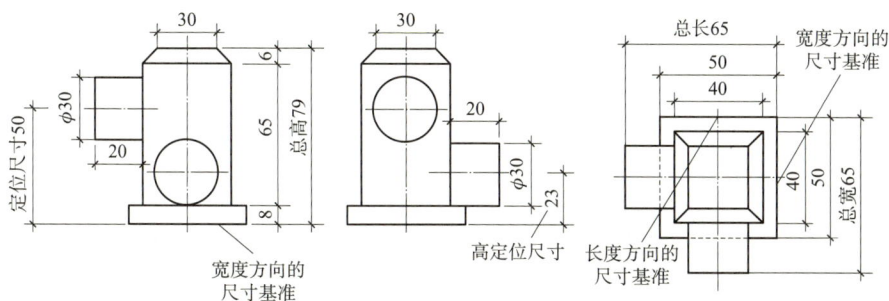

图 3-53 组合体视图尺寸标注及尺寸基准的确定

2）定形尺寸。确定各基本形体大小（长、宽、高）的尺寸，称为定形尺寸。如图 3-53 中除了定位尺寸 50、23，总体尺寸 65（总长）、65（总宽）、79（总高）外，其余数值都是定形尺寸。

3）总体尺寸。确定物体总长、总宽、总高的尺寸，称为总体尺寸。如图 3-53 中的总体尺寸有：主视图中的 79、俯视图中的两个 65 分别是窨井外形的总长、总宽。

（3）布局清晰

布局清晰有如下的要求：

1）尺寸数字应清楚无误，所有的图线都不得与尺寸数字相交。

2）尺寸标注应层次清晰，图线之间尽量避免互相交叉，虚线上尽量不标尺寸。

3）尺寸标注应布局清晰，同部位的特征尺寸集中标注以便于查看。

2. 基本形体的尺寸标注示例

（1）基本形体的尺寸标注

常见的基本体有棱柱、棱锥、圆柱、圆锥和球体等。任何基本体都有长、宽、高三个方向的大小尺寸。在视图上，一般要把反映这三个方向的尺寸都标注出来。如果棱柱体的上下底面或棱锥体的下底面是圆内接多边形，也可以标注其外接圆的直径和立体的高来确定其大小。如图 3-54（a）~（d）所示，是常见的几种基本体尺寸标注的范例。

对于回转体（如圆锥），可在其非圆视图上标注直径方向尺寸"ϕ"，因为"ϕ"具有双向尺寸功能，它不仅可以减少一个方向的尺寸，还可以省略一个投影图，如图 3-54（e）~（g）所示。球体的尺寸标注要在直径数字前面加注"$S\phi$"，如图 3-54（h）所示。

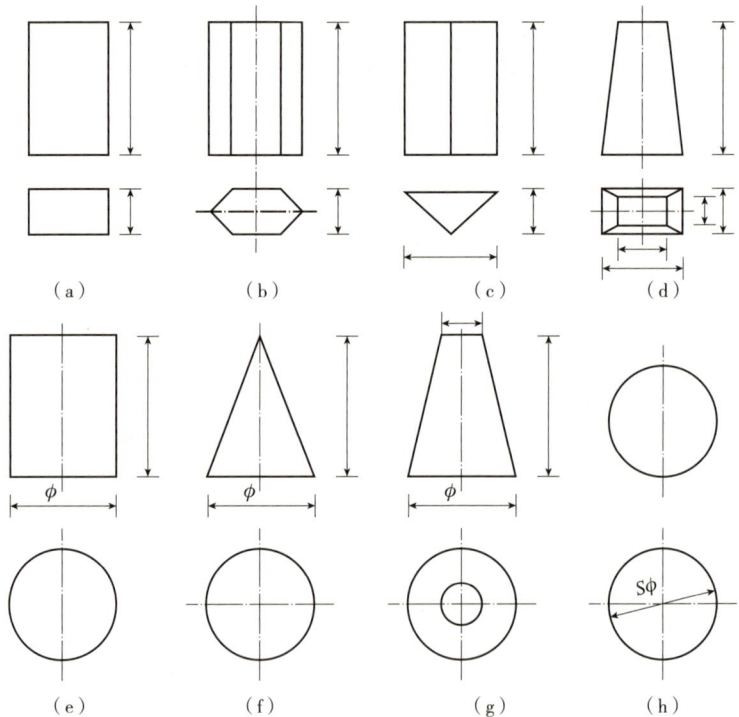

图 3-54　基体几何体尺寸标注

（2）尺寸种类

要完整地确定一个组合体的大小，需要按顺序完整地标出 3 种尺寸。

1）定形尺寸

确定组合体各组成部分形状的尺寸。

如图 3-55（b）中的尺寸 340、310、225、125、45、20 等都是定形尺寸，涵洞口各个组成部分大小由它们确定。

2）定位尺寸

确定各组成部分之间相对位置的尺寸。

如图 3–55（b）所示，墙身在水平方向的位置是通过 H 面投影中墙身旁边的 25 这个定位尺寸确定的，表示墙身的水平位置相对于基础最右边缘左移 25。墙身前后在 W 投影中的 20 和 15，是确定其前后方向位置的定位尺寸。

注意：在某个方向上用定位尺寸表示各组成部分的相对位置时，均需先确定尺寸基准。尺寸基准就是进行标注的起点。长度方向一般选择左侧面或右侧面为尺寸基准，宽度方向一般选择前侧面或后侧面为尺寸基准，高度方向一般选择底面或顶面为尺寸基准。若是对称图形，还可选择对称线为长度和宽度方向的尺寸基准，如图 3–55（a）所示。

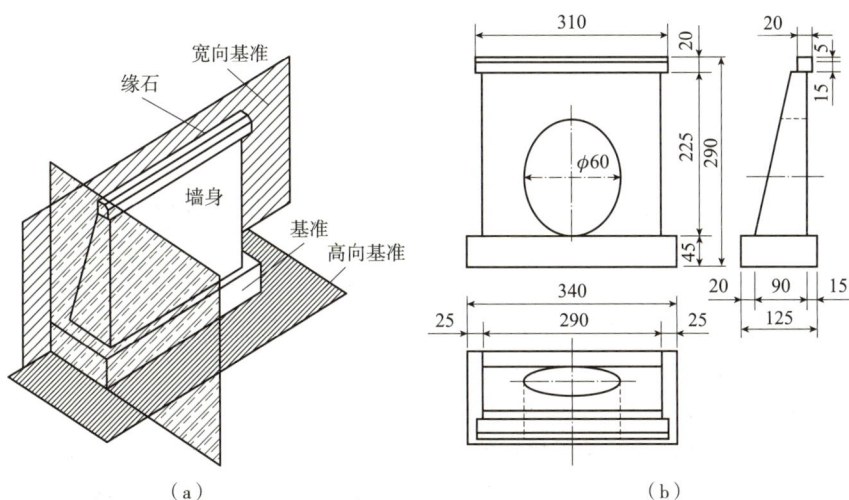

图 3-55　涵洞口尺寸标注
（a）尺寸基准；（b）组合体尺寸标注

3）总体尺寸

确定组合体外形的总长、总宽、总高。

如图 3–55（b）所示，图中的 340 是总长，125 是总宽，290 是总高。

3. 组合体的尺寸注法示例

【例 3.19】对水槽的三视图进行尺寸标注，如图 3–56（a）所示。

分析与标注：

（1）确定水槽长、宽、高方向的尺寸基准。如图 3–56（a）所示，长度方向的尺寸基准在主、俯视图 X 方向圆孔内的细点画线中，用来确定圆孔位置数值 310 和底部竖板距离 520；宽度方向的尺寸基准在前、左视图 Y 方向圆孔内的细点画线中，用来确定圆孔位置数值 225 和 450；高度方向的尺寸基准在主、左视图 Z 方向竖板的底部，用来确定 800 和 550，水槽长、宽、高方向的尺寸基准注法如图 3–56（b）所示。

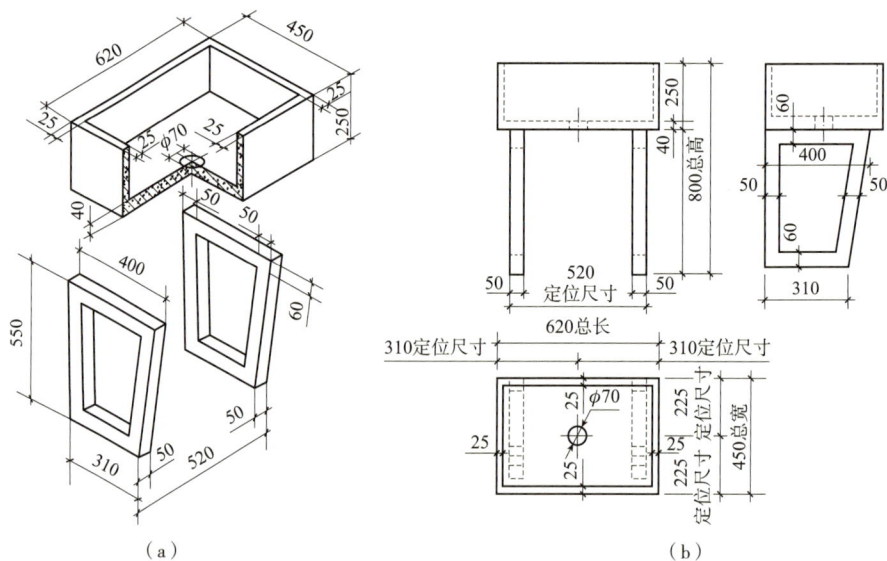

图 3-56　水槽的尺寸标注

（2）确定定位尺寸。如图 3-56（a）所示，水槽底的圆柱孔居中布置，因此长、宽方向的尺寸基准在水槽圆柱孔的中心线上，并以中心线为基准，注出两个长度定位尺寸 310 和两个宽度定位尺寸 225，并以圆柱孔的中心线为长度尺寸基准注出两支撑板外壁之间的长度定位尺寸 520，水槽定位尺寸注法如图 3-56（b）所示。

（3）确定定形尺寸。从图 3-56（a）可知，水槽外形长、宽、高尺寸为 620×450×250；水槽四周壁厚 25，槽底厚 40，圆柱通孔直径 ϕ70。

直角梯形空心支撑板的外形尺寸分别为 310、550、400，板厚 50。制成空心板后的四条边框宽度，水平方向为 50，铅垂方向均为 60，水槽定形尺寸注法如图 3-56（b）所示。

（4）确定总体尺寸。从图 3-56（a）可看出，水槽的总长尺寸为 620，总宽度为 450，总高尺寸为 800，水槽总体尺寸注法如图 3-56（b）所示。

（5）检查 3 个视图中所注尺寸是否符合"正确、齐全、清晰"。

1）尺寸正确。尺寸基准选择正确，尺寸数字标注正确，标注方式符合国家标准规定。

2）尺寸齐全。检查定形尺寸、定位尺寸、总体尺寸是否标注齐全。

3）尺寸清晰。检查直径尺寸 ϕ70 是否注在反映实形的视图中（虚线不允许注尺寸）。检查所标注的尺寸是否易读（如：尺寸布置在两图之间；定形尺寸、定位尺寸是否集中标注；尺寸是否有重复）。检查图形尺寸是否按照小尺寸在内、大尺寸在外的方式标注。

作业页

班级：　　　　　姓名：　　　　　学号：

思考题

（1）试述组合体的投影分析方法。

（2）试述组合体的标注内容和顺序。

（3）如何运用形体分析法识图？

（4）补全组合体三视图中漏缺的图线，如图3-57所示。

步骤：

1）通过三视图外形轮廓，判断该组合体的形式及基本形体。

2）通过 V、H 面图线判断前后两竖板形状，并说明如何补全 W 面投影。

3）判断后竖板形状，分析其 V 面投影。

4）分析后竖板 H 面投影。

5）分析后竖板 V 面投影。

6）分析底板左侧形状及其 H、W 面投影。

7）请在空白处作图。

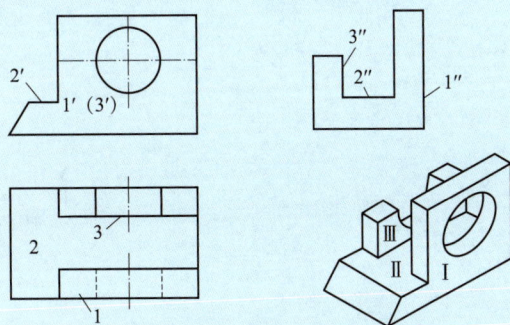

图 3-57　补组合体三视图中漏缺的图线

任务 3.5　剖面图、断面图

3.5.1　剖面图的形成及标注

用投影图表达形体的结构时，其内部不可见的部分用虚线表示，当结构较复杂时，图上虚线太多，会使图形不清晰，给读图带来困难。为了将内部结构表达清楚，又避免出现虚线，可采用剖面图的方法来表达。

1.剖面图的形成

如图 3-58（b）（c）所示，用假想的剖切平面将形体切开后，将观察者与剖切平面之间的部分移去，而将剩余部分向投影面投影所得出的投影图称为剖面图。

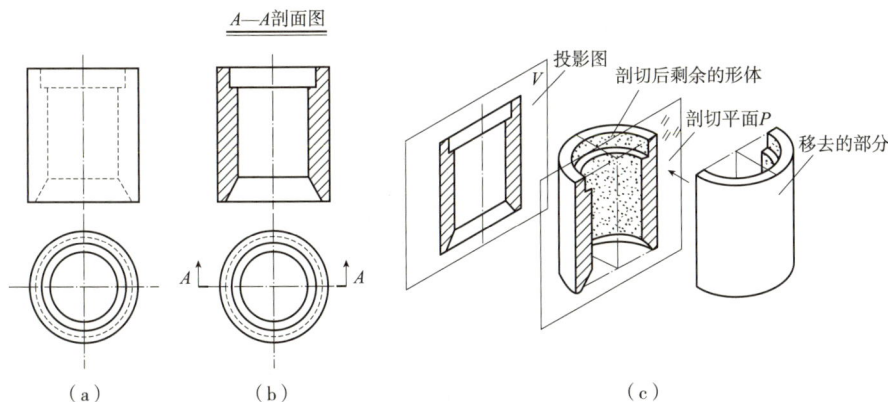

图 3-58　剖面图的形成
（a）形体投影图；（b）剖面图；（c）形体的剖切

2.剖面图的标注

（1）剖切位置

一般用剖切符号（5~10mm 的短粗实线）表示剖切平面的位置，剖切符号不要与轮廓线相交，如图 3-59 所示。

（2）投影方向

在剖切符号两端，用单边箭头（与剖切符号垂直）表示投影方向，如图 3-59 所示。

（3）剖面图名称

《道路工程制图标准》GB 50162—92 规定，在剖切符号和单边箭头一侧用一对大写英文字母或阿拉伯数字表示剖面图名称，并在所得相应剖面图的上方居中写上对应的剖面图名称。其字母或数字中间用长 5~10mm 的细短线间隔，如图 3-59 中，A—A 剖面图。在剖面图名称的字样底部画上

097

粗下细两条等长平行的短线，两线净间距为 1~2mm。

（4）材料图例

剖面图中包含了形体的断面，在断面上必须画上表示材料类型的图例，如图 3-59 所示。常见材料断面图例见表 3-5。如果没有指明材料，可在断面处画上互相平行且等间距的 45° 细实线作为材料图例，称为剖面线，如图 3-58（b）所示，当一个形体有多个断面时，所有剖面线的方向一致，间距均应相等。

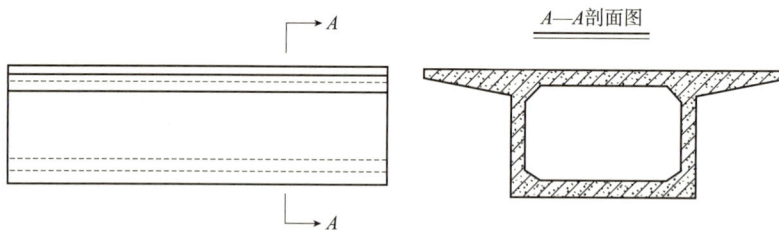

图 3-59　剖面图的材料图例

常用材料断面图例　　　　　　　　表 3-5

名称	图例	名称	图例	名称	图例
自然土壤		浆砌片石		钢筋混凝土	
夯实土壤		干砌片石		沥青碎石	
浆砌块石		水泥混凝土		沥青灌入碎砾石	
沥青表面处治		石灰土		填缝碎石	
细料式沥青混凝土		石类粉煤灰		天然砂砾	
中粒式沥青混凝土		石灰粉煤灰土		木材	横
粗粒式沥青混凝土		石灰粉煤灰砂砾			纵
水泥稳定土		石灰粉煤灰碎砾石		金属	
水泥稳定砂砾		泥结碎砾石		橡胶	
水泥稳定碎砾石		泥灰结碎砾石		级配碎砾石	

3. 画剖面图应注意的问题

（1）剖切平面的位置一般选择在需要表达的内部结构的对称面，且平行于基本投影面。

（2）剖切是假想的，因此除了剖面图之外，并不影响其他图的完整性，如图 3-59 所示。

（3）画剖面图时，应将剖切平面之后的部分全部向投影面投影。只要看得见的线、面的投影都应画出。

（4）剖面图已经表达清楚的内部结构，虚线应该省略。

3.5.2　剖面图分类

1. 全剖面图

（1）形成

假想用剖切面将形体全部剖开所得到的剖面图，叫做全剖面图，如图 3-60 所示的全剖面图。若形体对称，且剖切面通过对称平面，全剖面图又置于基本投影位置时，标注可以省略。

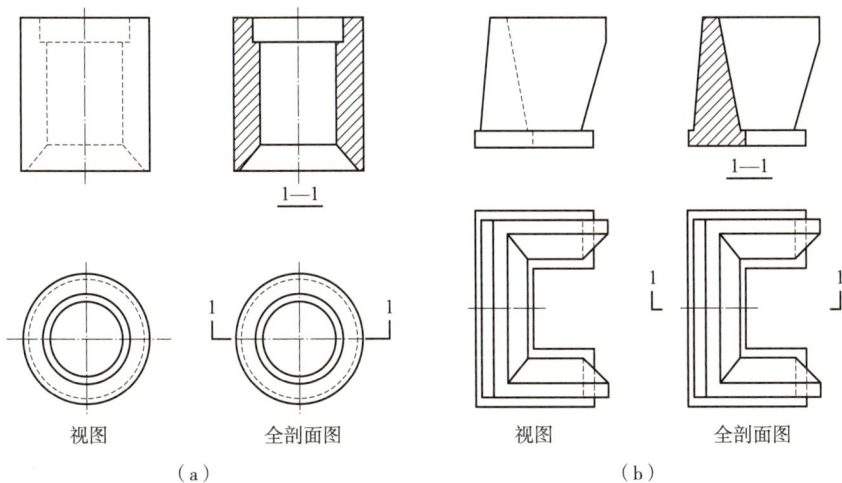

图 3-60　全剖面图

（2）适用范围

全剖面图适用于外形结构比较简单而内部结构比较复杂的形体或非对称结构的形体。

2. 半剖面图

（1）形成

当形体具有对称平面，以对称中心线为界，可将其投影的一半画成外形正投影图，另一半画成剖面图，这种图形叫做半剖面图，如图 3-61 所示。

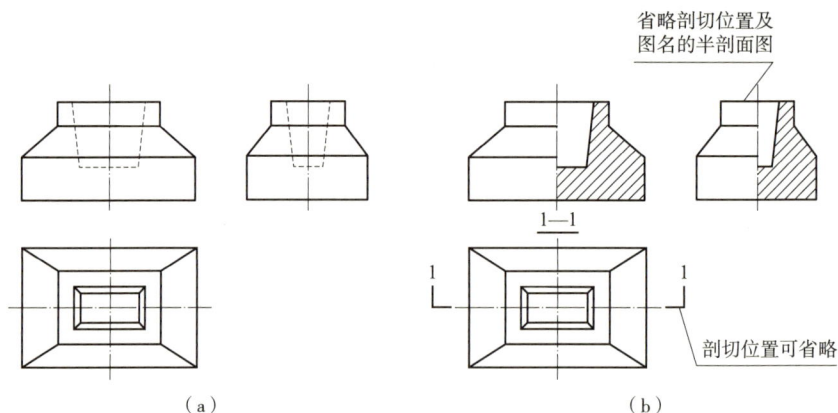

图 3-61　半剖面图
（a）视图；（b）半剖面图

（2）适用范围

半剖面图适用于内、外形状都比较复杂，都需要表达的对称形体。

（3）画半剖面图时注意事项

1）半投影图与半剖面图的分界线必须为点画线。若作为分界线的点画线刚好与轮廓线重合，则不能采用半剖面图，应采用局部剖面图。

2）半剖面图一般画在右边或下边。

3）在表示外形的投影图部分，一般不画虚线。

4）若形体具有两个方向的对称平面，且剖切面通过对称平面，半剖面图又置于基本投影位置时，标注可以省略。如图 3-61 所示，立面图与侧面图位置的半剖面图均可省略标注。

3. 局部剖面图

（1）形成

用剖切平面局部地剖开形体所得到的剖面图称为局部剖面图。

局部剖面图用波浪线来表示剖切的范围。局部剖面图是一种灵活的表达方式，其位置、剖切范围的大小都可根据需要来确定。

如图 3-62 所示管壁上的小圆孔的内部构造，若采用全剖面图，上部的倒角部分就表达不出来，所以采用局部剖面图表示，既保留了上部倒角的投影，同时也表达出下部小圆孔的结构。

在专业图中常用来表示多层结构所用材料和构造的做法，按结构层次逐层用波浪线分开，这种剖面图又称为分层剖面图，图 3-63 是表示路面各结构层的局部剖面图。

（2）适用范围

1）当形体外部形状较复杂，只有局部的内部形状需要表达时，可采用局部剖面图。

2）形体轮廓线与对称中心线重合，不宜采用半剖面图或用全剖面图的形体，可采用局部剖面图。

A—A剖面图

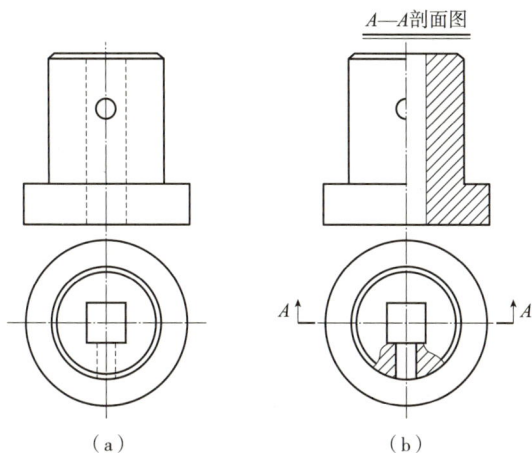

（a）　　　　　　　　　（b）

图 3-62　局部剖面图
（a）视图；（b）局部剖面图

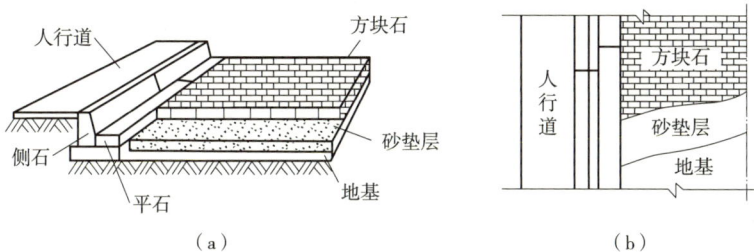

（a）　　　　　　　　　　　（b）

图 3-63　路面各结构层的局部剖面图
（a）立体图；（b）局部剖面图

（3）画局部剖面图注意事项

1）画局部剖面图时应注意波浪线的画法，波浪线既不可以与视图的轮廓线重合，也不可以超出视图的轮廓。形体的空洞处也不能画波浪线，如图 3-64 所示。

2）局部剖面图不需要标注。

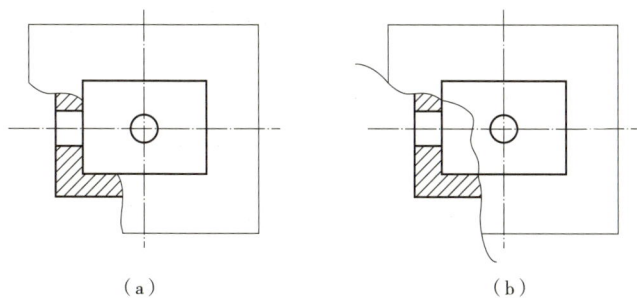

（a）　　　　　　　　　　　（b）

图 3-64　局部剖面图波浪线的画法
（a）局部剖面图波浪线的正确画法；（b）局部剖面图波浪线的错误画法

4. 阶梯剖面图

（1）形成

当形体具有几个不同的结构要素，且它们的中心线排列在相互平行的平面上，可以采用几个相互平行的剖切平面来剖切形体，所得到的剖面图称为阶梯剖面图，如图 3-65 所示。

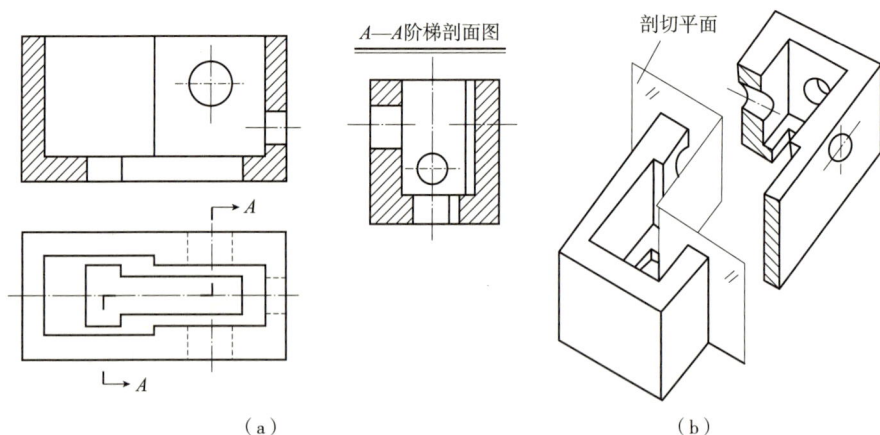

（a）　　　　　　　　　　　　　（b）

图 3-65　阶梯剖面图

（2）适用范围

阶梯剖面图适合于表达内部结构（孔或槽）的中心线排列在几个相互平行的平面内的形体。

（3）画阶梯剖面图注意事项

1）在剖面图上，不允许画出两个剖切平面转折处交线的投影。

2）阶梯剖面图必须加以标注，如图 3-65（a）所示，在剖切的起止点和转折处均应画出剖切线，转折处的剖切线不应与图形轮廓线重合。

5. 旋转剖面图

（1）形成

用两相交的剖切平面（交线垂直于一基本投影面）剖切形体后，将倾斜于基本投影面的剖面旋转到与基本投影面平行的位置，再进行投影，使剖面图得到实形，这样的剖面图叫做旋转剖面图。如图 3-66 所示，用一个正平面和一个铅垂面分别通过检查井的两个圆柱孔轴线将其剖开，再将铅垂面部分旋转到与 V 面平行后再投影而得到旋转剖面图。

（2）适用范围

旋转剖面图适合于表达内部结构（孔或槽）

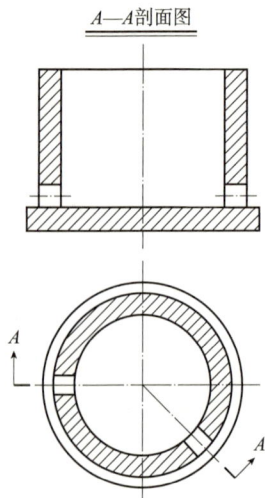

图 3-66　检查井旋转剖面图

的中心线不在同一平面上，且具有回转轴的形体。

（3）画旋转剖面图注意事项

两剖切平面交线一般应与所剖切的形体回转轴重合，并必须标注。

6. 展开剖面图

（1）形成

剖切平面是用曲面或平面与曲面组合而成的铅垂面，沿构造物的中心线剖切，再将剖切平面展开（或拉直），使之与投影面平行，并进行投影，这样所画出的剖面图称为展开剖面图。

（2）适用范围

展开剖面图适用于道路路线纵断面及带有弯曲结构的工程形体。如图 3-67 所示为一弯桥，由平面图可知弯桥的中心线为直线与圆弧合成的，立面图为展开剖面图。

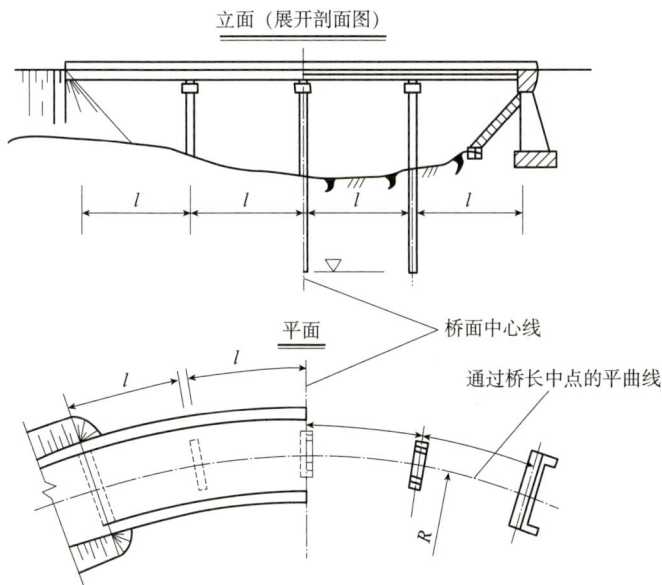

图 3-67　弯桥的展开剖面图

3.5.3　断面图的形成及标注

1. 断面图的形成

当假想用剖切平面将形体剖开后，仅画出被剖切处断面的形状（即截面），并在断面内画上材料图例或剖面线，这种图形称为断面图，如图 3-68 所示。

2. 断面图的标注

断面图也用粗实线在形体上表示剖切位置，但与剖面图不同，不需要画出垂直于剖切位置线的短细线来表示投影的方向，而是用表示编号的字

码 3-13　断面图（上）

103

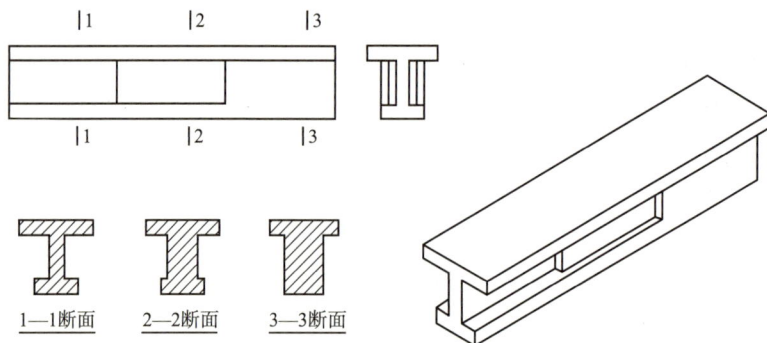

图 3-68　断面图

母或数字注写位置来表示投影方向。编号写在剖切位置线下方，表示从上往下投影，编号写在左边，表示从左往右投影。

3.5.4　断面图分类

断面图可按其布图位置分为移出断面图、重合断面图等。

1. 移出断面图

位于视图以外的断面图称为移出断面图。图 3-69 中柱的正立面图的右侧是移出断面图，柱的上下截面的尺寸不同，因此需作 1—1 和 2—2 两个断面图。

（1）移出断面图的图示特点：剖切平面的位置用粗短线表示；断面轮廓画粗实线；不画投影方向，而用编号在剖切面位置的一侧来表达，例如图 3-69 中编号 1—1 在剖切位置线的下方则表示投影方向由上至下。一般情况下，移出断面图应标注剖切平面位置、断面编号及断面图名称，如图 3-70 所示。

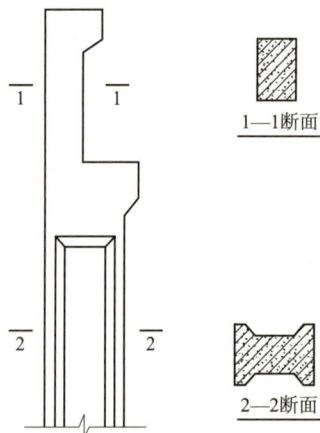

图 3-69　钢筋混凝土柱的移出断面图　　　　图 3-70　槽钢、工字钢的移出断面图

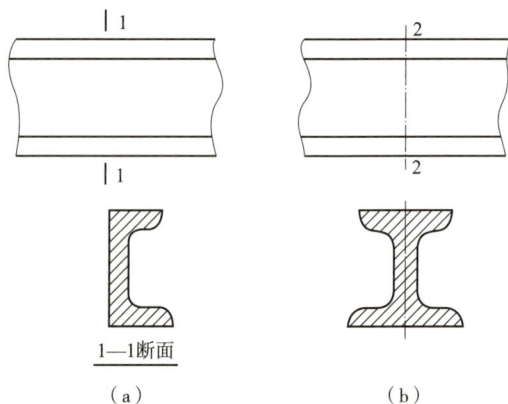

（2）移出断面图的布置位置：移出断面图一般画在视图外侧靠近剖切面位置的适当地方（图 3-69），也可以画在剖切平面位置的延长线上。当移出断面图位于剖切平面位置的延长线上时，可不标注断面编号及断面图名称，如图 3-70（a）所示。当移出断面图位于剖切平面位置的延长线上且对称时，剖切平面位置可用细单点长画线表示，无需标注断面编号及断面名称，如图 3-70（b）所示。

2. 重合断面图

位于视图轮廓线内的断面图称为重合断面图。图 3-71 是在角钢的正立面图上用同一比例画的重合断面图。这种重合断面图是用一个剖切平面垂直于角钢轮廓将其剖开，然后将断面向右旋转与正立面图重合后画出来的。为了避免与视图轮廓线混淆，视图轮廓线应画粗实线，断面图的轮廓线应画细实线。重合处视图的轮廓线不受断面图的影响应完整画出。

3. 中断断面图

将长杆件的投影图断开，并把断面图画在断开间隔处，这样的断面图称为中断断面图，如图 3-72 所示。中断断面图不需标注，而且比例与基本视图一致。

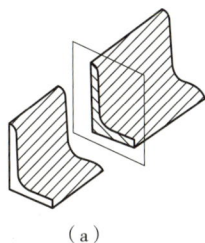
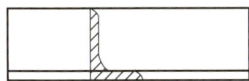
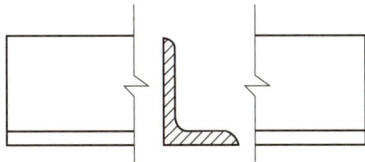

（a）　　　　　　　　　（b）

图 3-71　角钢的重合断面图
（a）立体图；（b）投影图

图 3-72　角钢的中断断面图

3.5.5　剖面图、断面图的规定画法

在画剖面、断面图时，为了画图方便且图形表达更为明晰，还有一些规定画法，画图时应该遵守。

（1）较大面积的剖面符号可以简化，如图 3-73 所示的断面图，由于面积较大，可只在其断面轮廓的边缘画出断面符号。

（2）薄板、圆柱等构件（如梁的横隔板、桩、柱、轴等），凡剖切平面通过其纵向对称中心线或轴线时，均不画剖面线，但可以画上材料图例。如图 3-74 所示，由于剖切平面通过薄板的纵向对称中心线，所以当不剖处理。

（3）在工程图中为了表示构造物不同的材料（如不同强度等级的混凝土或砂浆等），在同一断面上应画出材料分界线，并注明材料符号或文字

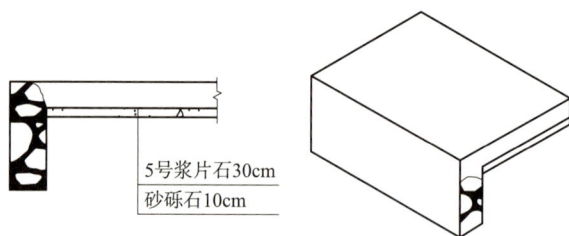

5号浆片石30cm
砂砾石10cm

图 3-73　较大面积剖面符号的简化

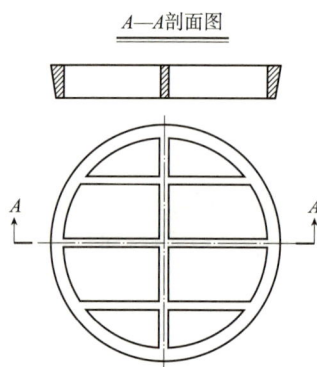

A—A剖面图

图 3-74　薄板剖切的表示方法

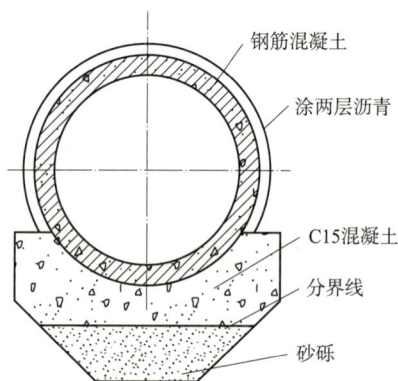

钢筋混凝土
涂两层沥青
C15混凝土
分界线
砂砾

图 3-75　圆管涵洞洞身的断面图

说明。如图 3-75 所示为圆管涵洞洞身的断面图，管底基础由混凝土和砂砾组成，中间要画出分界线。

（4）两个或两个以上的相邻断面可画成不同倾斜方向或不同间隔的阴影线，如图 3-76 所示。在不影响图形清晰的前提下，断面也可不画阴影线，如图 3-77 所示。对于图样上实际宽度小于 2mm 的狭小面积的剖面，允许将全部面积涂黑，涂黑的断面之间应留出空隙，如图 3-78 所示。

（5）对称图形可采用绘制 1/2 或 1/4 图形的方法表示，除总体布置图外，在图形的图名前，应标注"1/2"或"1/4"字样，也可以对称中心线为界，一半画一般构造图，另一半画断面图；也可以分别画两个不同的 1/2 断面。在对称中心线的两端，可标注对称符号，对称符号应由两条平行的细实线组成，如图 3-79 所示。

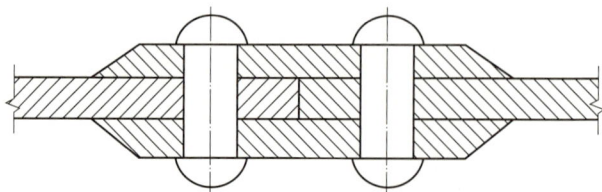

图 3-76　相邻构件剖面线画法

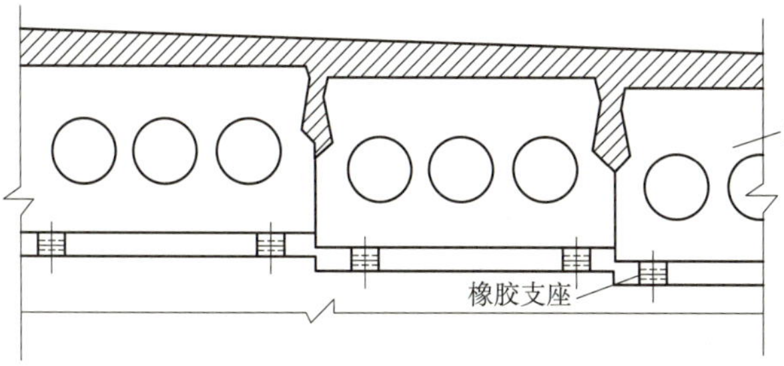

图 3-77　断面省略阴影线

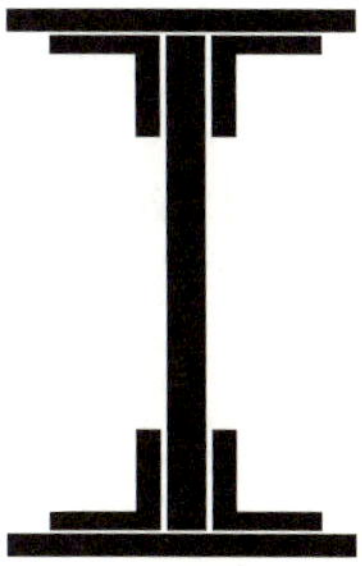

图 3-78　涂黑代替剖面线

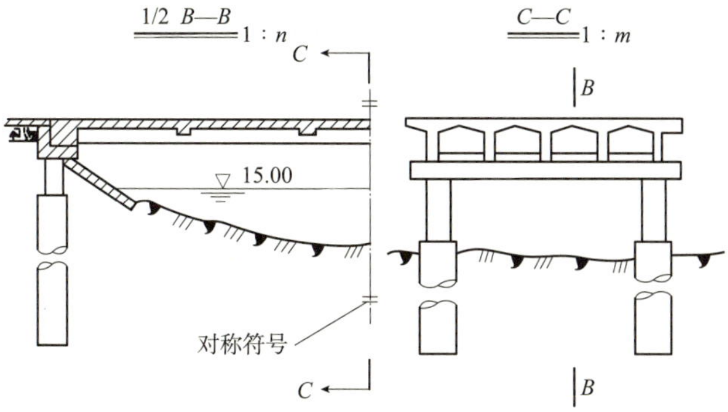

图 3-79　对称图形的表达

（6）当已有图线与基本轴线倾斜 45° 时，可将阴影线画为与基本轴线成 30° 或 60° 的阴影线（图 3-80）。

（7）在《道路工程制图标准》GB 50162—92 中，有画近不画远的习惯。对剖面图的被切断面以外的可见部分，可以根据需要决定取舍，这种图仍称为断面图，但不注明"断面"，仅标注剖切编号字母，如图 3-81 所示。

（8）当虚线表示被遮挡的复杂结构图线时，应仅绘制出主要结构或离视图较近的虚线，如图 3-82 所示，桥台的立面图由台前、台后两个图合并而成，虚线部分没有全部画出，这样处理避免重叠不清，以便表达主要

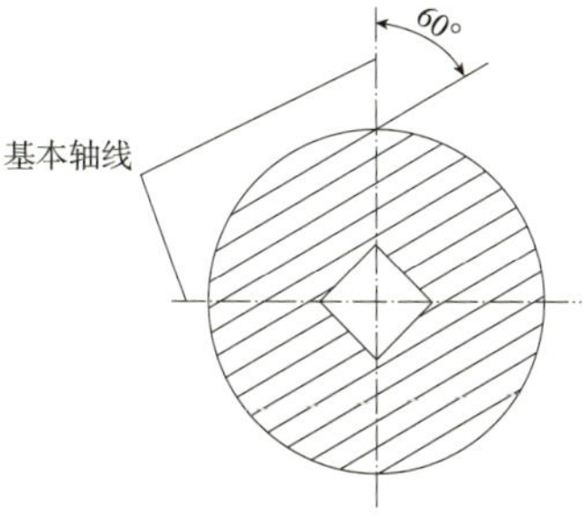

图 3-80　有 45° 倾斜方向的轮廓
线时的剖面线画法

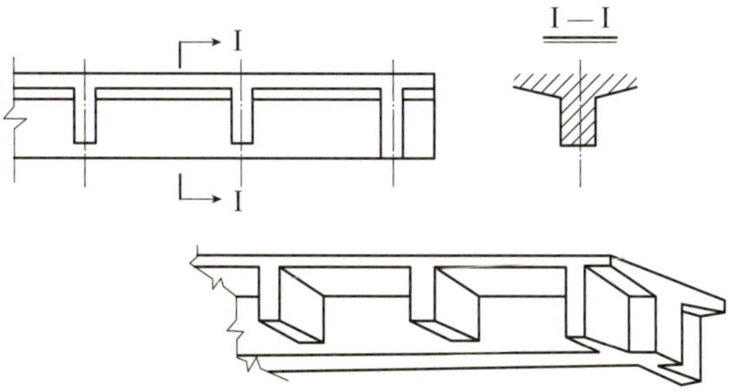

图 3-81　习惯画法（一）

结构，便于画图和读图。

（9）当土体或锥坡遮挡视线时，可将土体看成透明体，使被土体遮挡部分成为可见体，以实线表示。

（10）当图形较大时，可用折断线或波浪线勾出图形表示的范围，如图 3-83（a）所示；当图形较长且沿长度方向截面不发生变化时，可用波浪线或折断线简化表示，越过省略部分的尺寸线不能中断，并应标注实际尺寸。波浪线不应超过图形外轮廓线；折断线应等长、成对布置，如图 3-83（b）所示。

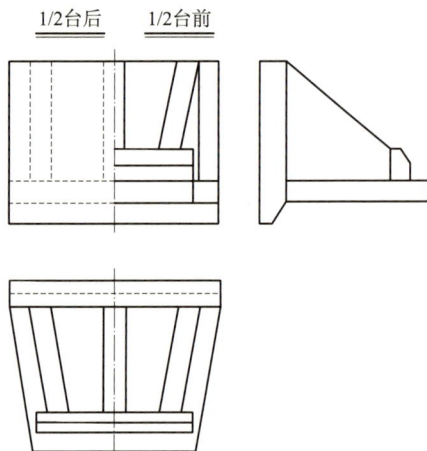

1/2台后　1/2台前

图 3-82　习惯画法（二）

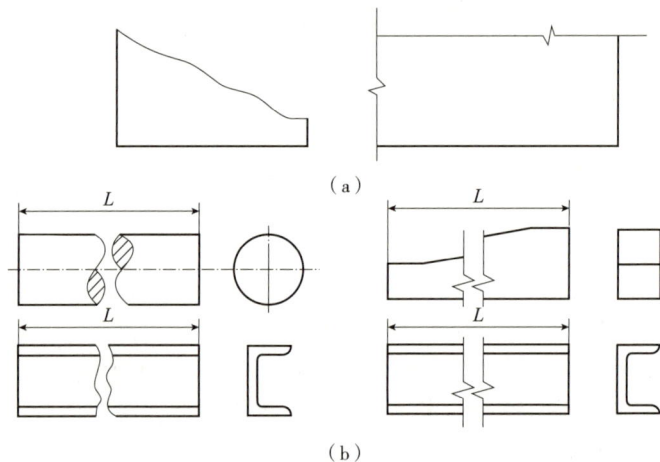

（a）

（b）

图 3-83　折断线和波浪线

作业页

班级：　　　　　姓名：　　　　　学号：

思考题

已知如图 3-84 所示结构的 *V*、*H* 面投影，请绘制结构 1—1 剖面图。

步骤：
（1）观测结构的 *V*、*H* 面投影，分析结构空间形状及组成部分。
（2）分析结构的 *W* 面投影。
（3）绘制结构的 1—1 剖面图。

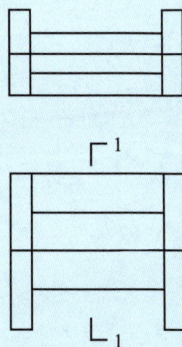

图 3-84　作业图

课程思政

在绘制投影图的过程中要遵循形体三面投影图"长对正、高平齐、宽相等"的投影关系，认真检查三面投影中相应点、线、面的关系。要始终保持认真的学习态度以及科学、严谨的工作作风，才能绘制出正确的投影图。

在历史上，就曾发生过因为工作不严谨导致的工程事故。其中最著名的是 1907 年加拿大的魁北克大桥，因桁架中一根受压弦杆突然弯曲，造成大桥的垮塌。1900 年，魁北克大桥开始修建。这座桥横跨圣劳伦斯河，是加拿大国家横贯大陆铁路的一部分。在这座桥即将竣工之际，悲剧发生了。1907 年 8 月 29 日，即将建成的大桥突然倒塌，当场造成了 75 人死亡，多人受伤。事故调查显示，这起悲剧是由工程师在设计中一个小的计算失误造成的。

惨痛的教训引起了人们的沉思，于是自彼时起，垮塌桥梁的钢筋便被重铸为一枚枚戒指，100 多年时间，无时无刻不提醒着每一位工程师。

绘制标高投影

知识目标：

    1. 了解标高投影的基本知识；

    2. 掌握点、直线和平面的标高投影的表示方法；

    3. 掌握平面的标高投影的表示方法；

    4. 掌握曲线、曲面的标高投影的表示方法；

    5. 掌握地形的标高投影的表示方法。

能力目标：

    1. 能够绘制点、线、平面和曲面的标高投影；

    2. 能够绘制地形面上的等高线及平面与地形面的交线。

思政目标：

    培养学生工作的细心、耐心、责任心。

　　土木工程建筑物是修建在地面上或者地下的。地面是起伏不平的不规则曲面，所以地面的形状直接影响建筑物的布设、施工等，当我们修建道路、广场、堤坝时，还要对原有地形进行人工改造，这时需要将建筑物四周的地形在平面图中表示出来。由于地面的高度与地面的长度和宽度比较起来相差得很多，不适合用多面正投影的方法来表示地形，因此人们用一种不同的投影方法即标高投影来表示地形。标高投影法是在一个水平投影面上作出形体的正投影，用数字把形体表面上各部分高程标注在该正投影上的一种投影方法。这种用水平投影与高度数字结合起来表达空间曲面的方法称为标高投影法，所得的单面正投影图称为标高投影图。标高投影图实际上是用高程数字代替了立面图。常用一组等间隔的水平面截割地面，所得截交线均为水平曲线，其上的各点都有相等的高度，故称其为等高线。把这些等高线的水平投影标上高度数字，能够表示地面的起伏变化。标高投影法不限于在土建工程中使用，在机械工程中像飞机、船舶、汽车等产品的外壳，也常用类似的方法表示，但基准面不一定是水平面。为了作图的需要，标高投影图上应画出比例尺或指明绘图比例。

任务 4.1　点和直线的标高投影

4.1.1　标高投影的基本概念

　　图 4-1（a）是一个四棱台的两面投影，水平投影确定后，由正面投影提供四棱台的高度。若用标高投影来表示，我们只需画出四棱台的水平投影，然后在其上加注顶面的高度数值 2.00 和底面的高度数值 0.00，以高度数字代替立面图的作用。为了增强图形的立体感，在坡面高的一侧用细实线画出长短相间等距的示坡线，以表示坡面。再给出绘图的比例或比例尺，该四棱台的形状和大小就完全确定，如图 4-1（b）所示。

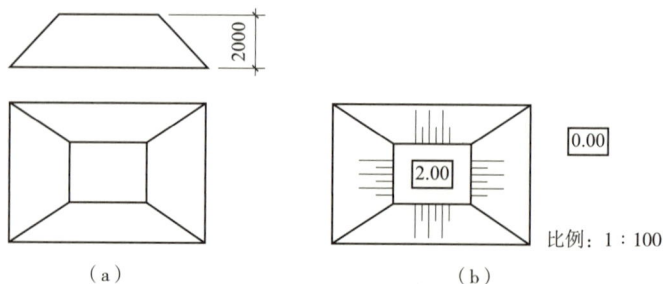

图 4-1　两面正投影图和标高投影图
（a）两面正投影图；（b）标高投影图

　　所谓标高投影，就是在物体的水平投影上加注某些特征面、线以及控制点的高程数值的单面正投影。标高投影中的高度数值称为高程或标高，高程以米为单位，一般注到小数点后两位，并且不需注写"米"。高程是以某水平面作为计算基准的。基准面以上高程为正，基准面以下高程为负。在实际工作中，通常以我国青岛附近的黄海平均海平面作为基准面，所得的高程称为绝对高程，否则称为相对高程。另外，在标高投影图中必须注明绘图的比例或画出比例尺。

　　标高投影常用于绘制地形图。此外，在土方工程填方、挖方中求作坡面与坡面、坡面与地面间的交线等，也常采用标高投影的方法。

4.1.2　标高投影的表示方法

　　在三投影面中，当物体的水平投影确定后，它的正面投影主要是提供物体上各点的高度。如果能在平面上表示出各点的高度，那么只用一个水平投影，也可以确定物体在空间的形状和大小。如图 4-2 所示，点 A 在基准面 H 以上 4 个单位，在水平投影 a 的旁边注出该点的高度值 4 即 a_4，4 这个刻度值，称为 A 点的标高，它反映了点 A 的高程。a_4 虽然只是一个投影，却可决定点 A 的空间位置。

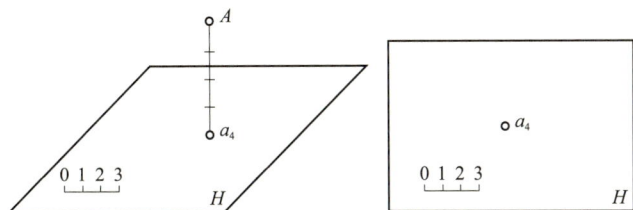

图 4-2　标高投影法

　　要根据 a_4 来确定点 A 的空间位置，还必须知道基准面、尺寸单位和画图比例。在建筑工程中一般采用与测量一致的基准面，即以我国黄海海面的多年平均高程为零点。高程以米为单位，在图上不需注出，但需注明平面的比例或画出比例尺。

4.1.3　直线的标高投影

　　如图 4-3 所示，分别作出点 A、B 和 C 在 H 面上的投影 a、b 和 c。其中点 A 高于 H 面 4 个单位，注写为 a_4，点 B 在 H 面上，注写为 b_0，点 C 低于 H 面 3 个单位，注写为 c_{-3}，低于 H 面的标高用负值标注。

　1. 直线的表示法

　　在标高投影中，直线的位置是由直线上的两点或直线上一点及该直线

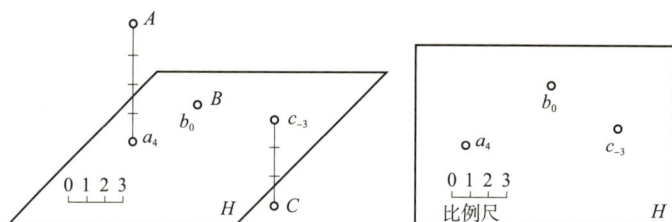

图 4-3　点的标高投影

的方向决定的。以图 4-4（a）所示的直线为例说明，直线的标高投影表示法有以下两种：

（1）直线的水平投影和直线上两点的高程，如图 4-4（b）（图中线段长度 $L=6m$ 通常不必注出）所示。

（2）直线上一点高程和直线的方向。图 4-4（c）中直线是用直线的坡度 1：2 和箭头表示方向的，箭头指向下坡。

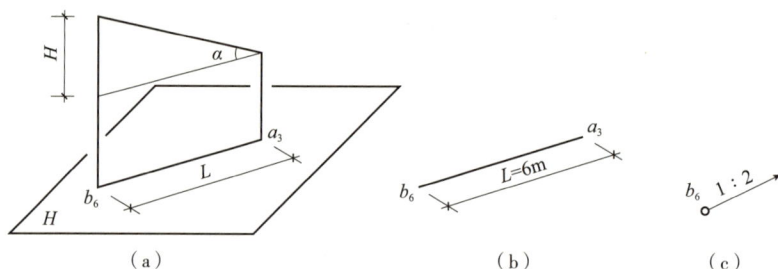

图 4-4　直线的标高投影
（a）轴测图；（b）方法一；（c）方法二

2. 直线的坡度与平距

（1）坡度

直线上任意两点之间的高度差与水平距离之比称为直线的坡度，用符号 i 表示。在图 4-5 中，设直线上点 A 和点 B 的高度差为 H，其水平距离为 L，直线对水平面的倾角为 α，则直线的坡度为：

$$i = H/L = \tan\alpha \tag{4-1}$$

式中　H——高度差；

　　　L——水平距离。

上式表明：直线上两点间的水平距离为一个单位时其高度差即等于坡度。

在图 4-5 中，$H=6-3=3m$，$L=6m$（如图上未注尺寸，可用 1：200 比例尺在图上量得）。所以直线 AB 的坡度 $i = H/L = 3/6 = 1/2$，写成 1：2。

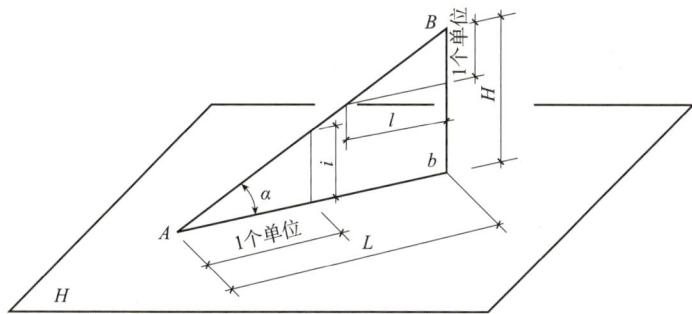

图 4-5 直线的坡度和平距

（2）平距

当直线上两点间的高度差为一个单位时其水平距离称为平距，用符号 l 表示，如图 4-5 中的直线 AB：

$$l= L/H = \cot\alpha \qquad\qquad (4-2)$$

由式（4-1）、式（4-2）可以看出，坡度和平距互为倒数，即 $i = 1/l$。如 $i = 1/2$，则 $l=1/i=2$。坡度越大，则平距越小；坡度越小，则平距越大。

显然，一直线上任意两点的高度差与其水平面距离之比是一个常数，故在已知直线上任取一点都能计算出它的标高，或已知直线上任意一点的高程，即可确定它的水平投影的位置。

【例 4.1】如图 4-6 所示，已知直线 BA 的标高投影 b_2a_6，求直线 BA 上 C 点的高程。

【解】应先求出直线 BA 的坡度。由图中比例尺量得 $L_{BA}=8m$，而 $H_{BA}=6-2=4m$，因此，直线 BA 的坡度 $i = H_{BA}/L_{BA} =4/8=1/2$。用比例尺量得 $L_{CA}=2m$，则 $H_{CA} = i \times L_{CA}=1/2 \times 2=1m$，即 c 点的高程 $=6-1=5m$。

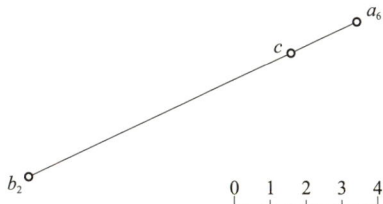

图 4-6 例 4.1 图

作业页

班级：   姓名：   学号：

思考题

（1）什么是标高投影法？它有什么特点？

（2）什么是直线的坡度和平距？如何确定直线上的整数标高点？

（3）如图4-7所示，已知直线上 B 点的高程及该直线的坡度，求直线上高程为 2.4m 的点 A，并定出直线上各整数标高点。

步骤：

1）求点 A。

2）求整数标高点。

3）请在空白处作图。

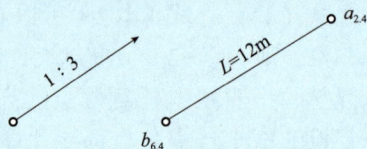

图4-7 作直线上已知高程的点和整数标高点

任务 4.2　平面的标高投影

4.2.1　平面上的等高线

如图 4-8 所示，平面上的水平线就是平面上的等高线，水平线上各点到基准面的距离（高程）相等，平面上的等高线也可以看成是一些间距相等的水平面与该平面的交线。从图 4-8 中可以看出平面上的等高线有以下特征：①平面上的等高线是直线；②等高线彼此平行；③等高线的高差相等时，其水平间距也相等。

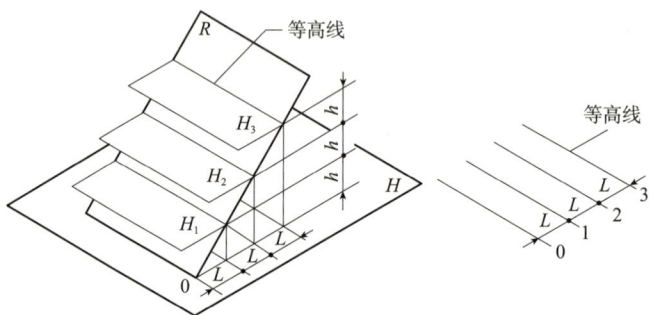

图 4-8　平面上的等高线
h—等高线高差；L—等高线水平间距

4.2.2　平面上的坡度线

平面上垂直于等高线的直线，称为平面的坡度线，也就是平面上对 H 面的最大斜度线。如图 4-9（b）中的直线 d_7e_5，就是平面 ABC 的坡度线。

【例 4.2】如图 4-9（a）所示，已知一平面 ABC 的标高投影为 $\triangle a_5b_9c_4$，求作该平面的坡度线以及该平面对 H 面的倾角 α。

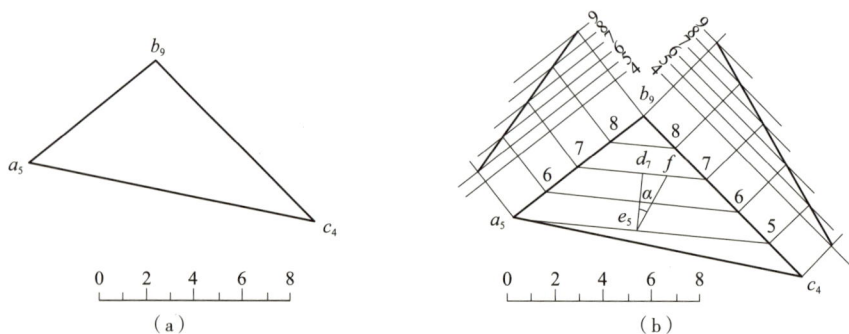

图 4-9　平面坡度线及倾角的绘制

【解】因平面的坡度线对 H 面的倾角就是该平面对 H 面的倾角，因而要先画出平面的坡度线。但为了作平面的坡度线，就必须先画出平面上的等高线。

如图 4-9（b）所示，在 $\triangle a_5 b_9 c_4$ 上任选两条边 $a_5 b_9$ 和 $b_9 c_4$，并在其上定出整数标高点 8、7、6、5。连接相同标高点，得等高线。然后按一边平行于投影面的投影特性，在适当位置任作等高线的垂线 $d_7 e_5$，即为 $\triangle ABC$ 平面的坡度线。

坡度线 $d_7 e_5$ 对 H 面倾角 α，就是 $\triangle ABC$ 平面对 H 面的倾角，倾角可用直角三角形法求得。以 $d_7 e_5$（2 个平距）为一直角三角形的直角边，再用比例尺量得两个单位的高差（$d_7 f = 2m$）为另一直角边，斜边 $e_5 f$ 与坡度线 $d_7 e_5$ 之间的夹角 α，就是 $\triangle ABC$ 平面对 H 面的倾角。

从图 4-9 和例 4.2 可以看出，平面上的坡度线具有如下特征：

（1）平面上的坡度线与等高线互相垂直，它们的水平投影也互相垂直。

（2）坡度线对水平面的倾角等于该平面对水平面的倾角。因此，坡度线的坡度就代表该平面的坡度。

4.2.3　平面的表示法以及在平面上作等高线的方法

用几何元素表示平面的方法在标高投影中仍然适用。根据标高投影的特点，下面着重介绍 3 种平面的表示方法以及在平面上作等高线的方法。

（1）用两条等高线表示平面。

【例 4.3】如图 4-10（a）所示，已知两条等高线 20m、10m 所表示的平面，求作高程为 18m、16m、14m、12m 的等高线。

【解】根据平面上等高线的特征，先在等高线 20m、10m 之间作一坡度线 $a_{20} b_{10}$，把 $a_{20} b_{10}$ 五等分得 c_{18}、d_{16}、e_{14}、f_{12} 各等分点。过各等分点作高程为 20m 和 10m 的等高线的平行线，即得高程为 18m、16m、14m、12m 的等高线。

码 4-3　平面的表示法以及在平面上作等高线的方法

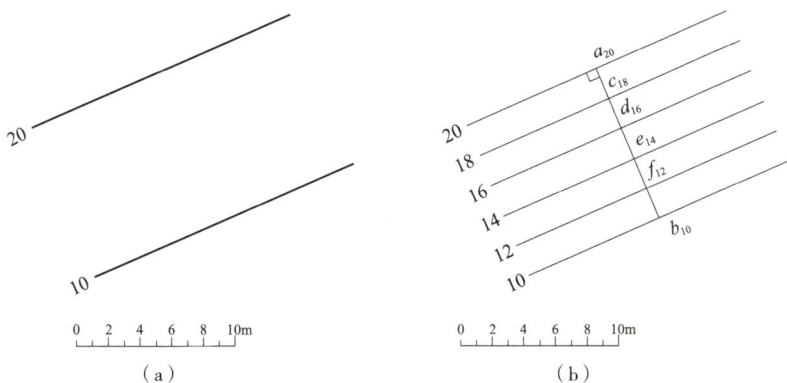

图 4-10　两条等高线间不同高程的等高线绘制

（2）用一条等高线和平面上的一条坡度线或坡度表示平面。

【例4.4】如图4-11所示，已知平面上一条高程为10m的等高线，又知平面的坡度 $i=1:2$，求作平面上高程为9m、8m、7m的等高线。

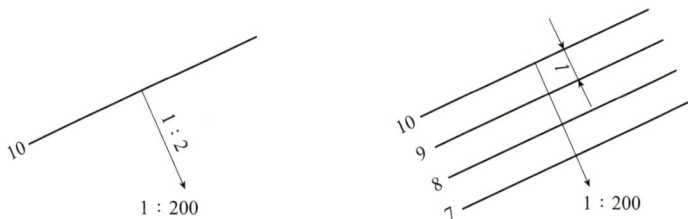

图4-11　用一条直线和坡度线绘制等高线

【解】先根据坡度 $i=1:2$，求出平距 $l=2m$。在图中表示平面坡度的坡度线上，自与等高线10m的交点起，顺箭头方向按比例 $1:200$ 连续截取3个平距，得3个点，过这3个点作高程为10m的等高线的平行线，即得平面上高程为9m、8m、7m的等高线。

（3）用平面上的一倾斜直线和平面的坡度表示平面。

图4-12表示一标高为3m的平台，有一坡度为 $1:2$ 的斜坡道，可由地面通向台顶。斜坡道两侧的斜面坡度为 $1:1$，这种斜面用斜面上的一条倾斜直线和斜面的坡度来表示，如图4-12（b）用 AB 的标高投影 a_3b_0 及坡度 $1:1$ 表示图4-12（a）中斜坡道右侧斜面，在图4-12（b）中，a_3b_0 一侧所画的坡度符号的箭头，只表示斜面的大致坡向，不一定画出平面的准确坡向。为了与准确的坡度方向有所区别，习惯上用虚线箭头表示斜面的大致坡向。

在图4-12（a）中，在坡面上水平面最大斜度线方向的长短相间、等距的细实线，称为示坡线。示坡线应垂直于坡面上的等高线，并画在坡面上高的一侧。

【例4.5】如图4-13（a）所示，已知平面上的一条倾斜直线 a_3b_0，以

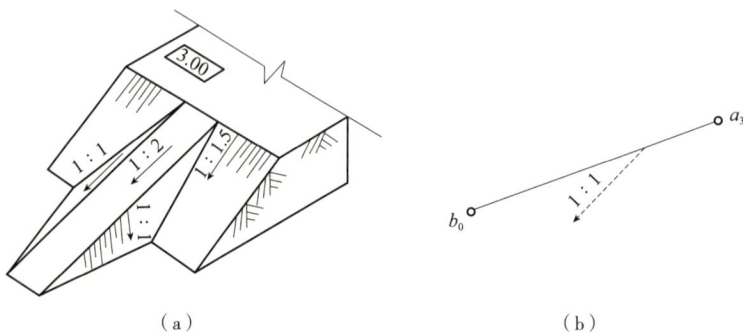

（a）　　　　　　　　　　　（b）

图4-12　用平面上的一条倾斜直线和平面的坡度表示平面

及平面的坡度 i=1 ： 0.5，图中虚线箭头表示大致坡向。作出平面上高程为 0m、1m、2m 的等高线。

【解】先求出平面上高程为 0m 的等高线，该等高线必通过已知倾斜直线上的 b_0 点，且与 a_3 点的水平距离 $L=H/i$=3/（1/0.5）=1.5m。

作图过程如图 4-13（b）所示，以 a_3 点向切线 b_0c_0 作垂线 a_3c_0，即是平面上的坡度线。三等分 a_3c_0，过各点即可作出平行于 b_0c_0 的高程为 1m、2m 的等高线。

如图 4-13（c）所示，上述作图可理解为过 AB 作一平面与圆锥顶为 A、素线坡度为 1 ： 0.5 的下圆锥相切。切线 AC（是一条圆锥素线）就是该平面的坡度线。已知 A、B 两点的高差 H=3m。平面坡度 i=1 ： 0.5，则水平距离 $L=H/i$=1.5m。因此，所作正圆锥顶高 H=3m，底圆半径 $R=L$=1.5m。那么，过标高为 0m 的 B 点作圆锥底圆的切线 BC，便是平面上标高为 0m 的等高线。

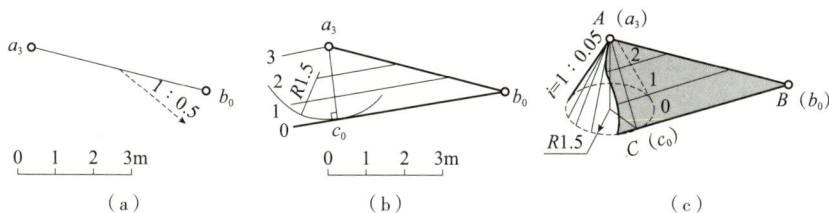

图 4-13 用平面和坡度线绘制等高线

4.2.4 平面的交线

如图 4-14 所示，在标高投影中，求两平面的交线时，通常用水平面作辅助截平面，水平辅助面与两个相交平面的截交线是两条同标高的等高线，这两条等高线的交点是两个平面的共有点，就是两平面前锋线上的点。由此可以看出：两平面上相同高程等高线的两个交点的连线，就是两平面的交线。

图 4-14 平面交线

码 4-4 平面的交线

在实际工程中，把建筑物上相邻坡面的交线称为坡面交线。坡面与地面的交线称为坡边线，坡边线分为开挖坡边线（简称开挖线）和填筑坡边线（简称坡脚线）。

【例 4.6】在高程为 5m 的地面上挖一基坑，坑底高程为 1m，坑底的形状、大小以及各坡面坡度，如图 4-15（a）所示。求开挖线和坡面交线，并在坡面上画出示坡线。

【解】作图过程如图 4-15（b）所示，作图步骤如下：

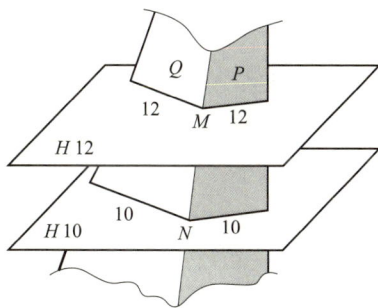

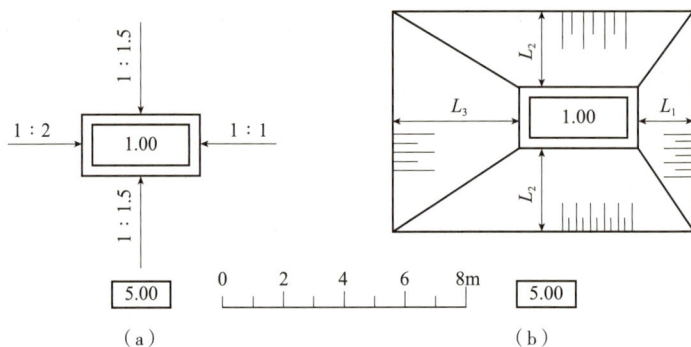

图 4-15　基坑开挖线和坡面交线绘制
（a）基坑开挖线；（b）坡面交线

（1）作开挖线

地面高程为 5m，因此开挖线就是各坡面上高程为 5m 的等高线，它们分别与坑底相应的边线平行。其水平距离 $L=H/i$，则 $L_1=(5-1)/(1/1)=4\text{m}$，$L_2=(5-1)/(1/1.5)=6\text{m}$，$L_3=(5-1)/(1/2)=8\text{m}$。然后按比例尺截取后，画出各坡面的开挖线。

（2）作坡面交线

相邻两坡面上标高相同的两等高线的交点，是两坡面的共有点，也是坡面交线上的点。因此，分别连接开挖线（高程为 5m 的等高线）的交点与坡底边线（高程为 1m 的等高线）的交点，即得四条坡面交线。

（3）画示坡线

为了增加图形的明显性，在坡面上高的一侧，按坡度线方向画出长短相间的、用细实线表示的示坡线。

【例 4.7】已知大堤与小堤相交，堤顶面标高分别为 3m 和 2m，地面标高为 0m，各坡面的坡度如图 4-16（a）所示。求作相交两堤的标高投影图。

【解】作图过程如图 4-16（b）所示。

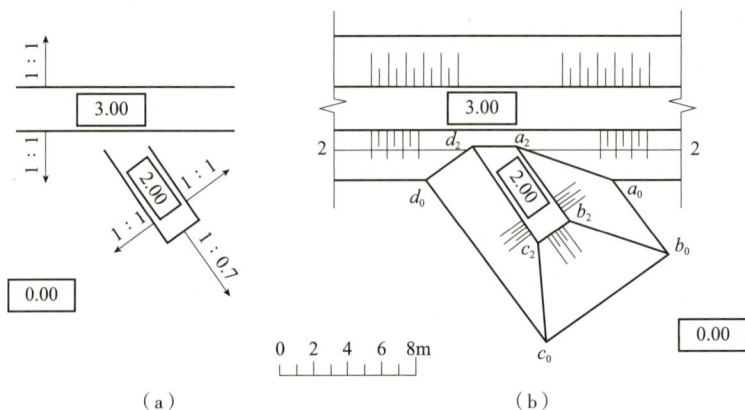

（a）　　　　　　　　（b）

图 4-16　例 4.7 图

（1）求坡脚线，即各坡面与地面的交线，现以求大堤坡脚线为例来说明坡脚线的求法。

大堤顶线与坡脚线的高差为3m。大堤前、后坡面的坡度均为1：1，则坡顶线到坡脚线的水平面距离 $L=H/i=3/（1/1）=3m$。按比例尺用3m长度在两坡面的坡度线上分别截取一点，过这两点作坡顶线的平行线，即得大堤的前、后坡脚线。用同样的方法作出小堤的坡脚线。

（2）作小堤的坡面交线

连接两坡面上的两条相同高程等高线的两个交点，即为坡面间的交线。因此，将小堤顶面边线的交点 c_2、b_2 分别与小堤坡脚线的交点 c_0、b_0 相连，则 c_2c_0、b_2b_0 为所求的交线。

（3）作小堤顶面与大堤前坡面的交线

小堤顶面标高为2m，它与大堤面的交线就是大堤的前坡面上的标高为2m的等高线上（也属于小堤顶面）的一段，于是就可以作出一段交线 a_2d_2。

（4）求大堤与小堤坡面的交线

同样，连接大堤与小堤相交坡面上的两条同等高线的两个交点，即为大堤与小堤坡面的交线。因此，分别将小堤顶面边线的 a_2、d_2 与小堤坡脚线、大堤坡脚线的交点 a_0、d_0 相连，a_2a_0 和 d_2d_0 即为大堤与小堤坡面的交线。

（5）在各坡面上画出示坡线

如图4-16（b）所示，在各个坡面上按坡度线方向作出示坡线，示坡线可以在各坡面上只画出一部分，也可以全部画出。

作业页

班级：　　　　　　　姓名：　　　　　　　学号：

思考题

（1）在标高投影中，常用平面表示法有哪几种？

（2）平面上的等高线和坡度线有何特点？如何表示？

（3）在高程为 0m 的地面上修建一个高程为 3m 的平台，并修建一条斜坡引道，通到平台顶面。平台坡面的坡度为 1 ： 1.5，斜坡引道两侧边坡的坡度为 1 ： 1。图 4-17 是这个工程建筑物在斜坡引道附近局部区域的已知条件，求作这个局部区域内的坡脚线和坡面交线。

解题步骤如下：
1）作坡脚线。
2）作坡面交线。
3）画各坡面示坡线。
4）请在空白处作图。

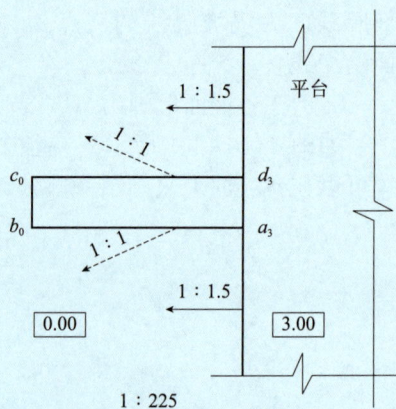

图 4-17　坡脚线和坡面交线绘制

任务 4.3　曲面的标高投影

4.3.1　曲线

曲线与曲面广泛地应用于建筑工程中，其组成部分元素中有平面曲线、空间曲线和曲面。

1. 曲线及其投影

曲线是一个点按一定的规律运动的轨迹，也可看成是满足一定条件的点的集合。画出曲线上一系列点的投影，并将各点的同名投影依次光滑地连接起来，即得该曲线的投影。曲线的投影一般仍是曲线。

如图 4-18 所示，与曲线 L 相交的直线 DE 为曲线的割线，当 D 点沿曲线移动到无限接近于 E 点时，割线 DE 处于极限位置，称为曲线在 E 点处的切线 T。曲线 L 的割线 DE 变为切线 T，与曲线相切于 E 点，它们的投影也从割线 de 变为曲线投影的切线 t，与曲线 L 的投影 l 相切于 e 点。说明曲线的切线的投影仍为曲线投影的切线。

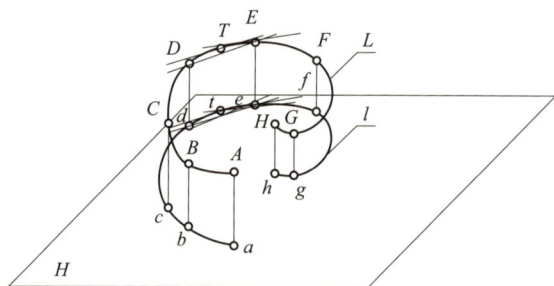

图 4-18　曲线的投影

2. 空间曲线

曲线上连续 4 点不在同一平面内的曲线，称为空间曲线。图示空间曲线时，必须将曲线上各点标注出来，以便清楚地表示曲线上的重影点、交点及各部分的相对位置。如果想要知道空间曲线的长度，可用旋转法近似展开。

3. 平面曲线

曲线上所有的点都在同一平面上的曲线，称为平面曲线。它的投影有三种情况，如图 4-19 所示。

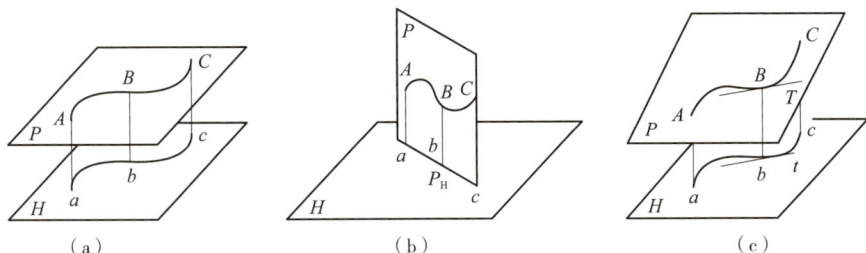

图 4-19　平面曲线的投影

（a）曲线所在平面 P//H；（b）曲线所在平面 P⊥H；（c）曲线所在平面 P 倾斜于 H

4.3.2　曲面的标高投影

1. 正圆锥面的标高投影

（1）圆锥面上的等高线

如图 4-20（a）正圆锥面的正面投影所示，当正圆锥面的轴线垂直于水平面时，圆锥面上所有素线的坡度都相等，假想用一高差相等的水平面截切正圆锥，其截交线皆为水平圆。因此，画出这些截交线圆的水平投影，并分别在其上注出高程，就是正圆锥的标高投影，如图 4-20（b）所示。

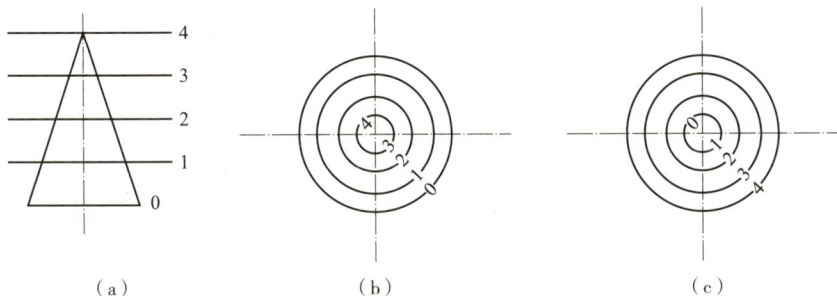

图 4-20　圆锥的标高投影

（a）正圆锥的正面投影；（b）正圆锥的标高投影；（c）倒圆锥的标高投影

不论圆锥正立或倒立，正圆锥面上的素线都不得与正圆锥面上的等高线圆的切线垂直，所以素线就是圆锥面的坡度线（图 4-20）。

（2）平面与圆锥面的交线

【例 4.8】在高程为 4m 的地面上，修筑一高程为 8m 的平台，台顶形状及边坡的坡度如图 4-21（a）所示，求其坡脚线和坡面线。

【解】作图过程如图 4-21（b）所示。

1）作坡脚线。平台两侧的坡脚线为平行于台顶的平行线；平台中部的坡面是正圆锥面，其坡脚的水平距离（即半径差）$L = H/i = （8-4）/（1/0.8）=3.2m$。由此可作出平台的正圆锥面坡面的坡脚线。

129

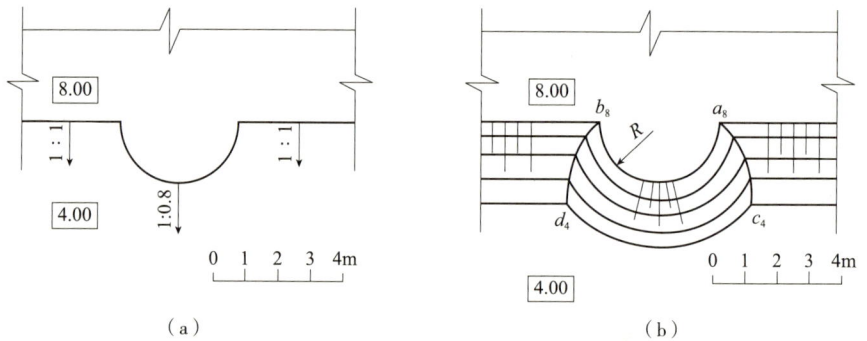

图 4-21 例 4.8 图

2）作坡面交线。坡面交线是由平台左右两边的平面坡面与中部正圆锥面坡面相交而成。因平面的坡度小于圆锥面的坡度，所以坡面交线是两段椭圆曲线。

3）画出各坡面的示坡线。正圆锥面上的示坡线应过锥顶，是圆锥面上的素线。平面斜坡的示坡线是坡面上的等高线的垂线。

2.同坡曲面的标高投影

如图 4-22（a）所示，有一段倾斜的弯曲道路，它的两侧边坡是曲面。曲面上任何地方的坡度都相同，这种曲面称为同坡曲面。

如图 4-22（b）所示，一正圆锥面锥顶沿空间曲导线 AB 运动，运动时圆锥面的轴线始终垂直于水平面，且锥顶角不变，则所有这些正圆锥面的包络曲面就是同坡曲面。

由上述形成过程可以看出，运动的正圆锥面在任何位置时，同坡曲面都与它相切，切线为正圆锥面的素线，也就是同坡曲面的坡度线。从图 4-22（b）还可以看出，同坡曲面上的等高线为等距曲线，当高差相等时，它们的间距也相等。

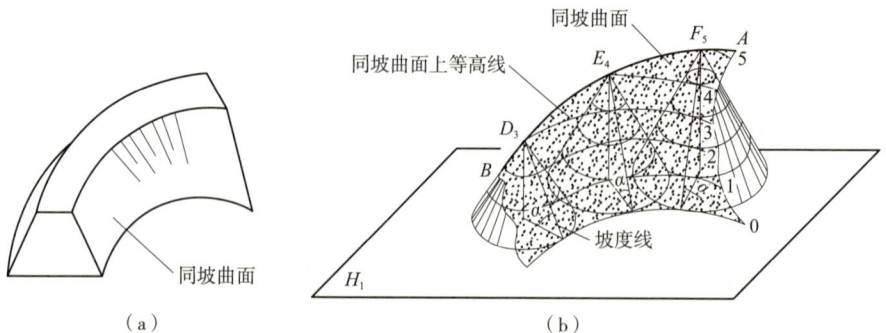

图 4-22 同坡曲线的标高投影

作业页

班级：　　　　　　姓名：　　　　　　学号：

思考题

如图 4-23（a）所示，在高程为 0m 的地面上修建一弯道，路面高程自 0m 逐渐上升为 4m，与干道相接。作出干道和弯道的坡面交线。

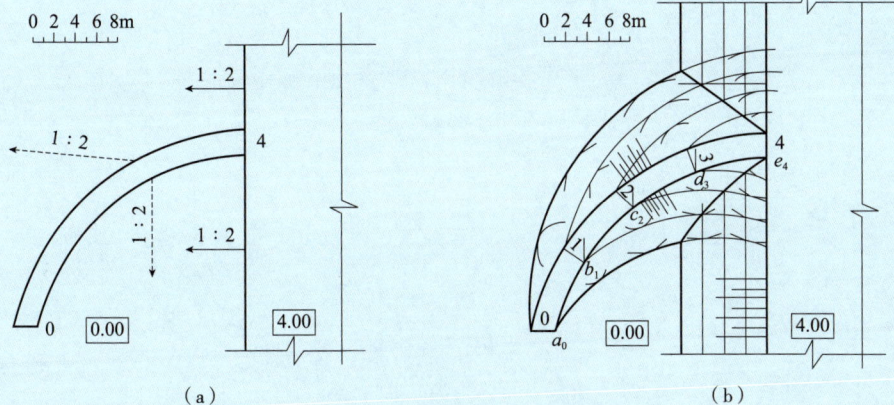

图 4-23　平面与同坡曲面的交线

步骤：

（1）作坡脚线。

（2）作坡面交线。

（3）画出各坡面的示坡线。按与各坡面上的等高线相垂直的方向画出各坡面的示坡线。

任务 4.4　地形的标高投影

4.4.1　地形面上的等高线

地面是一个不规则的曲面，地形面是用地面上的等高线来表示的。也就是用一组等间距的水平面截割曲面体，则得到许多形状不规则的封闭曲线，由于每条截交线上的点的高程相同，因此只标注一个数字。这种注上高程的水平截交线就是曲面体或地面上的等高线。图 4-24 是两种不同地面的标高投影和它的断面图。等高线上的数字由里到外逐渐减小，表示高山或小丘，如图 4-24（a）所示；反之，则表示盆地或洼地，如图 4-24（b）所示。如果在图上等腰高线间距越密，则表示该处地形坡度大，即陡；反之，则坡度小，即平缓。

码 4-5　地形标高投影

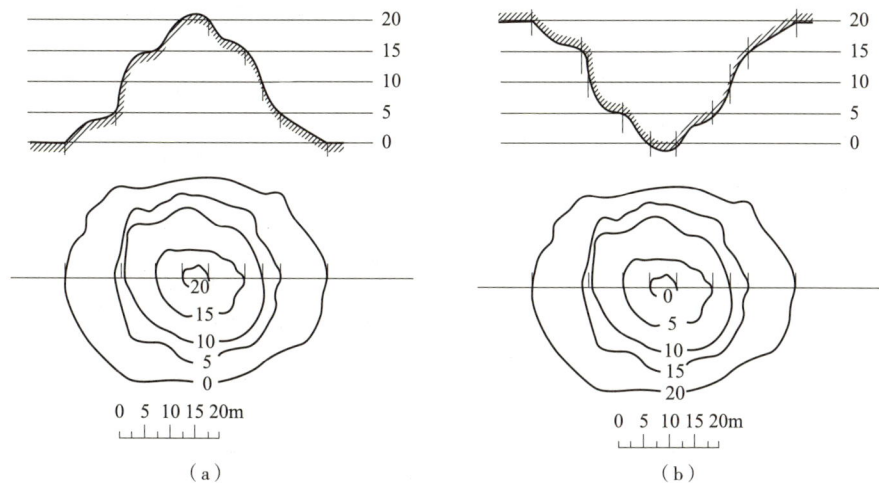

图 4-24　地形面上的等高线

4.4.2　平面与地形面的交线

1. 一般面与地形面相交

如图 4-25 所示为一个等高线和坡度线表示的地形面与平面相交的标高投影的作图方法。

假想用一水平面作为辅助平面，同时切割平面、地形面，其截交线为平面和地形面上的等高线，等高线的交点即为平面与地形线上的点。

2. 曲面与地形面的交线

【例 4.9】在山坡上要修筑一个一端为半圆形的场地，其标高为 25m，填方坡度 $i=1:1.5$，挖方坡度 $i=1:1$（图 4-26）。试确定填、挖方的范围。

133

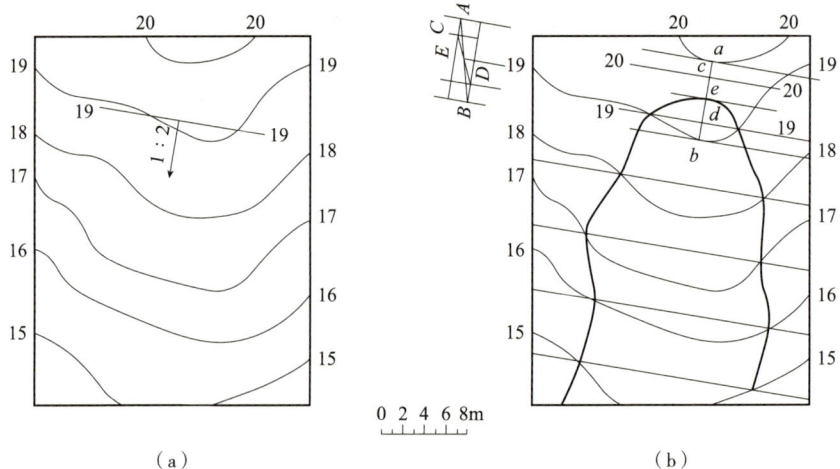

图 4-25　地形面与平面相交的标高投影

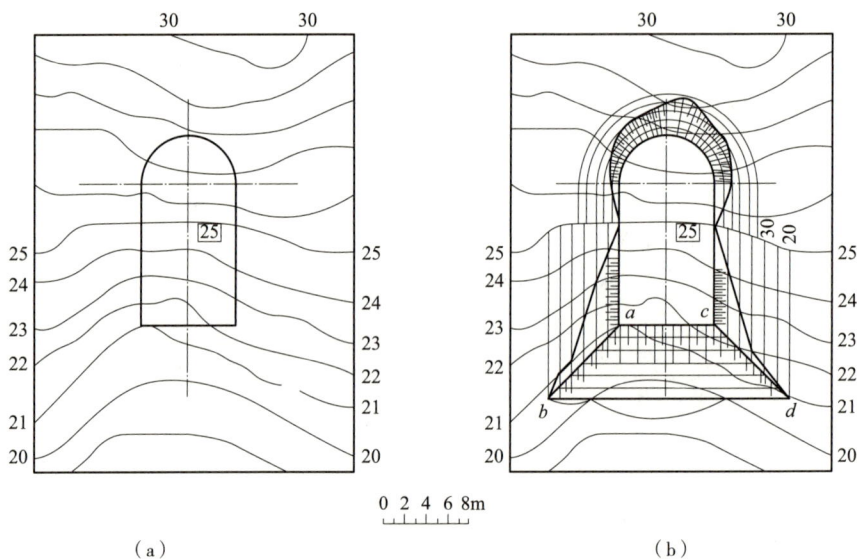

图 4-26　曲面与地形面交线的绘制

【解】因为场地平面的标高是 25m，所以等高线 25m 以上部分应挖土，等高线 25m 以下部分应填土。场地周围的填土和挖土坡面是从场地的周界开始的，在等高线 25m 以下有 3 个填土坡面，在等高线 25m 以上有 1 个倒圆锥挖方坡面和 2 个挖方坡面，各坡面和地形面的交线就是填挖方的范围，如图 4-26（b）所示的立体图。

（1）根据挖方坡度 $i=1：1$ 和填方坡度 $i=1：1.5$，作出挖方间距 $L=1mm$，填方间距 $L=3.5mm$；

（2）根据间距 L 作同心圆弧，得挖方倒圆锥面边坡的等高线 26m、27m、……、30m，同时，也作出倒圆锥面两侧的挖方坡面上的等高线 26m、27m、……、30m；又根据间距 1.5m 在 3 个填方坡面上各作一组平行的等高线 24m — 24m、23m — 23m、……、20m — 20m，并注上标高值；

（3）连接坡面与地形面同标高等高线的交点即为挖、填方范围；

（4）作相邻坡面的交线 ab、cd，得出作图结果。

作业页

班级：　　　　　　姓名：　　　　　　学号：

思考题

（1）什么是地面上的等高线？

（2）等高线上的数字由里到外逐渐减小，表示_____，反之，则表示_____。

（3）如果在图上_____，则表示该处地形坡度大，即陡；反之，则_____。

（4）怎么求平面与地形面的交线？

（5）怎么求曲面与地形面的交线？

课程思政

工程中，可以用地形的标高投影确定工程数量。工程数量即工程的实物数量，是以物理计量单位或自然计量单位所表示的各分项或子分项工程和构配件的数量。工程数量是以自然计量单位或物理计量单位表示的各分项工程或结构构件的数量，工程造价控制是基本建设的核心任务，正确快速地计算工程量是这一核心任务的首要工作。工程数量计算是编制工程预算的基础工作，具有工作量大、烦琐、费时、细致等特点，约占整个工程预算工作量的 50% ~ 70%，而且其精确度和快慢程度将直接影响预算的质量与速度。准确地复核工程数量，对于一名施工员来说是一种必须掌握的技能。工程数量复核是一项需要耐心、细心、责任心的精准工作，一个眼神的错过、一个数据的失误都会导致工程数量复核出错，因此在工作中，要培养细心、耐心、责任心。

轴测投影

知识目标：

1.了解轴测投影的分类；

2.了解绘制轴测图的注意事项；

3.掌握平面立体的正等测图的绘制方法；

4.掌握圆及曲面立体的正等测图的绘制方法；

5.掌握斜二测图的画法。

能力目标：

1.能够绘制平面立体的正等测图；

2.能够绘制圆及曲面立体的正等测图；

3.能够绘制斜二测图。

思政目标：

培养学生多角度观察问题的能力，可以先局部后整体，也可以先整体后局部，要学会用辩证的眼光去看问题，培养独立分析问题的能力。通过不断学习和积累，以提高自己认识问题和分析问题的能力。

任务 5.1　轴测投影概述

5.1.1　轴测投影的形成

三面正投影图（图 5-1a）的优点是能够完整、严格、准确地表达形体的形状和大小，其度量性好、作图简便，因此在工程技术领域中得到了广泛应用，但这种图缺乏立体感，须经过专业技术培训才能看懂。因此，在工程上常采用仍然按平行投影法绘制，但能同时反映出形体长、宽、高三度空间形象的富有立体感的单面投影图，来表达设计人员的意图。由于绘制这种投影图时是沿着形体的长、宽、高三个坐标轴的方向进行测量作图的，所以把这种图称为轴测投影图或轴测图（图 5-1b）。

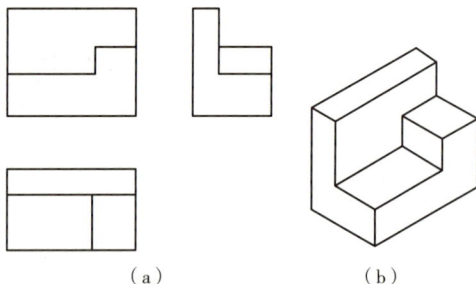

图 5-1　形体的三面正投影图及轴测投影图
（a）三面正投影图；（b）轴测投影图

观察图 5-1（b）可知，该图形能在一个投影面上同时反映出物体长、宽、高三个方向的尺寸，立体感较强。但同时也发现原本为正方形的三个表面均发生了变形，尺寸的测量性变差。绘制过程也变得比较麻烦，因此，在工程制图中，仅将其作为一种辅助图样。

轴测投影就是将空间形体及确定空间位置的直角坐标系，沿不平行于任一坐标面的方向，用平行投影法投射到一个投影面 P 上而得到图形的方法，该图形就是轴测图。若投射方向线与投影平面垂直，为正轴测投影法，所得图形称为正轴测图，如图 5-2（a）所示；若投射方向线与投影平面倾斜，为斜轴测投影法，所得图形称为斜轴测图，如图 5-2（b）所示。

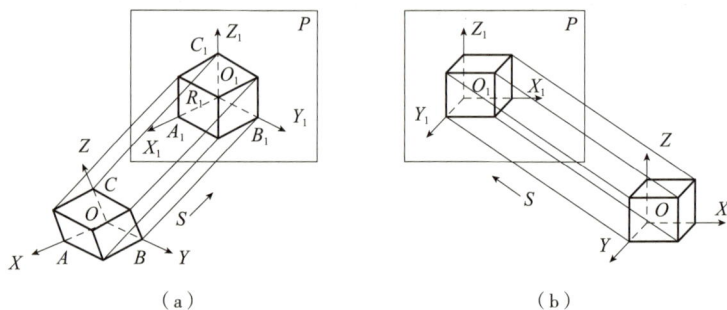

（a）　　　　　　　　　　（b）

图 5-2　轴测图的形成
（a）正轴测图；（b）斜轴测图

5.1.2　基本概念

（1）轴测投影面：得到轴测投影的单一投影面，即前述 P 平面。

（2）轴测投影轴：三个坐标轴 OX、OY、OZ 在轴测投影面 P 上的投影 O_1X_1、O_1Y_1、O_1Z_1，称为轴测投影轴，简称轴测轴，如图 5-2 所示。

（3）轴间角：两轴测轴之间的夹角称为轴间角，如图 5-2 中的 $\angle X_1O_1Y_1$、$\angle Y_1O_1Z_1$、$\angle Z_1O_1X_1$。

（4）轴向伸缩系数：轴测轴上的单位长度与相应坐标轴上的单位长度的比值，称为轴向伸缩系数。例如，设 p_1、q_1、r_1 分别为 O_1X_1、O_1Y_1、O_1Z_1 轴的轴向伸缩系数，于是有：

O_1X_1 轴的轴向伸缩系数：$p_1=O_1A_1/OA$；

O_1Y_1 轴的轴向伸缩系数：$q_1=O_1B_1/OB$；

O_1Z_1 轴的轴向伸缩系数：$r_1=O_1C_1/OC$。

轴间角和轴向伸缩系数是轴测投影中两个最基本的要素，不同类型的轴测图表现为不同的轴间角和轴向伸缩系数。

5.1.3　轴测投影的分类

如前所述，轴测投影分为正轴测投影和斜轴测投影两大类。每一类又根据轴间角和轴向伸缩系数的不同分为三种：

（1）正（斜）等轴测投影：三个轴向伸缩系数均相等，即 $p_1=q_1=r_1$。

（2）正（斜）二轴测投影：仅有两个轴向伸缩系数相等，如 $p_1=r_1 \neq q_1$。

（3）正（斜）三轴测投影：三个轴向伸缩系数均不相等，即 $p_1 \neq q_1 \neq r_1$。

工程上最常用的轴测投影是正等轴测投影、斜二轴测投影，正二轴测投影在某些场合中也有应用。

5.1.4　绘制轴测图的注意事项

（1）由于轴测投影为单面平行投影，所以它具有平行投影的特性，如：

平行性——空间相互平行的直线，其轴测投影仍相互平行。

定比性——若一点将空间一直线分为成一定比例的两段，在轴测投影中，该比例不变；空间两平行直线长度之比，在轴测投影中，该比例也不变。

从属性——空间属于某平面的线段，在轴测投影中仍属于该平面。

（2）空间与坐标轴平行的线段（可称为轴向线段），在轴测投影中，仍平行于相应的轴测轴，同时具有与该轴测轴相同的轴向伸缩系数，可直接绘制；而不平行于坐标轴的线段，其伸缩系数不能确定，因此，不能直接绘制。可先作出其两端点，再连接两端点得到。可见，"轴测"二字可理解为"沿轴测量"。

作业页

班级：　　　　　　　　姓名：　　　　　　　　学号：

（1）轴测投影是如何形成的？

（2）什么是轴测投影面？

（3）什么是轴测投影轴？

（4）什么是轴向伸缩系数？

（5）什么是轴间角？

（6）什么是轴向变化率？

（7）轴测投影是如何分类的？

（8）轴测投影的基本性质是什么？

任务 5.2　正等轴测图

正等轴测图是正轴测图中的一种。此时，投射方向线与 P 平面垂直，且 OX、OY、OZ 三个坐标轴均与 P 平面夹相同的角度，三个轴向伸缩系数均相等，常简称为正等测图或正等测。

码 5-2　正等
轴测图

5.2.1　正等测图的轴间角和轴向伸缩系数

正等测图中三个轴间角相等，均为 120°；三个轴向伸缩系数也相等，均为 0.82，为简化作图，常将轴向伸缩系数值取为 1，即 $p=q=r=1$，称为简化的轴向伸缩系数，如图 5-3 所示。

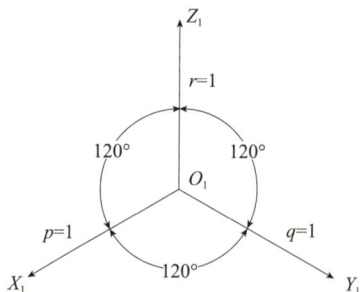

图 5-3　正等测图的轴间角及轴向伸缩系数

5.2.2　平面立体的正等测图

平面立体的正等测图一般均可通过 5.1 节中介绍的方法完成。下面通过具体实例加以说明。

1. 坐标法

根据形体表面各点间的坐标关系，画出各点的轴测投影，连接各相应点，便可得到形体的轴测投影图。坐标法是画轴测投影图的基本方法。

【例 5.1】绘制如图 5-4（a）所示正三棱柱的正等测图。

【解】建立如图 5-4（a）所示的坐标系；然后分别在 X_1 轴上截取 $O_1a_1=oa$，$O_1c_1=oc$，在 Y_1 轴上截取 $O_1b_1=ob$，依次连接 a_1、b_1、c_1 各点，得到正三棱柱上表面的正等测图，如图 5-4（b）所示；分别过 a_1、b_1、c_1 向下作 Z_1 轴的平行线，并依次截取棱柱高度 H，连接各截点，即可完成正三棱柱的正等测图，如图 5-4（c）所示；由于轴测图中一般不画虚线，所以常画成如图 5-4（d）所示的形式。

144

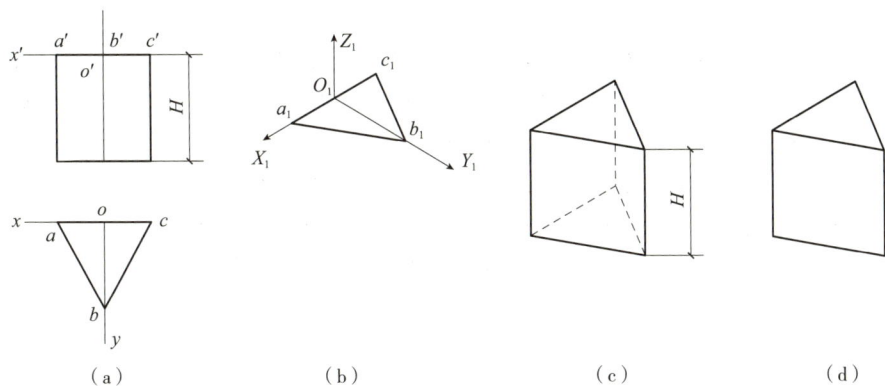

图 5-4　正三棱柱的正等测图

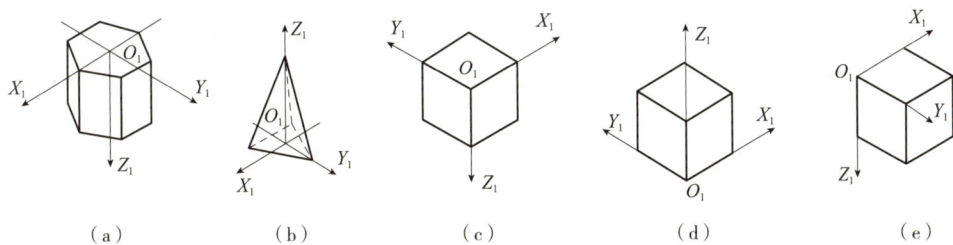

图 5-5　轴测轴的几种设置方法

　　绘制轴测图时，原点 O_1 可选在形体的任意位置，但为了作图方便，往往选择在形体的某一顶点或较易确定其余主要定位点处，如图 5-5 所示。

　　【例 5.2】绘制如图 5-6（a）所示形体的正等测图。

　　【解】分析可知，该形体为四棱台形物体，可建立如图 5-6（a）所示坐标系，再逐步确定出各顶点位置，作图步骤详见图 5-6（b）～（d）。

　　图 5-6 中未画出不可见轮廓线，但并不影响读图，所以轴测图中一般不画虚线。

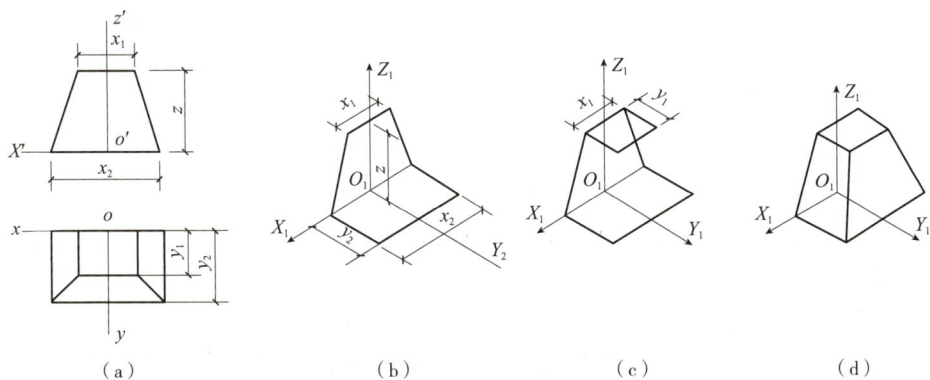

图 5-6　坐标法绘制正等测图

2.叠加法

绘制叠加类组合体的轴测图时，也采用形体分析法，将其分为几部分，然后根据各组成部分的相对位置关系及表面连接方式分别画出各部分的轴测图，进而完成整个形体的轴测图。

【例5.3】绘制如图5-7（a）所示台阶的正等测图。

【解】分析可知，该台阶由三部分组成，可采用叠加法绘制。首先可直接绘制出栏板，然后分别绘制两级踏步，经修整完成全图。绘制步骤详见图5-7（b）~（d）。

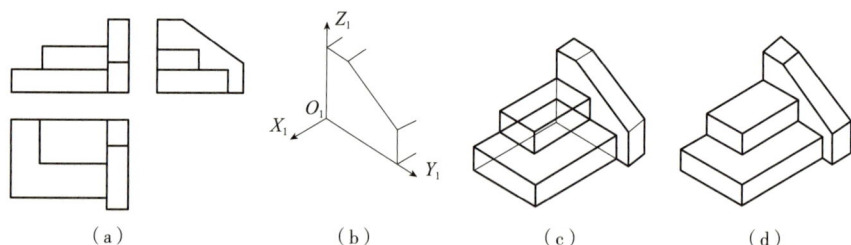

图5-7　台阶的正等测图

3.切割法

绘制切割类物体（一般由基本体，多为长方体切割而成），可先画出基本体的轴测图，再逐次切去各相应部分，便可得到所需形体的正等测图。

【例5.4】绘制如图5-8（a）所示形体的正等测图。

【解】分析可知，该形体为一切割类物体，可采用切割法绘制。绘制步骤详见图5-8（b）~（d）。

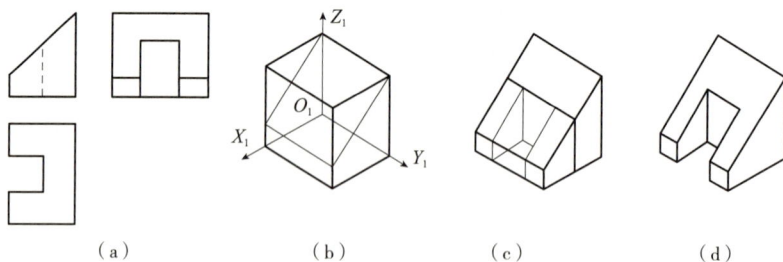

图5-8　切割体的正等测图

4.综合法

对于较复杂形体，可根据其特征，综合运用上述方法绘制其正等测图。

【例5.5】绘制如图5-9（a）所示形体的正等测图。

【解】分析可知，该形体为一较复杂组合体，应采用综合法绘制。可先绘制出底板，再用坐标法绘制出上部形体的基本体（该例题为四棱台），

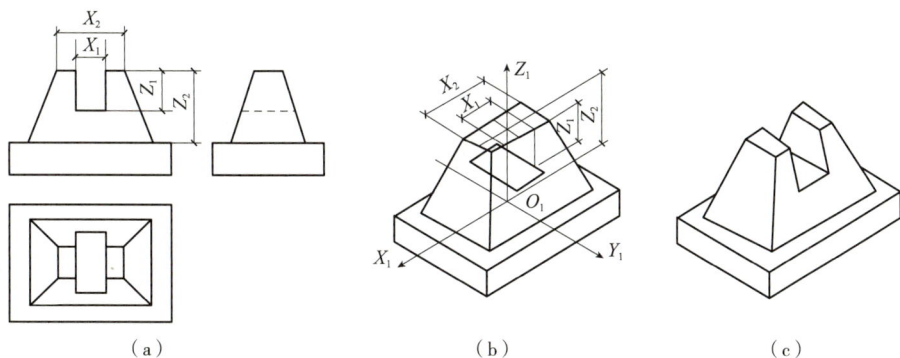

图 5-9　综合类形体的正等测图

并确定出矩形槽底面位置，如图 5-9（b）所示；最后切出矩形通槽，经修整，可完成全图，如图 5-9（c）所示。

5.2.3　圆及曲面立体的正等测图

1. 圆的正等测图

在正等测图中，因为形体的 3 个坐标面均与轴测投影面 P 倾斜，所以平行于任一坐标面的圆，其轴测投影均为椭圆。

下面以平行于水平面的圆为例，介绍其正等测图的常用画法——外切菱形法。该方法是一种用四段圆弧近似代替椭圆这个非圆曲线的近似画法。

建议初学者先绘制 1 个标有坐标轴的圆，并作出其外切正方形。如图 5-10（a）所示，可看出点 a、c 及点 b、d 分别位于 OX 及 OY 轴上；根据从属性可求得各点的轴测投影 a_1、b_1、c_1、d_1，依次连接可作出该外切正方形的正等测图，即为椭圆的外切菱形，菱形两对角点 1 和 2 就是四段圆弧中两段圆弧的圆心。另两圆心 3 和 4 可通过图 5-10（b）所示方法求得；分别以 1、2 为圆心，$1a_1$ 为半径，作圆弧 a_1b_1 和 c_1d_1，再以 3、4 为圆心，$3a_1$ 为半径，作圆弧 a_1d_1 和 b_1c_1 即可完成全图，如图 5-10（c）所示。

用同样的方法可绘制与正平面或侧平面平行的圆的正等测图，但需注意图 5-10（a）中 a、b、c、d 四点所在轴，外切正方形的四条边也应平行于相应轴。与各投影面平行的圆的正等测图可参见图 5-11。

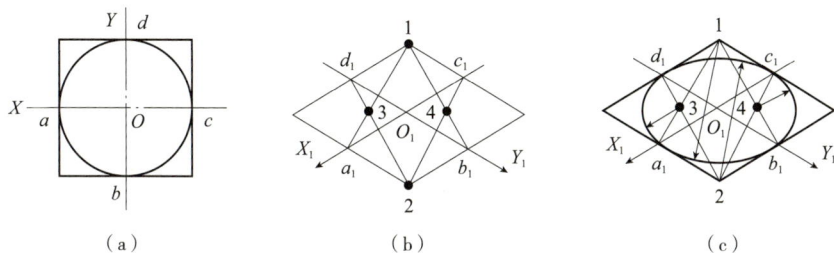

图 5-10　外切菱形法画椭圆

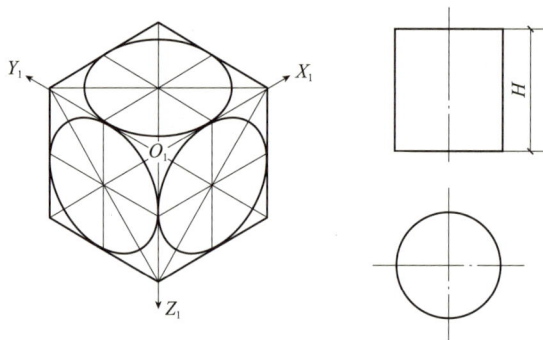

图 5-11　平行于不同投影面的圆的正等测图

2. 曲面立体的正等测图

【例 5.6】绘制如图 5-12（a）所示圆柱体的正等测图。

【解】先按外切菱形法作出圆柱体顶面圆的正等测图，然后用平移圆心法——即过 4 个圆心分别作 Z_1 轴的平行线，并依次截取圆柱高度 H，便可得到绘制底面椭圆的 4 个圆心，如图 5-12（b）所示；分别作出 4 段圆弧，完成底面椭圆（若将 a_1、b_1、c_1、d_1 四点也沿同一方向移动柱高 H，则可同时确定出 4 段圆弧的起点和终点，使作图更加准确）；最后作出两椭圆的外公切线，并擦去底面椭圆中两公切线之间的不可见部分，即可完成全图，如图 5-12（c）所示。

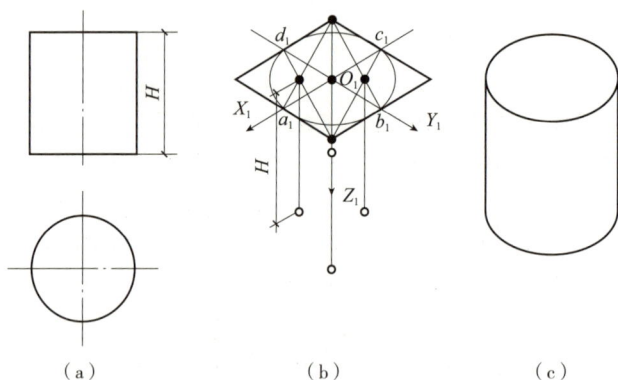

（a）　　　　　　（b）　　　　　　（c）
图 5-12　圆柱体的正等测图

若绘制竖放圆台的正等测图，可分别用外切菱形法作出顶、底两圆的正等测图及其外公切线，并擦去底面椭圆中两公切线之间的不可见部分。

班级：   姓名：   学号：

（1）正等测图的轴间角、轴向伸缩系数各是多少？

（2）试述绘制平面立体正等测图的坐标法。

（3）试述绘制平面立体正等测图的叠加法。

（4）试述绘制平面立体正等测图的切割法。

（5）试述绘制平面立体正等测图的综合法。

（6）圆的轴测投影是椭圆时，其常用作图方法有哪几种？

（7）绘制如图 5-13 所示带两圆角长方体的正等测图。

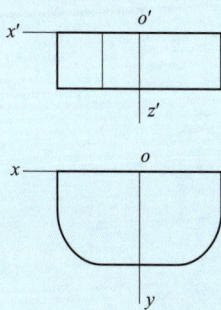

图 5-13　带两圆角长
　方体的正等测图

任务 5.3　斜二轴测图

5.3.1　斜二轴测图的轴间角和轴向伸缩系数

斜二轴测图是斜轴测图中的一种，常简称为斜二测图。绘制斜二轴测图一般使物体正放，主要端面平行于 P 平面，投射方向线与 P 面倾斜。

绘制斜二轴测图，常以正立投影面或其平行面作为轴测投影面，所得图形称为正面斜二轴测图。此时，轴测轴 O_1X_1 及 O_1Z_1 方向不变，仍分别沿水平及竖直方向，其轴向伸缩系数 $p_1=r_1=1$；O_1Y_1 轴与 O_1X_1 轴的夹角一般为 45°，轴向伸缩系数 $q_1=0.5$，如图 5-14 所示。图中列出了原点位于形体两个不同位置的情况，根据具体情况，还可将三轴测轴任意反向，读者可在绘图过程中慢慢体会。

码 5-3　斜二轴测图

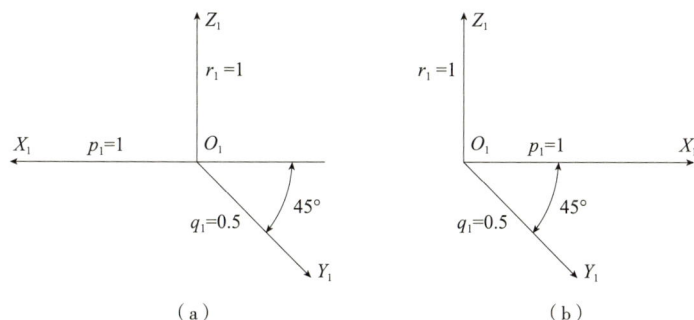

图 5-14　正面斜二轴测图的轴间角及轴向伸缩系数

5.3.2　斜二测图的画法

由上述分析可知，在正面斜二测图中，形体的正面形状保持不变，因此，可先绘制其正面的真实形状，再分别由各相应点作 O_1Y_1 轴的平行线，并截取形体的宽度（为实际宽度的 0.5 倍），连接各对应点即可。

1. 圆的正面斜二测画法

当曲面体中的圆形平行于由 OX 轴和 OZ 轴决定的坐标面（轴测投影面）时，其轴测投影仍然是圆。当圆平行于其他两个坐标面时，其轴测投影将变成椭圆，如图 5-15 所示。对出现椭圆的轴测图形，作图时采用"八点法"绘制椭圆，如图 5-16 所示。

（1）在正投影图中，把圆心作为坐标原点，直径 AC 和 BD 分别在 OX 轴和 OY 轴上，作圆的外切四边形 $EFGH$，切点分别为 A、B、C、D，将对角线连接与圆周交于 1、2、3、4。以 HD 为直角三角形斜边作 45° 直角三角形 HMD，再以 D 为圆心，以 DM 为半径作圆弧和 HG 交于 N 点，过

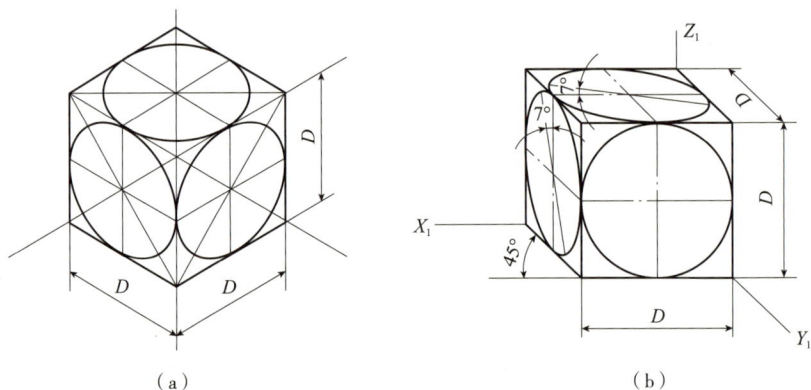

图 5-15　3个方向圆的轴测图

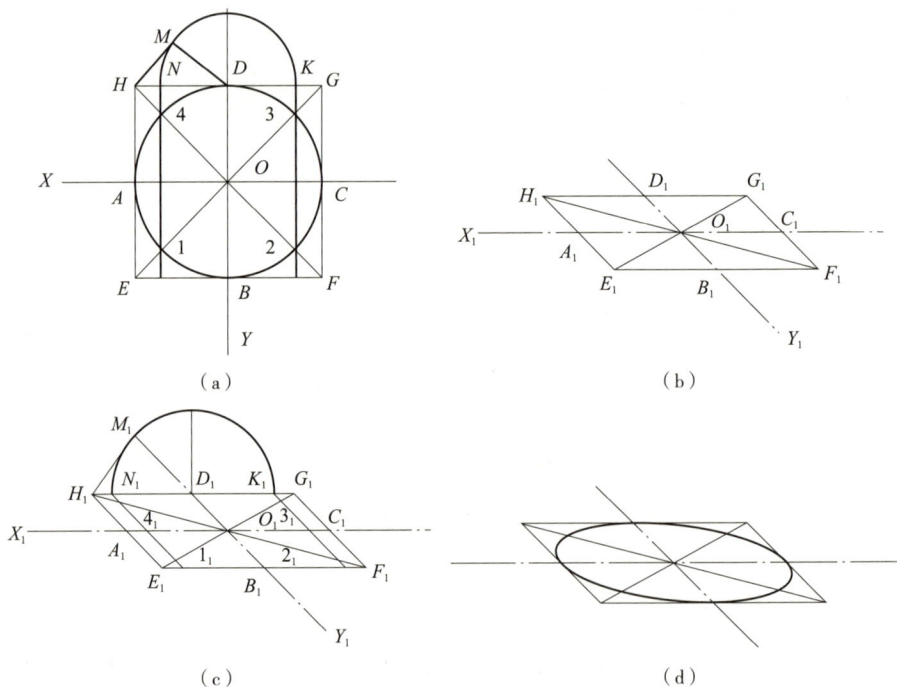

图 5-16　"八点法"作椭圆

N作HE平行线与对角线交于1、4，利用平面的对称性求出2、3，如图5-16（a）所示。

（2）作轴测轴O_1X_1、O_1Y_1，并在其上取A_1、B_1、C_1、D_1四点，使得$A_1O_1=O_1C_1=AO$，$B_1O_1=D_1O_1=BO/2$（按斜二测作图），过A_1、B_1、C_1、D_1四点分别作O_1X_1轴、O_1Y_1轴的平行线，四线相交围成平行四边形$E_1F_1G_1H_1$，该平行四边形即为圆外切四边形的正面斜二测图，A_1、B_1、C_1、D_1四点为切点，如图5-16（b）所示。

（3）以H_1D_1为斜边，作等腰直角三角形$H_1M_1D_1$，以D_1为圆心，D_1M_1为半径作弧，交H_1G_1于N_1、K_1，过N_1、K_1作E_1H_1的平行线与对角

线交于 1_1、2_1、3_1、4_1，如图 5-16（c）所示。

（4）依次用曲线板将 A_1、1_1、B_1、2_1、C_1、3_1、D_1、4_1、A_1 连接起来，即得圆的斜二测图，如图 5-16（d）所示。

2．曲面立体的正面斜二测画法

【例 5.7】绘制如图 5-17（a）所示挡土墙的斜二测图。

【解】分析可知，底板 A 与立板 B 宽度相等，且表面平齐，可先画出该两部分的正面形状，然后过各相应点作 O_1Y_1 轴的平行线，并截取宽度的一半，如图 5-17（b）所示；连接各对应点，完成 A、B 两部分的斜二测图；再根据两面投影图，确定加强筋板 C 的位置及其上各转折点的位置，如图 5-17（c）所示；最后应连线、整理，完成全图，如图 5-17（d）所示。

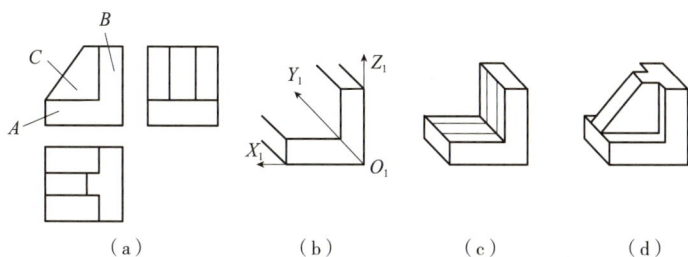

图 5-17 挡土墙的斜二测图

【例 5.8】绘制如图 5-18（a）所示横放圆柱筒的斜二测图。

【解】由于该圆柱筒的端面为正平面，所以其斜二测投影不变形，仍为两同心圆，可直接画出其前端面的斜二测投影，并将圆心 O_1 沿 Y_1 轴截取柱高的一半，得到后端面的圆心 O_2，如图 5-18（b）所示；然后以 O_2 为圆心分别作出后端面两圆，两圆因柱高的不同可能会不完整，只需画出可见部分，如图 5-18（c）所示；最后作出前、后两外圆的外公切线，并加以整理，完成全图，如图 5-18（d）所示。

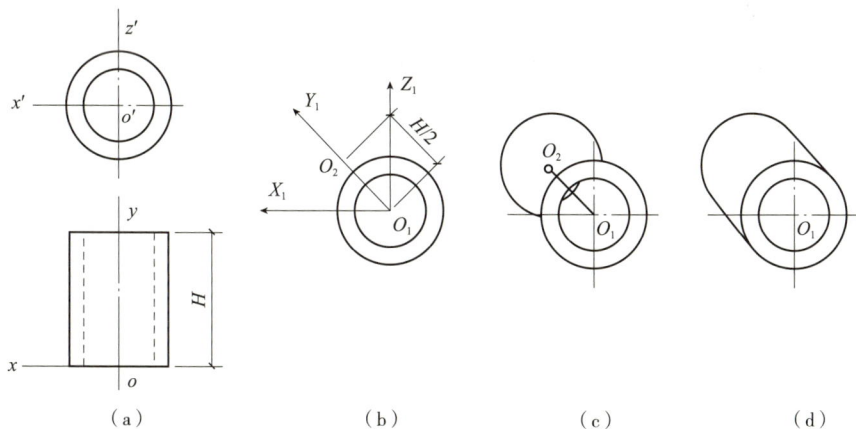

图 5-18 横放圆柱筒的斜二测图

作业页

班级：   姓名：   学号：

📄 **思考题**

（1）什么是斜二测图？

（2）斜二测的轴间角、轴向伸缩系数各是多少？

（3）怎样绘制斜二测图？

（4）对于出现椭圆的轴测图形，可以采用_____绘制椭圆。

（5）绘制如图 5-19 所示带回转面形体的斜二测图。

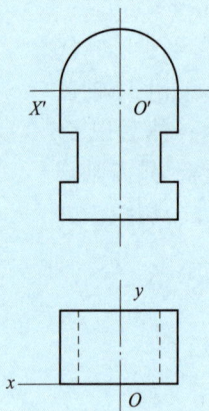

图 5-19 带回转面
形体的斜二测图

课程思政

　　绘制叠加类组合体的轴测图时，也采用形体分析法，将其分为几部分，然后根据各组成部分的相对位置关系及表面连接方式分别画出各部分的轴测图，进而完成整个形体的轴测图。绘制切割类物体（一般由基本体，多为长方体切割而成），可先画出基本体的轴测图，再逐次切去各相应部分，便可得到所需形体的轴测图。

　　通过平面立体轴测图的学习，培养多角度观察问题的能力，可以先局部后整体，也可以先整体后局部，要学会用辩证的眼光去看问题，培养独立分析问题的能力。通过不断学习和积累，以提高自己认识问题和分析问题的能力。

道路工程图识读

知识目标：

1. 掌握道路平面图的基本内容；
2. 掌握道路纵断面图的基本内容；
3. 掌握道路横断面图的基本内容；
4. 掌握道路排水系统的平面布置图和剖面图的基本内容；
5. 掌握水泥混凝土路面和沥青混凝土路面以及路面结构施工图的基本内容；
6. 掌握挡土墙的类型和识读挡土墙的构造图。

能力目标：

1. 能够正确地识读道路路线平面、纵断面、横断面施工图；
2. 能够正确地识读道路排水系统施工图；
3. 能够正确地识读挡土墙构造及布置图。

思政目标：

了解中国道路文化、传承文化，及改革开放对中国道路的影响，培养民族自豪感、科学精神。

码 6-1 认识
道路

码 6-2 直线

码 6-3 圆曲线

码 6-4 缓和
曲线

道路是一种供车辆行驶和行人步行的带状构筑物，其基本组成包括路基、路面、桥梁、涵洞、隧道、防护工程和排水设施等。道路由起点、终点和一些中间控制点相连接。使路线在平面、纵断面上发生方向转折的点称为路线在平面、纵断面上的控制点，是道路线形测量的重要依据。

道路根据它们不同的组成和功能特点，可分为公路和城市道路两种。位于城市郊区和城市以外的道路称为公路；位于城市范围以内的道路称为城市道路。

道路路线是指道路沿长度方向的行车道中心线。道路路线的线形由于地形、地物和地质条件的限制，在平面上是由直线和曲线段组成，在纵断面上是由平坡和上下坡段及竖曲线组成。因此从整体上来看，道路路线是一条空间曲线。

城市道路线形设计，是在城市道路网规划的基础上进行的。根据道路网规划已大致确定的道路走向、路与路之间的方位关系，以道路中心为准，按照行车技术要求，详细的地形、地物资料及工程地质条件，确定道路红线范围内平面上的直线、曲线路段以及它们之间的衔接，具体确定交叉口的形式，桥涵中心线的位置，以及公共交通停靠站台的位置与部署等。

道路工程具有组成复杂、长宽高三向尺寸相差大、形状受地形影响大和涉及学科广的特点，道路工程图的图示方法与一般工程图不同，它是以地形图作为平面图，以纵向展开断面图作为立面图，以横断面图作为侧面图，并且大都各自画在单独的图纸上。利用这三种工程图来表达道路的空间位置、线形和尺寸，如图 6-1 所示。

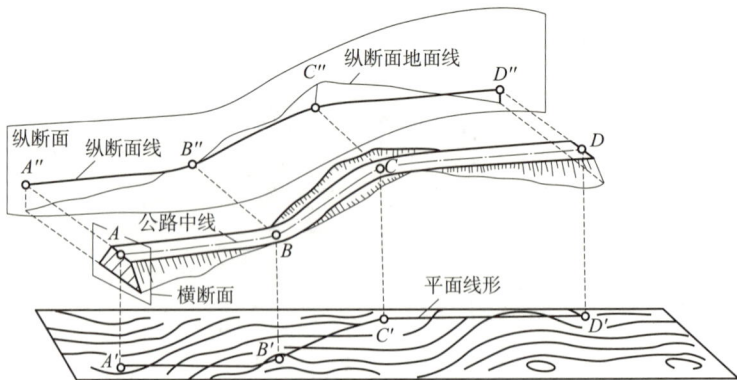

图 6-1 路线空间图

6.1.1　平面线形组合

道路平面线形由直线、圆曲线、缓和曲线三个几何要素组成，为适应不同的地形条件，可以组成各种不同的组合线形。一般情况下平面线形有 8 种基本组合，即基本型、S 型、复曲型、卵型、复合型、凸型、C 型和回头曲线型。

1. 基本型

按直线—缓和曲线—圆曲线—缓和曲线—直线的顺序组合而成的线形称为基本型，如图 6-2 所示。当两缓和曲线的参数相等，即 $A_1=A_2$ 时，称为对称基本型；当 $A_1 \neq A_2$ 时，称为非对称基本型。A 值的选择以缓和曲线的长度：圆曲线的长度：缓和曲线的长度接近 1：1：1 为宜，还要注意满足基本几何条件是路线转角 $\alpha \geqslant 2\beta_0$（缓和曲线切线角）。

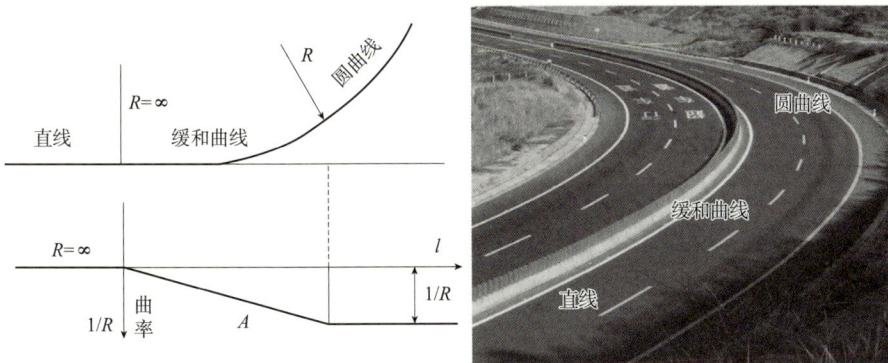

图 6-2　基本型

2. S 型

S 型即用缓和曲线连接两条反向圆曲线的组合形式，如图 6-3 所示。相邻两个缓和曲线参数 A_1 和 A_2 宜相等，若采用不同的参数时，应符合 $A_1 : A_2 \leqslant 1.5$；两个反向缓和曲线以径相连接为宜；必须插入短直线时，应符合下式要求：

$$L \leqslant \frac{A_1+A_2}{40} \qquad (6-1)$$

式中　L——直线长度，m。

S 型的两圆曲线半径之比不宜过大，一般在 1/3~1 的范围内。

3. 复曲型

复曲型线形即两个或两个以上半径不同、转向相同的圆曲线径向连接或插入缓和的曲线。

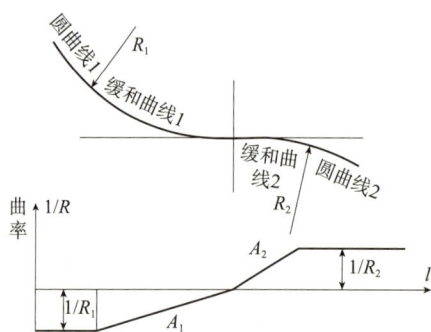

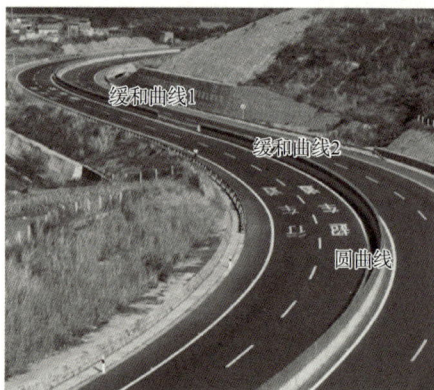

图6-3 S型

（1）两端未设置缓和曲线的圆曲线直接相连接

组合形式：直线—圆曲线（R_1）—圆曲线（R_2）—直线，如图6-4所示。

（2）两端设置缓和曲线的圆曲线直接相连接

组合形式：直线—缓和曲线（A_1）—圆曲线（R_1）—圆曲线（R_2）—缓和曲线（A_2）—直线，如图6-5所示。

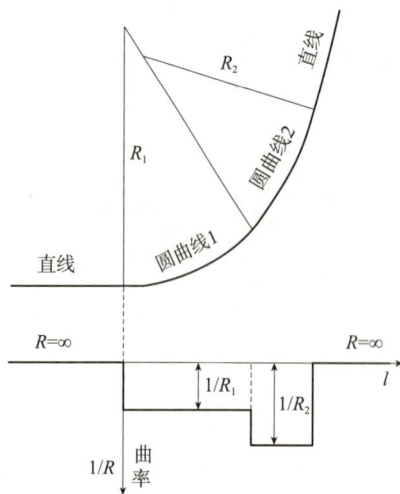

图6-4 两端未设缓和曲线的复曲型线形

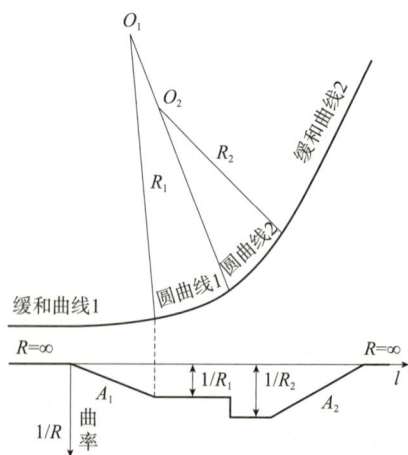

图6-5 两端设缓和曲线的复曲型线形

4.卵型

用一个缓和曲线连接两个同向圆曲线的组合的平面线形称为卵型。

组合形式：圆曲线（R_1）—缓和曲线—圆曲线（R_2），如图6-6所示。

5.复合型

复合型即两个及两个以上的同向缓和曲线，在曲率相等处径向连接，如图6-7所示。两个缓和曲线参数之比以小于1∶1.5为宜。除受地形或其他特殊原因限制外（互通式立体交叉除外），一般很少采用复合型线形。

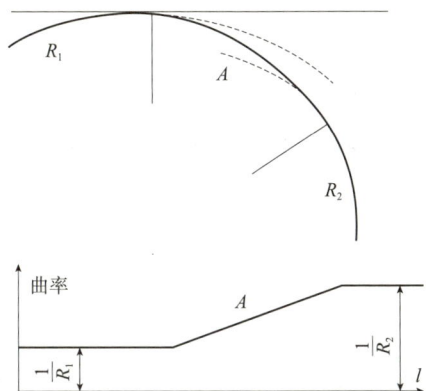

图 6-6 卵型

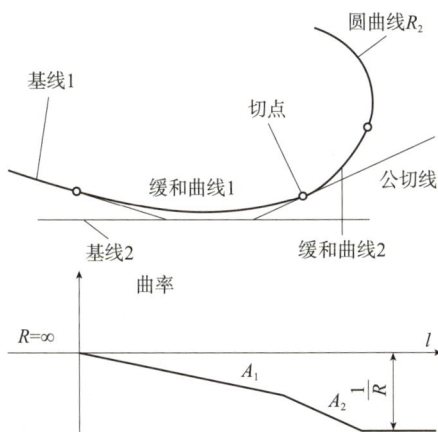

图 6-7 复合型

6. 凸型

凸型即两同向缓和曲线间不插入圆曲线而径向衔接的组合形式，如图 6-8 所示，缓和曲线最小参数及其衔接点处的最小半径值，应符合容许最小 A 值和圆曲线一般最小半径的规定。一般情况下，最好不采用凸型线形，只有在地形条件受限的山嘴或特殊困难情况下才采用该线形。

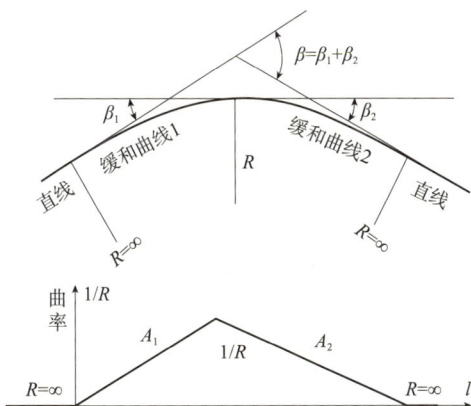

图 6-8 凸型

7. C 型

两同向缓和曲线在曲率为零处径向连接的组合线形（即连接处曲率为 0，$R=\infty$），称为 C 型线形。如图 6-9 所示，这种线形对行车不利，C 型线形只有在特殊地形条件下才会采用，两个缓和曲线的参数值既可相等，也可不等。

8. 回头曲线型

当路线起点、终点位于同一很陡的山坡面，为了克服高差过大，一方面要顺山坡逐步展线；另一方面又需一次或多次地将路线折回到原来的方向，形成"之"字形路线。这种顺地势反复盘旋而上的展线，路线平面转折角大于或接近 180° 的曲线称为回头曲线，如图 6-10 所示。

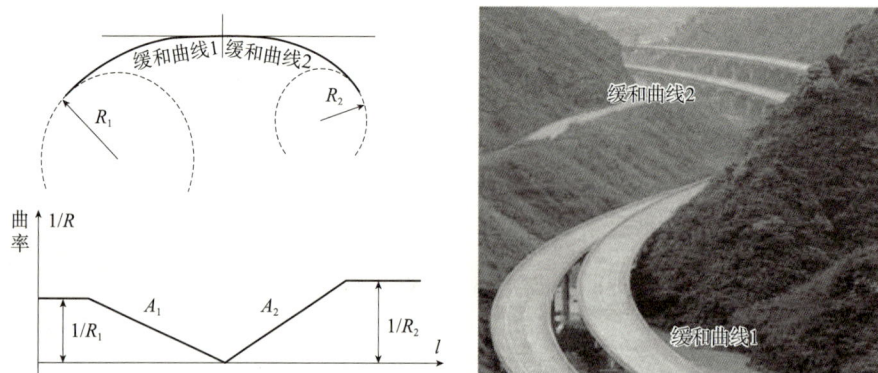

图 6-9　C型

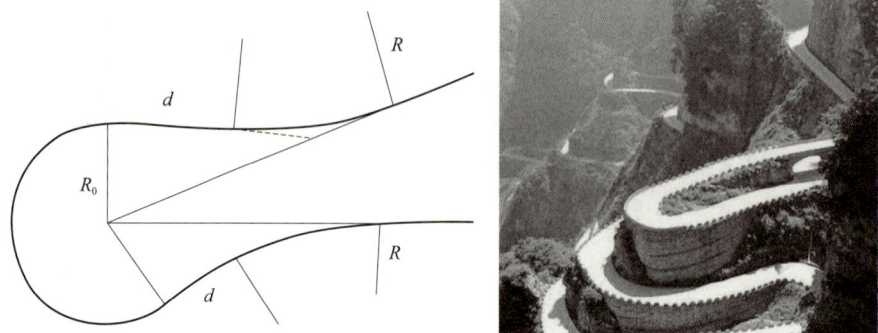

图 6-10　回头曲线型

两相邻回头曲线之间，应有较长的距离。由一个回头曲线的终点至下一个回头曲线起点的距离，设计速度为 40km/h、30km/h 和 20km/h 时，分别不应小于 200m、150m 和 100m。回头曲线各部分的技术指标规定如表 6-1 所示，设计速度为 40km/h 的道路根据地形条件可选用 35km/h 或 30km/h 的回头曲线设计速度。回头曲线前后的线形应连续、均匀、通视良好，两端以布设过渡性曲线为宜，且设置限速标志、交通安全设施等。

回头曲线技术指标				表 6-1
主线设计速度（km/h）	40		30	20
回头曲线设计速度（km/h）	35	30	25	20
圆曲线最小半径（m）	40	30	20	15
缓和曲线最小长度（m）	35	30	25	20
超高横坡度（%）	6	6	6	6
双车道路面加宽值（m）	2.5	2.5	2.5	3.0
最大纵坡（%）	3.5	3.5	4.0	4.5

6.1.2 道路工程平面图识读与绘制

1.道路工程平面图识读

（1）直线、曲线及转角一览表

"直线、曲线及转角一览表"反映路线的平面位置和路线平面线形的各项指标，它是道路平面施工图的主要成果之一，如表 6-2 所示，完成该表后才能计算"逐桩坐标表"和绘制"路线平面图"，同时在道路的纵、横断面和其他构造物设计时都要用表中数据。

（2）逐桩坐标表

高速、一级公路的线形指标高，在测设和放线时需采用坐标法才能保证测设精度。所以道路平面施工图必须提供一份"逐桩坐标表"，如表 6-3 所示。

（3）识读路线平面图

路线平面图主要用于表达路线的走向和平面线形（直线和左、右弯道曲线），沿路线两侧一定范围内的地形（如山丘、平地、河流等）、地物（如村镇、房屋、耕地、果园等）情况。将路线画在地形图上，用等高线表示地形，用图例表示地物的图，如图 6-11 所示，识读平面图主要侧重两方面：地形部分和路线部分。

1）地形部分

地形部分是指路线平面图中包括道路中线在内的有一定宽度的带状地形。

①比例尺

为了使图样表达得清晰合理，不同的地形平面图采用不同的比例：工程可行性研究采用1：10000的比例尺；初步设计、施工图设计用1：2000的比例尺；在地形复杂地段的路线初步设计、施工图设计可采用1：500或1：1000的比例尺。

测绘范围：路线带状地形图的测绘宽度，一般公路中线两侧各100~200m；对1：5000的地形图，测绘宽度每侧应不小于250m；城市道路在建成区一般要求宜超出红线范围两侧各约20m，其他情况为道路中线两侧各50~150m。

码6-5 道路工程平面图识读

码6-6 城市道路工程平面图识读

码6-7 道路工程平面图绘制

163

表 6-2

直线、曲线及转角一览表

交点号	交点坐标 N(X)	交点坐标 E(Y)	交点桩号	转角值	半径	缓和曲线长度	缓和曲线参数	切线长度	曲线长度	外距	校正值	第一缓和曲线起点	第一缓和曲线终点或圆曲线起点	曲线中点	第二缓和曲线起点或圆曲线终点	第二缓和曲线终点	直线段长(m)	交点间距(m)	计算方位角	备注
1	2	3	4	5	6	7	8	9	10	11	12	13	14	15	16	17	18	19	20	21
JD12	3182330.75	501167.94	K6+103.342																	
JD13	3182540.29	499405.58	K7+961.804	52°44'06.3"(Z)	1000.000	200.00	447.21	596.49	1120.40	117.98	72.58	K7+365.313	K7+565.313	K7+925.514	K8+285.714	K8+485.714	782.52	1774.77	276°46'49.7"	
JD14	3181835.38	498723.78	K8+869.914	17°13'41.5"(Z)	2536.18			384.20	762.60	28.94	5.80		K8+485.714	K8+867.014	K9+248.315		0.00	980.69	224°02'43.5"	
JD15	3180802.04	498201.41	K10+021.985	25°27'10.8"(Y)	480.00	130.00	249.80	173.70	343.23	13.59	4.16	K9+848.287	K9+978.287	K10+019.905	K10+061.522	K10+191.522	599.97	1157.87	206°49'02"	
JD16	3180448.9	497744.99	K10+594.912	28°24'31.7"(Z)	718.32	120.00	293.60	242.02	476.16	23.52	7.88	K10+352.893	K10+472.893	K10+590.974	K10+709.056	K10+829.056	161.37	577.09	232°16'12.8"	
JD17	3179990.58	497542.26	K11+088.184	27°52'01.1"(Y)	842.47	100.00	290.25	259.13	509.75	26.05	8.51	K10+829.056	K10+929.056	K11+083.931	K11+238.806	K11+338.806	0.00	501.15	203°51'41.1"	
JD18	3179717.82	497196.53	K11+520.047	29°09'11.5"(Z)	445.60	130.00	240.68	181.24	356.73	16.45	5.75	K11+338.806	K11+468.806	K11+517.172	K11+565.538	K11+695.538	0.00	440.37	231°43'42.2"	
JD19	3179365.24	497049.94	K11+896.141	49°10'50"(Y)	260.00	160.00	203.96	200.60	383.17	30.43	18.03	K11+695.538	K11+855.538	K11+887.125	K11+918.712	K12+078.712	0.00	381.84	202°34'30.6"	
JD20	3179167.29	496449.45	K12+510.381	29°00'04.5"(Z)	450.00	130.00	241.87	181.74	357.78	16.42	5.71	K12+328.639	K12+458.639	K12+507.527	K12+556.414	K12+686.414	249.93	632.27	251°45'20.6"	
JD21	3178616.75	495940.46	K13+254.457	21°04'44.9"(Y)	478.14	130.00	249.32	154.19	305.91	9.70	2.48	K13+100.264	K13+230.264	K13+253.218	K13+276.171	K13+406.171	413.85	749.79	222°45'16.1"	
JD22	3178204.85	495776.75	K13+695.219	29°44'29.7"(Y)	861.94	120.00	321.61	289.05	567.42	30.59	10.68	K13+406.171	K13+526.171	K13+689.881	K13+853.592	K13+973.592	0.00	443.24	201°40'31.2"	
JD23	3177778.07	495241.82	K14+368.857	79°36'50.2"(Y)	375.61	160.00	245.15	395.27	681.92	117.02	108.61	K13+973.592	K14+133.592	K14+314.551	K14+495.510	K14+655.510	0.00	684.31	231°25'00.8"	
JD24	3178165.73	494796.36	K14+850.757	40°04'21.8"(Z)	298.92	170.00	225.42	195.25	379.06	23.53	11.43	K14+655.510	K14+825.510	K14+845.040	K14+864.571	K15+034.571	0.00	590.51	311°01'51"	
JD25	3178168.99	494601.14	K15+034.571														0.00	195.25	270°57'29.2"	

逐桩坐标表　　　　表 6-3

桩号	坐标（m）		方向角（°′″）	桩号	坐标（m）		方向角（°′″）
	X	Y			X	Y	
K1+500.00	40 632.336	90 840.861	116 46 33	K2+140.00	40 471.158	91 436.529	82 14 27
K1+540.00	40 614.316	90 876.572	116 46 33	K2+160.00	40 473.858	91 456.346	82 14 27
K1+570.00	40 600.801	90 903.355	116 46 33	K2+180.00	40 476.558	91 476.163	82 14 27
K1+600.00	40 587.286	90 930.139	116 46 33	K2+200.00	40 479.258	91 495.980	82 14 27
K1+630.33	40 573.623	90 957.216	116 46 33	K2+220.00	40 481.959	91 515.797	82 14 27
K1+669.00	40 556.202	90 991.740	116 46 33	K2+240.00	40 484.659	91 535.613	82 14 27
K1+680.00	40 551.246	91 001.561	116 46 33	K2+260.00	40 487.359	91 555.430	82 14 27
K1+700.00	40 542.236	91 019.416	116 46 33	K2+280.00	40 490.059	91 575.247	82 14 27
K1+720.00	40 533.226	91 037.272	116 46 33	K2+300.00	40 492.759	91 595.064	82 14 27
K1+750.00	40 519.711	91 064.055	116 46 33	ZH+315.89	40 494.905	91 610.809	82 14 27
K1+780.00	40 506.196	91 090.838	116 46 33	K2+340.00	40 497.902	91 634.730	84 05 27
K1+800.00	40 497.186	91 108.694	116 46 33	HY+360.89	40 499.302	91 655.568	88 41 09
K1+820.00	40 488.176	91 126.549	116 46 33	K2+380.00	40 498.828	91 674.665	94 09 37
K1+840.00	40 479.166	91 144.405	116 46 33	K2+400.00	40 496.383	91 694.506	99 53 24
ZH+856.33	40 471.593	91 159412	116 46 33	K2+420.00	40 491.969	91 714.005	105 37 10
K1+870.00	40 465.708	91 171.216	115 56 42	K2+440.00	40 485.631	91 732.965	111 20 57
HY+896.81	40 455.191	91 195.860	109 08 10	K2+460.00	40 477.431	91 751.198	117 04 43
K1+900.00	40 454.177	91 198.885	107 55 03	QZ+476.08	40 469.544	91 765.206	121 41 07
QZ+922.01	40 448.963	91 220.253	99 30 30	K2+500.00	40 455.794	91 784.761	128 32 16
K1+940.00	40 447.061	91 238.126	92 38 19	K2+520.00	40 442.573	91 799.757	134 16 03
YH+947.00	40 446.902	91 245.344	89 52 51	K2+540.00	40 427.920	91 813.357	139 59 49
K1+960.00	40 447.413	91 258.112	85 46 44	K2+560.00	40 411.983	91 825.427	145 43 36
K1+980.00	40 449.567	91 277.993	82 29 23	K2+580.00	40 394.921	91 835.845	151 27 22
HZ+987.22	40 450.531	91 285.148	82 14 27	YH+591.27	40 384.875	91 840.947	154 41 05
K2+000.00	40 452.257	91 297.811	82 14 27	K2+600.00	40 376.910	91 844.518	156 56 35
K2+010.00	40 453.607	91 307.719	82 14 27	K2+620.00	40 358.262	91 851.740	160 17 15
K2+030.00	40 456.307	91 327.536	82 14 27	GQ+636.27	40 342.893	91 857.077	161 07 48
K2+050.00	40 459.007	91 347.353	82 14 27	K2+650.00	40 329.916	91 861.563	160 31 48
K2+070.00	40 461.707	91 367.170	82 14 27	K2+670.00	40 311.219	91 868.655	157 30 02
K2+100.00	40 465.757	91 396.895	82 14 27	K2+700.00	40 284.324	91 881.898	149 57 30
K2+120.00	40 468.458	91 416.712	82 14 27				

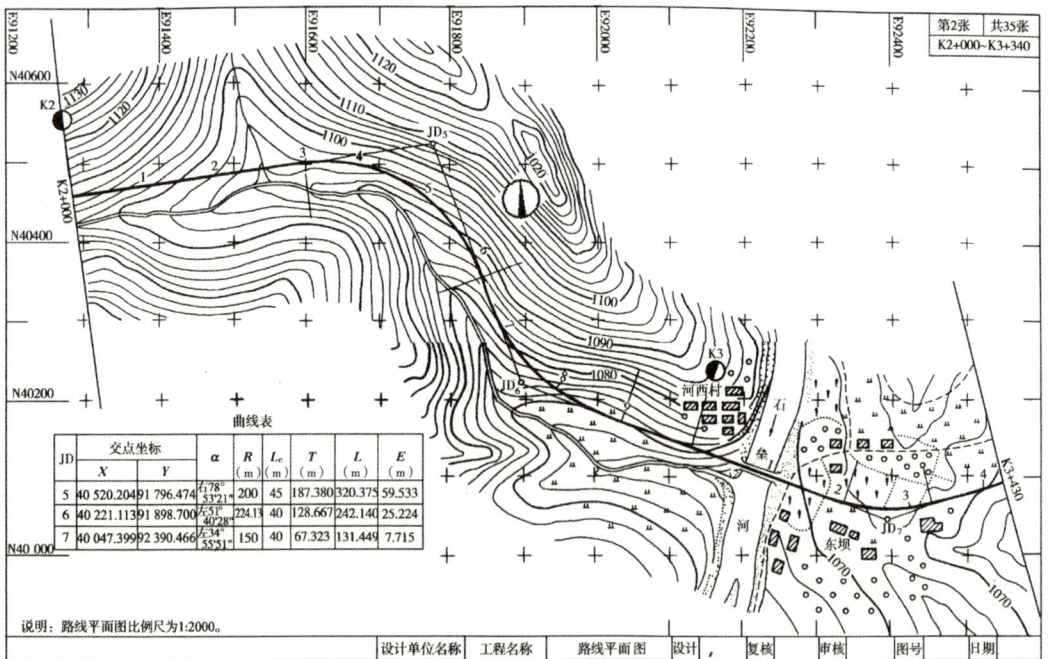

图 6-11　路线平面图

②位置与方向

为了表示路线所在地区的方位和路线的走向，也为了在拼接图纸时提供核对的依据，在路线平面图上应画出指北针或坐标网。

指北针在图上是用"⊘"符号表示的，箭头所指方向为正北方向。

符号"$\frac{X=3000}{Y=2000}$"表示两垂直线的交点坐标，在坐标网原点以北3000m，原点以东2000m。道路平面图用坐标网表示法。

③等高线

等高线是把地面上相同高度的点按顺序连接而成的闭合曲线，如图 6-12 所示。道路平面图中地形起伏的情况主要用等高线地形图来表示，地形是地面的各种起伏、曲折形态的总称。

④图例

地物是指地上的自然物和建筑物，如河流、房屋、道路、桥梁、输电线、植被等，路线平面图中的地物都是按国家标准绘制的。道路工程图常用地物图例来表示地物。图例是集中于地图一角或一侧的地图上各种符号和颜色所代表内容与指标的说明，如表 6-4~ 表 6-6 所示。

路线平面图的内容包括：地形、地物、路线位置及桩号、断链、平曲线主要桩位与其他主要交通路线的关系、县以上境界、标注水准点、导线点及坐标网格或指北针、特大桥、大桥、中桥、隧道、路线交叉位置等，图中还应列出曲线表，如图 6-11 所示。

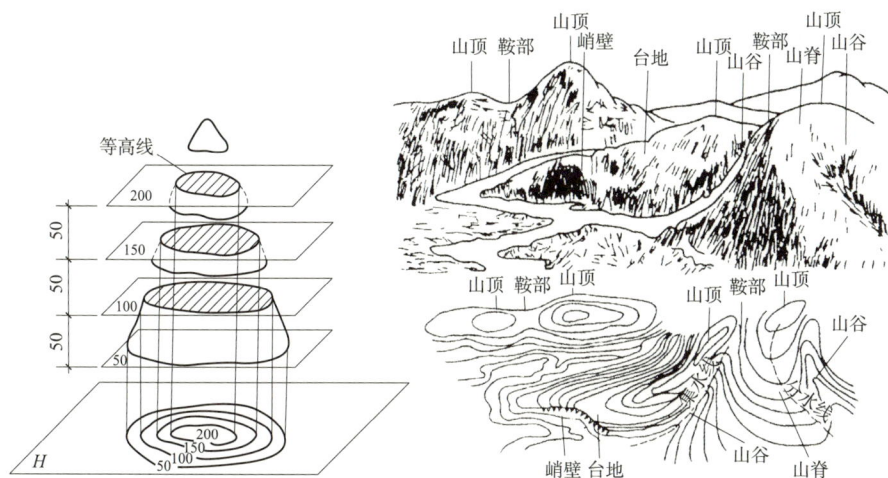

图 6-12　典型地形在地形图上的特征（单位：m）

2）路线部分

①设计路线

在道路平面图中，沿道路中心线画一条粗实线来表示公路，如图 6-11 所示。

②里程桩

里程桩是表示该桩号到路线起点之间的水平距离。道路路线的总长度和各段之间的长度用里程桩号表示。里程桩号应从路线的起点至终点、由小到大依次编号，并规定在平面图中路线的前进方向是从左向右的。

◑ 表示公里桩，从左至右标数字 1~9，数字写在圆圈顶部，字头朝上。

③平曲线及曲线要素

路线平面图是由直线段和曲线段组成，在路线平面图中，路线转折处应标注交点代号并依次编号，例如 JD$_5$ 表示第 5 个交点，在交点处应设置平曲线，应标注曲线（ZY）、（QZ）、（ZD）或者（ZH）、（HY）、（QZ）、（YH）、（HZ）。曲线要素表包括 JD 的坐标值（X，Y）或者（N，E）；转折角，$\alpha_左$或 $\alpha_右$ 表示路线按前进方向向左或向右转的角度；圆曲线半径 R；缓和曲线长 L_c，是指直缓点与缓圆点之间的弧线长度；切线长 T，是指切点与交点之间的长度；外距 E，是指曲线中点到交点之间的距离；曲线长 L，是指圆曲线两个切点之间的弧线长度，如图 6-11 所示。

④控制标高的水准点

水准点（BM）是在高程控制网中用水平测量的方法测定其高程的控制点，如图 6-13 所示。

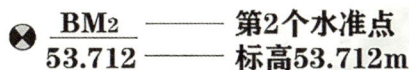

BM₂ —— 第2个水准点
53.712 —— 标高53.712m

图 6-13　水准点表示方法

⑤三角网测量的三角点

三角点是在三角测量中组成三角网的各三角形顶点，是永久性测量标志，见表 6-4。

167

道路工程常用图例 表6-4

名称	图例	名称	图例	名称	图例
机场		港口		井	
学校		交电室		房屋	
土堤		水渠		烟囱	
河流		冲沟		人工开挖	
铁路		公路		大车道	
小路		低压电力线、高压电力线		电信线	
果园		旱地		草地	
林地		水田		菜地	
导线点		三角点		图根点	
水准点		切线交点		指北针	

道路工程常用结构物图例1 表6-5

名称		图例	名称	图例
平面	涵洞		通道	
	桥梁（大、中桥按实际长度绘）		分离式立交（a）主线上跨（b）主线下跨	
	隧道		互通式立交（按采用形式绘）	
	养护机构		管理机构	
	隔离墩		防护栏	
纵断面	箱涵		桥梁	

续表

名称		图例	名称	图例
纵断面	盖板涵		箱形通道	
	拱涵		管涵	
	互通式立交 （a）主线上跨 （b）主线下跨	（a）　　（b）	分离式立交 （a）主线上跨 （b）主线下跨	（a）　　（b）

道路工程常用结构物图例 2　　　　表 6-6

名称	图例	名称	图例	名称	图例
只有屋盖的简易房		石棉瓦	D	贮水池	水
砖石或混凝土结构房屋	B	围墙		下水道检查井	
砖瓦房	C	非明确路线		通信杆	

3）路线平面图的拼接线

由于道路很长，不可能将整个路线平面图画在同一张图纸内，通常需分段绘制，使用时再将各张图纸拼接起来，每张图纸的右上角应画有角标，角标内应注明该张图纸的序号和总张数。平面图中路线的分段宜在整数里程桩处断开。相邻图纸拼接时，应注意路线中心对齐、接图线重合，并以正北方向为准，如图 6-14 所示。

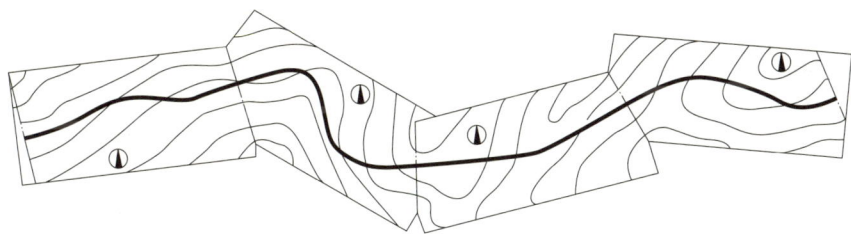

图 6-14　路线平面图的拼接

2. 道路工程平面图绘制

（1）公路平面图绘制方法

道路中心线应采用细点画线表示，路基边缘线应该采用粗实线表示。由于公路路线平面图所采用的比例很小，线路的宽度无法按实际尺寸画出，所以在公路路线平面图中，设计路线就用粗实线表示，将道路的中心

169

线直接画在用等高线表示的地形图上代表道路，以此表示路线的平面状况及长度里程。

1）画地形图。按先粗后细的顺序徒手画出等高线，线条要流畅，粗等高线线宽宜用 0.5b，细等高线线宽为 0.25b，其中 b 为基准线宽单位（下文同此）。

2）画路线中心线。用圆规和直尺按先曲后直的顺序从左至右绘制路线中心线，其线宽为（1.4~2.0）b。

3）平面图中的植被。地面上生长的各种植物统称为植被。平面图中的植被应朝上或朝北绘制。

4）路线的分段。路线平面图按从左至右的顺序绘制，桩号按左小右大的顺序编号。由于路线狭长，需将整条路线分段绘制在若干张 A4 图纸上，使用时再拼接起来。分段处应尽量在直线段整桩处，每张图纸上只允许画一条线路段，断开的两端用细实线画出垂直于路线的接图线。

5）角标和图标。在每张图纸的右上角应用线宽为 0.25mm 的细实线绘出角标，注明图纸总张数、本张图纸的序号及路段起止桩号。在每张图纸的下方绘制图标，图标外框线的线宽宜为 0.7mm，图标内格线的线宽宜为 0.25mm。

（2）城市道路平面图绘制方法

城市道路平面图与公路平面图相似，用来表示城市道路的方向、平面线形、车行道布置以及沿路两侧一定范围内的地形和地物情况，如图 6-15 所示。

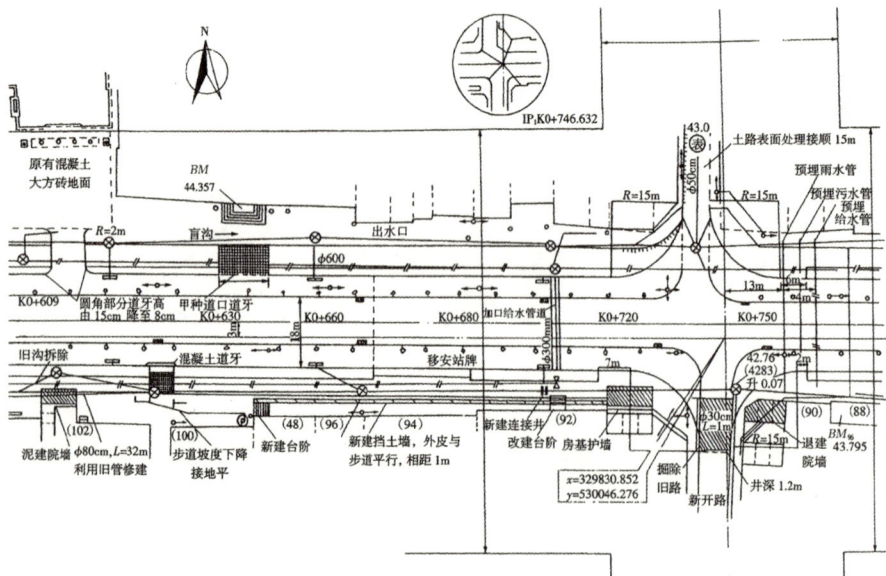

图 6-15　某城市道路平面图

1）城市道路平面图所采用的绘图比例比较大，因此中央分隔带边线、行车道边线、人行道边线的分布和宽度可按比例用粗实线画出。

2）进一步绘出绿化分隔带以及各种交通设施，如公共交通停靠站台、停车场等的位置及外形部署。

3）应标出沿街建筑主要出入口、现状管线及规划管线（如检查井、进水口以及桥涵等）的位置，交叉口尚需标明路口转弯半径、中心岛尺寸和护栏、交通信号设施等的具体位置。

作业页

班级：　　　　　　　姓名：　　　　　　　学号：

📋 **思考题**

识读图 6-11，完成以下作业。

（1）道路路线平面图识图与审图的步骤是什么？

（2）路线工程图主要指＿＿＿＿＿、＿＿＿＿＿和＿＿＿＿＿。

（3）设计总说明主要说明工程的概况和总的要求。其内容包括什么？

（4）路线平面图的主要内容包括＿＿＿＿＿和＿＿＿＿＿两部分。

（5）路线平面图是从＿＿＿＿＿投影所得到的水平投影图，也是用＿＿＿＿＿投影法所绘制的道路沿线周围区域的地形图。

（6）路线平面图主要是表示路线的＿＿＿＿＿和＿＿＿＿＿，以及沿线两侧一定范围内的＿＿＿＿＿等情况。

（7）路线长度用＿＿＿＿＿表示，里程由左向右递增。路线左侧设有"＿＿＿＿＿"标记，表示为公路里程桩号，右侧设有百米桩标记"＿＿＿＿＿"，数字写在短细实线端部，字头朝向＿＿＿＿＿。

（8）道路路线平面图所用比例一般较小，通常为＿＿＿＿＿。

（9）路线平面图，相邻图纸拼接时，路线中心对齐，接图线重合，并以＿＿＿＿＿方向为准。

（10）此段路线的大致走向是怎样的？

（11）图 6-11 展示的路线有多长？起点在哪里？终点在哪里？

（12）此段路线经过了哪些地方？位于什么样的地形？

172 （13）图中有几个交角点？怎样识读平曲线的几何要素？

沿道路中线的竖向剖面的展开面称为纵断面，如图 6-16 所示。纵断面反映了路线纵坡的变化、路中线位置地面的起伏、设计线与原地面的高差等情况，如图 6-17 所示。在纵断面图上有两条主要的连续线形：一条是地面线，即路中线的原地面标高的连线，它反映了沿着道路中线的地面起伏变化情况；另一条是纵断面设计线，即沿纵断面方向各点设计标高的连线。纵断面设计线是由直线和竖曲线组成的。直线有上坡和下坡之分，用坡度和坡长（水平长度）表示。在直线的坡度转折处（变坡点）为平顺的过渡，需要设置竖曲线，竖曲线按坡度转折形式的不同，分为凸形竖曲线和凹形竖曲线，其大小用曲线半径和曲线长来表示。

码 6-8 道路纵坡与坡长

码 6-9 竖曲线

码 6-10 道路工程纵断面图识读

图 6-16 路线纵断面图剖切示意图

设计线上各点的标高称为设计高程，对于新建公路，高速公路和一级公路，采用分隔带外侧边缘高程，对于二、三、四级公路，采用路基边缘高程（设置超高、加宽地段为设超高、加宽前路基边缘标高）；对于改建公路，一般情况下按新建公路处理，特殊情况可采用道路中心线高程。对于城市道路，则为建成后的行车道中线路面标高或中央分隔带中线标高。

6.2.1 道路工程纵断面图识读与绘制

1. 道路工程纵断面图识读

（1）路线纵断面图

如图 6-17 所示，路线纵断面图包括图样和资料表两部分，纵断面图采用直角坐标，道路上以横坐标表示里程桩号，按 1：2000 标出整 100m 桩；纵坐标表示高程，按 1：200 标出整 10m 高程。图样画在图纸的上部。为保证汽车安全顺畅地通过，地面纵坡要有一定的平顺性，粗实线为公路纵向设计线，由直线段和竖曲线组成，不规则的细折线为道路中心线的地面线，它是根据原地面上各点的实测中心桩高程而绘制。高程标尺布置在资料表的

K3+400~K4+100

第 5 页　共 6 页

地质概况

填挖高度 (m)

设计高程 (m)

地面高程 (m)

坡度 (%) 与坡长 (m)

里程桩号

直线及平曲线

设计单位　项目名称　路线纵断面图　设计　复核　审核　图号　日期

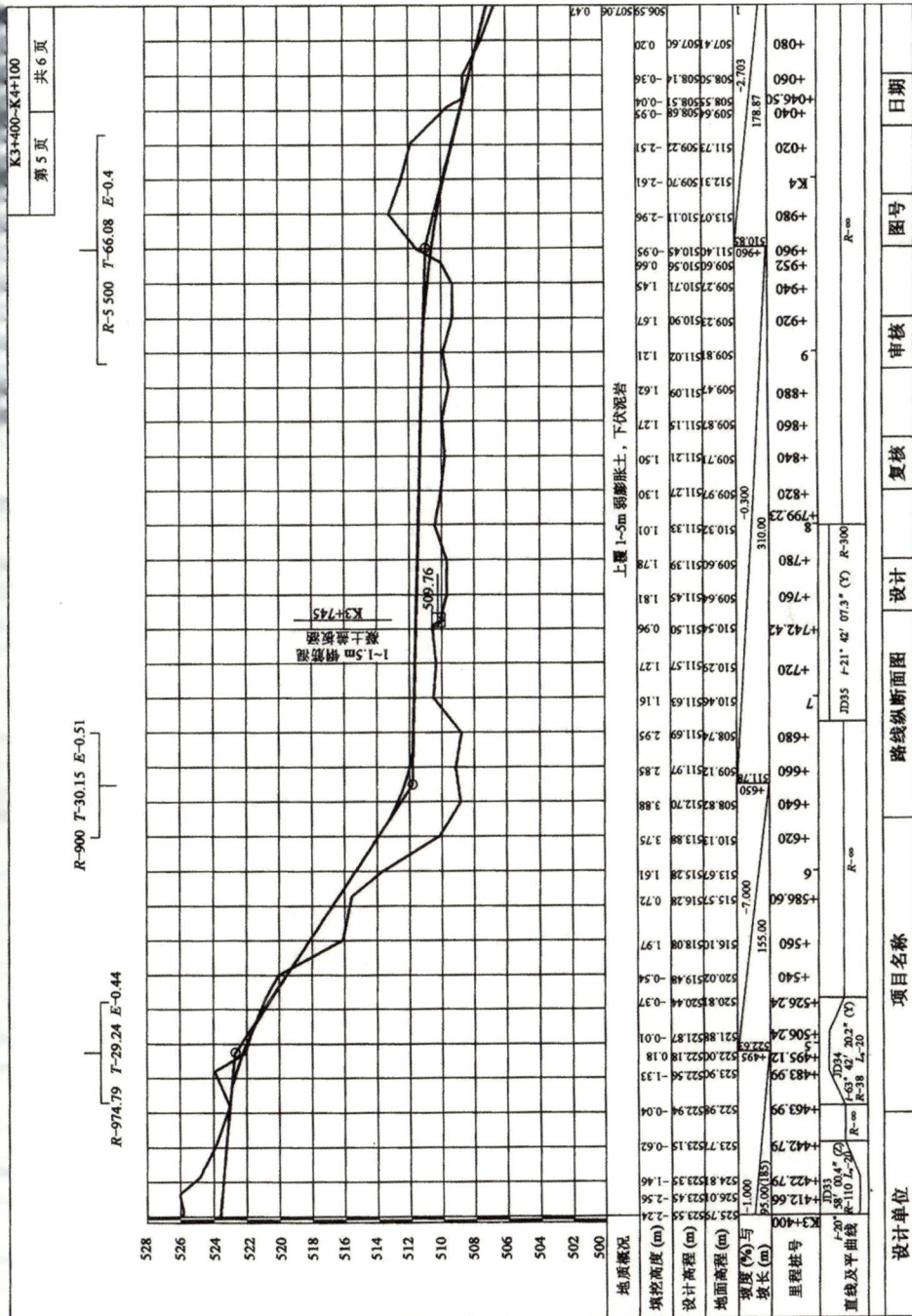

图 6-17　道路纵断面图

上方左侧。水平横向表示路线里程，铅垂纵向表示地面线及设计线的标高。

当路线纵坡发生变化时，为保证车辆顺利行驶，设置竖曲线，竖曲线分为凸曲线和凹曲线，分别用竖曲线符号"⌐—┴—⌐"和"∟—┬—∟"表示，符号中部的竖线应对准边坡点位置，长度20mm，符号的水平线两端应对准竖曲线起点和终点，竖线长度20mm，并标注竖曲线半径 R、切线长 T 和外距 E 的数值，变坡点用直径为2mm的中实线圆表示，变坡点与竖曲线的切线用细虚线绘制。

沿线如设有桥梁、涵洞、立交和通道等构造物时，应在其相应设计里程和高程处按图例绘制并注明构造物的名称、种类、大小和中心里程桩号；与公路、铁路交叉的桩号及路名；沿线跨越河流名称、桩号、现有水位及最高洪水位；水准点位置、编号和高程；断链桩位置、桩号及长短链关系等。

资料表画在图纸的下部，路线纵断面图的测设数据与图样上下对齐布置，以便阅读。这种表示方法，较好地反映出纵向设计在各桩号处的高程、填挖高度、地质概况和坡度以及直线与平曲线的配合关系，资料表包括以下项目和内容。

地质概况：根据实测资料，在图中标注出道路路段土质情况，注明各段土质名称，为施工提供资料。

坡度与坡长：是标注设计线各段的纵向坡度和水平长度。表中对角线表示坡度方向，左下到右上表示顺路线方向上坡，左上到右下表示顺路线方向下坡，坡度和坡长分别标注在对角线的上下两侧，上坡为正，下坡为负，括号内数值是坡长两端变坡点之间的水平距离，如果遇到不设坡度的水平路段，应该在分格内画一条水平线，上方标注数字"0"，下方标注坡长，分格线为变坡点的位置。

设计高程：注明各里程桩的路面中心线设计高程，与图样相互对应，单位为"m"。

地面高程：根据测量结果填写各里程桩处路面中心的原地面高程，与图样相互对应，单位为"m"，并在图的上半部分用直线顺次连接绘制地面线。

填挖高度：设计线在地面线下方则需要挖土，设计线在地面线上方则需要填土。填挖值＝地面高程－设计高程，如果值为"＋"号表示开挖，为"－"号表示回填。

里程桩号：由左向右排列，应将所有固定桩及加桩桩号示出。桩号数值的字底应与所表示桩号位置对齐。一般设公里桩号标注"K"，百米桩号、构筑物位置桩号及路线控制点桩号等可设置加桩。

直线及平曲线：为了表示该路段的平面线形，通常在表中画出平曲线的示意图，把纵断面线形与平面线形组合起来，就能反映出公路线形在空间的位置。在分格中部绘制点画线，在点画线上方表示平曲线沿着前进方向右转，在点画线下方表示平曲线沿着前进方向左转；梯形表示平曲线为缓和曲线＋圆曲线＋缓和曲线，矩形表示平曲线为圆曲线，与点画线重合表示平曲线为直线，并标注平曲线要素，参看6.1.1平面线形组合。

超高：在转弯路段横断面上设置外侧高于内侧的单向横坡，其可抵消车辆在弯道上行驶时产生的离心力，如图 6-18 和图 6-19 所示。水平基线代表道路中心线位置，基线的路面横坡度为零，采用实线绘制路线前进方向左右侧路面边缘线，在标准路段因左右路缘线高程相同，因此重合为一条，当绕旋转轴旋转到相应断面，标高大于基线标高时，画在基线上方，低于基线标高则画在下面，路边缘线离开基线的距离，代表横坡度的大小。

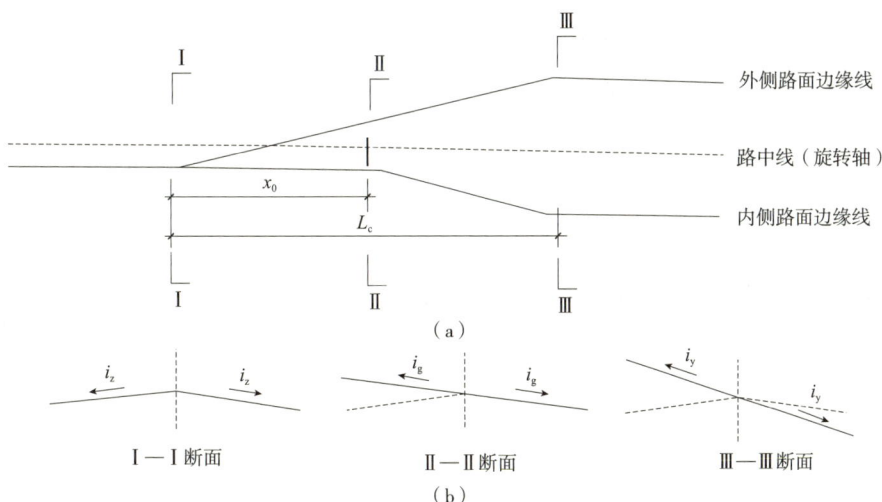

图 6-18　绕中线旋转
（a）纵断面图；（b）特征横断面图

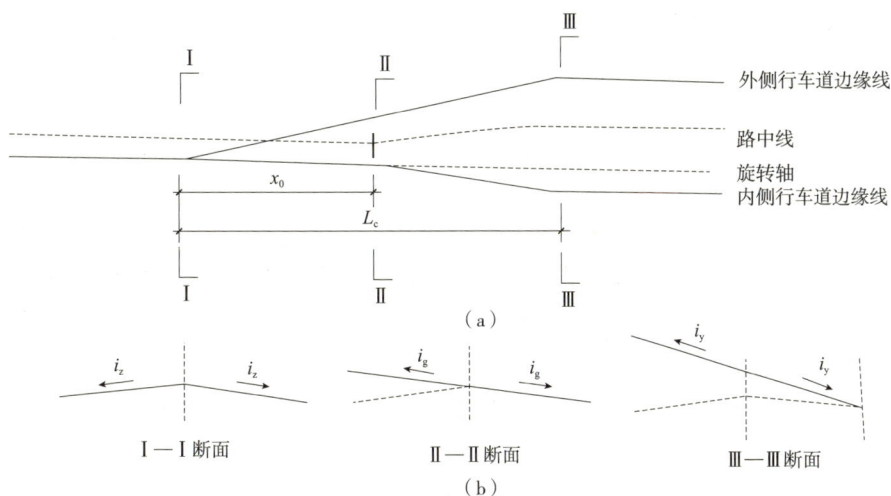

图 6-19　绕内边缘旋转
（a）纵断面图；（b）特征横断面图

标题栏：每页图纸应按照要求绘出标题栏，整册图纸标题栏标准一致。在每张图纸的右上角标明序号及总张数和本段路线的起始里程桩号。

（2）路基设计表

路基设计表是道路施工图的组成内容之一。表中填写路线平、纵面等

177

主要测设与设计资料；里程桩号；填、挖宽度（包括加宽）等有关内容，为道路横断面设计提供基本数据，同时也可作为路基施工的依据之一，表 6-7 的填写方法如下：

1）第 1 栏桩号、第 4、5 栏竖曲线要素及坡度、第 6 栏地面高程、第 7 栏设计高程、第 8、9 栏填挖高度都从纵断面图中抄录。

2）第 2、3 栏内容都从直线曲线转角表中抄录。

3）第 10、13 栏为路肩宽度或路肩外侧与设计线的距离，第 11、12 栏为路基宽度值或路面各点与设计线的距离。

4）第 14、18 栏为路基两侧边缘与设计高程的高差，第 15、17 栏为行车道两侧边缘与设计高程的高差，第 16 栏为设计高程与道路中线高程的高差。

5）第 19 栏为第 8 栏与第 16 栏之和，第 20 栏为第 9 栏与第 16 栏之差。

2. 道路工程纵断面图绘制

1）道路设计线采用粗实线表示，原地面线应采用细实线表示；地下水位线应采用细双点画线及水位符号表示；地下水位测点可仅用水位符号表示，如图 6-20 所示。

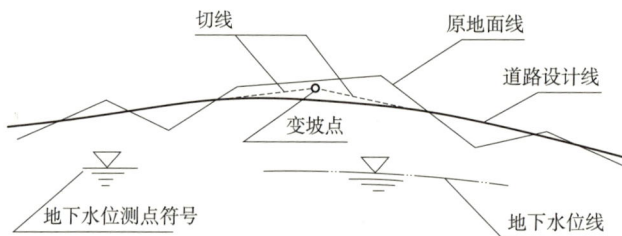

图 6-20　道路设计线、原地面线、地下水位线的标注

2）关于短链、长链的标注。在道路测量过程中，有时因局部改线或事后发现量距或计算有错误，以及在分段测量图中，由于假定起始量程不符而造成全线或全段接线里程不连续，以致影响路线的实际长度，这种里程不连续的现象称为"断链"。断链有长链和短链之分。当原路线记录桩号的里程长于地面实际里程时称为短链，反之则称之为长链。在纵断面图上关于短链与长链的标注有如下规定。

①当路线短链时，道路设计线应在相应桩号处断开，并按图 6-21（a）标注。

②路线局部改线而发生长链时，为利用已绘制的纵断面图，当高差大时，宜按图 6-21（b）标注；当高差较小时，宜按图 6-21（c）标注。

③长链较长而不能利用原纵断面图时，应另绘制长链部分的纵断面图。

3）变坡点的标注。当路线坡度发生变化时，变坡点应用直径为 2mm 中粗线圆圈表示；切线应采用细虚线表示；竖曲线应采用粗实线表示。

如图 6-22 所示，标注竖曲线时，中间竖直细实线应对准变坡点所在桩号，线左侧标注桩号，线右侧标注变坡点高程。水平细实线两端应对准

路基设计表

桩号	平曲线 左偏	平曲线 右偏	竖曲线 凹形	竖曲线 凸形	地面高程（m）	设计高程（m）	填挖高度 填	填挖高度 挖	路基宽度 左侧W1	左侧W2	右侧W2	右侧W1	左侧B1	左侧B2	中桩C	右侧B2	右侧B1	中桩填	中桩挖	备注
1	2	3	4	5	6	7	8	9	10	11	12	13	14	15	16	17	18	19	20	21
K3+360				185	523.193	523.975	0.782								0.000			0.782		
+382.53	K3+382.53				526.099	523.750		2.349		3.25	3.25			-0.049	0.000	-0.049			2.349	
+402.53	（ZH）K3+402.53				525.791	523.550		2.241		3.25	3.25			-0.081	0.000	0.065			2.241	
+412.66	（HY）			QD	526.012	523.448		2.564		3.25	3.25			-0.081	0.000	0.065			2.564	
+422.79	JD3 K3+422.79				524.807	523.374		1.460		3.25	3.25			-0.081	0.000	0.065			1.460	
+442.79	（YH）K3+442.79				523.766	523.147		0.619		3.25	3.25			-0.049	0.000	-0.049			0.619	
+463.99	（HZ）	K3+463.99	-1%		522.980	522.935		0.045		3.25	3.25			-0.049	0.000	-0.049			0.045	
+483.99	（ZH）K3+483.99			K3+465.76 R=974.79 T=29.24 E=0.44 ZD	523.897	522.565		1.332		3.25	4.65			0.163	0.000	-0.233			1.332	

179

续表

桩号	平曲线		竖曲线		地面高程(m)	设计高程(m)	填挖高度		路基宽度(m)				以下各点与设计高之差(m)					施工时中桩填挖高度(m)		备注
	左偏	右偏	凹形	凸形			填	挖	左侧 W1	左侧 W2	右侧 W2	右侧 W1	左侧 B1	左侧 B2	中桩 C	右侧 B2	右侧 B1	填	挖	
+495.12		(HY) JD4	522.625 K3+495		522.001	522.182	0.181			3.25	4.65			0.163	0.000	-0.233		0.181		
+506.24		K3+506.24		K3+524.24	521.684	521.676		0.012		3.25	4.65			0.163	0.000	-0.233			0.012	
+526.24		(YH) K3+526.24	-7%		520.611	520.438		0.373		3.25	3.25			0.049	0.000	-0.049			0.373	
+540		(HZ)	QD		520.015	519.475		0.540		3.25	3.25			-0.049	0.000	-0.049			0.540	
+560					516.102	518.075	1.973			3.25	3.25			-0.049	0.000	-0.049		1.973		
+585.60					515.566	516.283	0.717			3.25	3.25			-0.049	0.000	-0.049		0.717		
+600					513.666	515.275	1.609			3.25	3.25			-0.049	0.000	-0.049		1.609		
+620			K3+619.85		510.126	513.875	3.749			3.25	3.25			-0.049	0.000	-0.049		3.749		

编制：   复核：   审核：

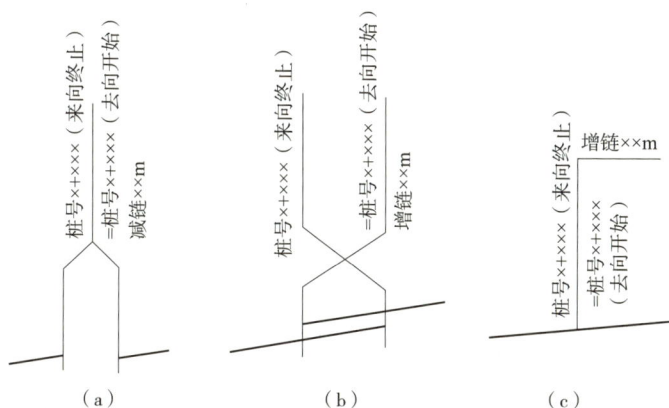

图 6-21 断链的标注

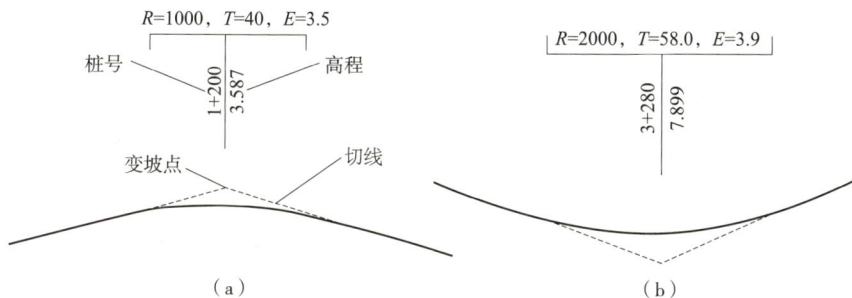

图 6-22 竖曲线的标注

竖曲线的始点、终点。两端的短竖直细实线在水平线之上为凹曲线；反之为凸曲线，竖曲线要素（半径 R、切线长 T、外距 E）的数值均应标注在水平细实线上方。

4）道路中沿线的构造物、交叉口，可在道路设计线的上方，用竖直引出线标出。竖直引出线应对准构造物或交叉口中心位置。线右侧标注桩号，线左侧标注构造物名称、规格、交叉口名称，如图 6-23 所示。

5）纵断面图中，给水排水管涵应标注规格及管内底的高程。地下管线横断面应采用相应图例。无图例时可自拟图例，并应在图纸中说明。

6）水准点宜按图 6-24 所示标注，竖直引出线应对准水准桩号，线左

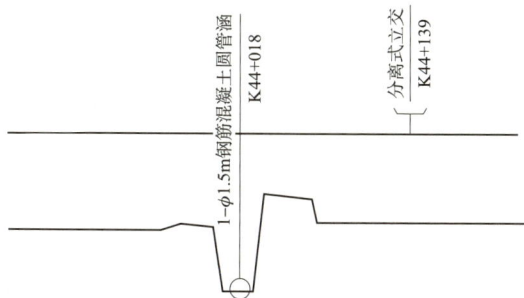

图 6-23 沿线构造物及交叉口的标注

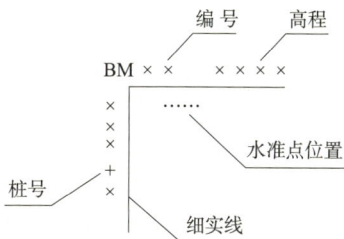

图 6-24 水准点的标注

181

侧标注桩号，水平线上方标注编号及高程，线下方标注水准点的位置。

7）在测设数据中，设计高程、地面高程、填高、挖深的数值应对准其桩号，单位为"m"。

6.2.2 平面线形与纵断面线形组合

公路平、纵线形组合是指在满足汽车运动学和力学要求的前提下，结合地形、地物、景观、视觉和经济性等，研究如何满足驾驶员在视觉和心理方面的连续性、舒适性以及与周围环境相协调，以保证汽车行驶的安全性、舒适性与经济性，如图 6-25 所示。直线与曲线组合的立体线形要素见表 6-8。

直线与曲线组合的立体线形要素　　　　　表 6-8

平面要素	纵面要素	立体线形要素
直线	直线	纵坡不变的直线
直线	曲线	凹形直线
直线	曲线	凸形直线
曲线	直线	纵坡不变的曲线
曲线	曲线	凹形曲线
曲线	曲线	凸形曲线

1. 平面直线与纵断面直线组合

这种线形组合单调、呆板，行驶过程中路线视景不变，容易使司机产生疲劳感，尤其在高速行车时，易导致交通事故。设计中可用画行车道线、绿化、标志及与路旁设施配合等方法来弥补视景单调的不足，如图 6-26 所示。

2. 平面直线与纵断面凹形竖曲线组合

这种组合具有较好的视距，使司机感觉到动的视觉效果，提高了行车

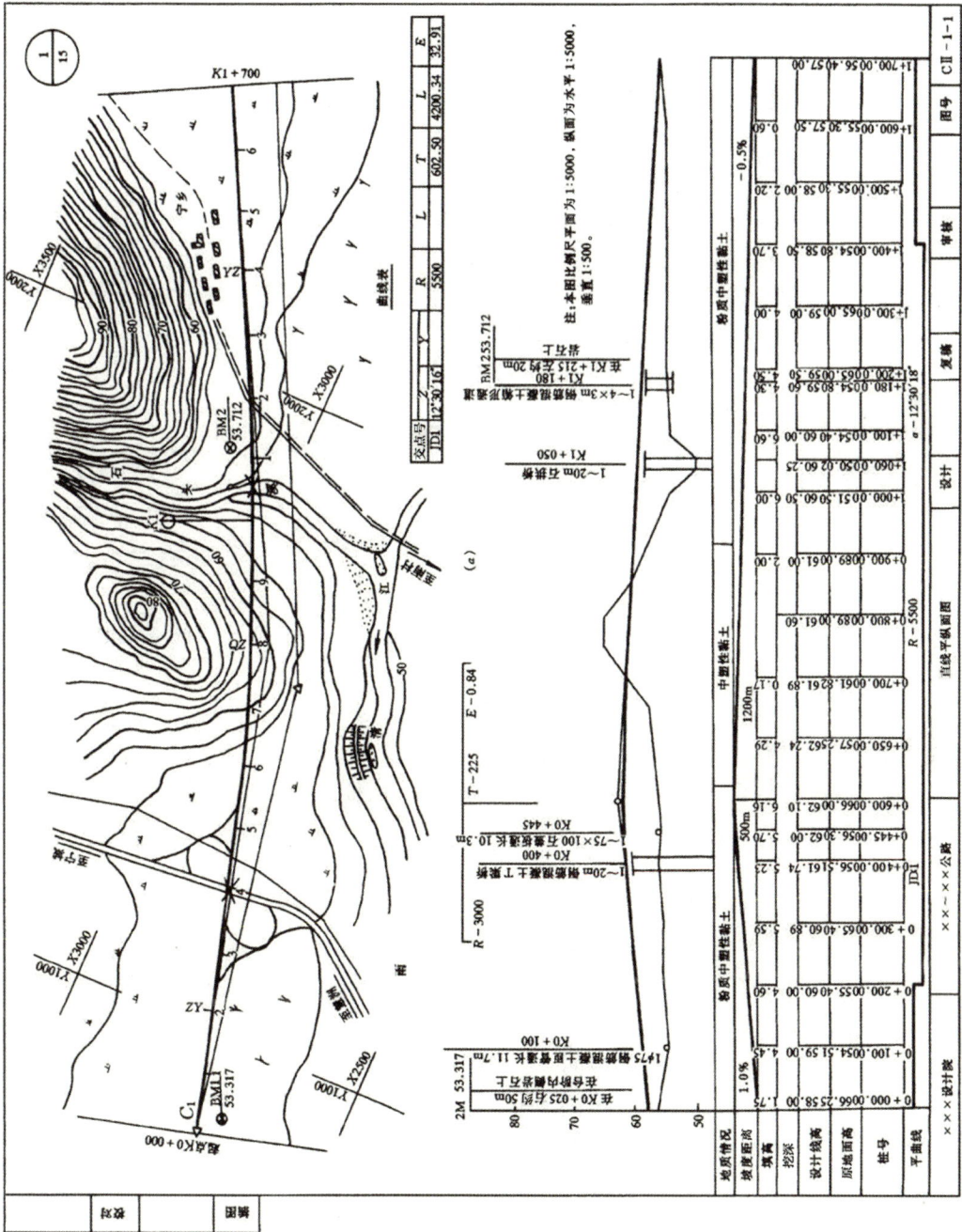

图6-25 直线平纵面图

的舒适性，避免了插入较短的凹形竖曲线，或插入小半径竖曲线（大于最小半径的 3~4 倍），如图 6-27 所示为平面曲线与纵断面凹形竖曲线不良组合路线。

3. 平面直线与纵断面凸形竖曲线组合

这种组合视距条件差、线形单调，司机对前方道路情况无法作出准确判断，应尽量避免。注意采用大半径竖曲线，以保证视距。当连续交替出现凹形和凸形竖曲线时，则会造成"驼峰""暗凹""波浪"等视觉效果，如图 6-28 所示，一般应尽量避免。

4. 平面曲线与纵断面直线组合

如果平面曲线（或称平曲线）半径选择适当，这种组合视觉效果良好（图 6-29）。如果平曲线与直线组合不当，平曲线半径过小或直线长度过短（断背曲线），都会导致线形折曲。

5. 平面曲线与凸形竖曲线或凹形竖曲线组合

如果曲线半径适宜，平纵线形要素均衡，平面曲线与凸形竖曲线或凹形竖曲线组合可以获得视觉舒适、诱导效果良好的空间曲线，如图 6-30 所示。如果平纵线形要素不均衡，如图 6-31 所示，则需注意相关事项。

6. 平曲线与竖曲线组合注意事项

（1）当平曲线、竖曲线半径较大时，将平曲线中点与竖曲线顶点对应。

（2）竖曲线起讫点最好位于平曲线的两缓和曲线中间，也就是"平包竖"，如图 6-32 所示。

（3）若平、竖曲线不能较好配合，宜将平、竖曲线拉开相当距离，使平曲线位于直线坡段上或使竖曲线位于直线上。

（4）平曲线与竖曲线的大小保持均衡，如果平曲线半径小于 1000m，则平、竖曲线半径比以 1∶20~1∶10 为宜，便可在视觉上获得满意的效果。

（5）暗弯与凸形竖曲线、明弯与凹形竖曲线的组合是合理的、悦目的。而暗弯与凹形竖曲线、明弯与凸形竖曲线的组合，坡差较大时会给人舍坦坡、近路不走，而故意爬坡、绕弯的感觉，坡差不大时，矛盾不是很突出。

（6）平曲线与竖曲线组合时应避免如下情况：

凸形竖曲线的顶部和凹形竖曲线的底部，应避免插入小半径平曲线。如果在凸形竖曲线的顶部设有小半径的平曲线，驾驶员须驶近坡顶才能发现平曲线，会导致因急转弯而发生行车危险；在凹形竖曲线的底部设有小半径平曲线，会因汽车高速下坡时急转弯而发生行车危险。

凸形竖曲线的顶部或凹形竖曲线的底部不得与反向平曲线的拐点重合。两者外观都存在不同程度的扭曲，前者易使驾驶员操作失误，引发交通事故；后者会使汽车加速而急转弯，且易使路面排水困难。

图 6-26　平面直线与纵断面直线组合路线

图 6-27　平面直线与纵断面凹形竖曲线不良组合路线

图 6-28　平面直线与纵断面凸形竖曲线不良组合路线

图 6-29　平面曲线与纵断面直线良好组合路线

图 6-30　平面曲线与凸形竖曲线或凹形竖曲线良好组合路线

图 6-31　平面曲线与竖曲线不良组合路线

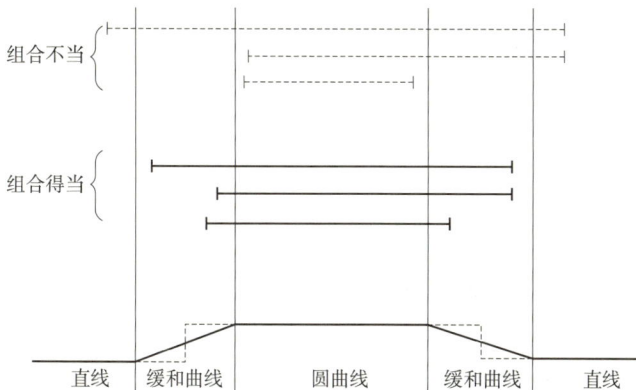

组合不当

组合得当

直线　缓和曲线　圆曲线　缓和曲线　直线

图 6-32　平曲线与竖曲线组合

作业页

班级：　　　　　　姓名：　　　　　　学号：

📄 **思考题**

识读如图 6-17 所示道路纵断面图，完成以下作业。

（1）道路路线纵断面图识图与审图的步骤是什么？

（2）路线纵断面图是通过公路中心线用假想的＿＿＿＿进行剖切展平后获得的。

（3）路线纵断面图包括＿＿＿＿和＿＿＿＿两部分，一般＿＿＿＿画在图纸的上部，布置在图纸的下部。

（4）道路纵断面图中，如果水平比例为 1∶1000，则垂直比例为＿＿＿＿。

（5）此段路线纵向起伏情况是怎样的？

（6）图中地面线和设计线如何区分？

（7）图中竖曲线有几个？变坡点的位置在哪里？

（8）竖曲线有哪几种类型？曲线要素是什么？以一条竖曲线为例，说明各是多少？

（9）图中有哪些构造物？

（10）说明图中水准点的位置和编号。

（11）本图资料表部分包含哪些内容？

（12）填挖高度、设计高程、地面高程之间的关系如何？

（13）路线直线段坡度如何确定？

任务6.3　道路工程横断面图识读

道路横断面图是假设通过路线中心桩用一垂直于路线中心线的铅垂剖切面进行横向剖切，画出该剖切面与地面的交线及其与设计路基的交线，便得到路基横断面图，它是用来计算道路的土石方量和路基施工放样的依据。如图6-33所示，横断面图上的内容包括：行车道、中央分隔带、路肩、边坡、边沟、排水沟、护坡道以及专门设计的取土坑、弃土堆、环境保护设施等。

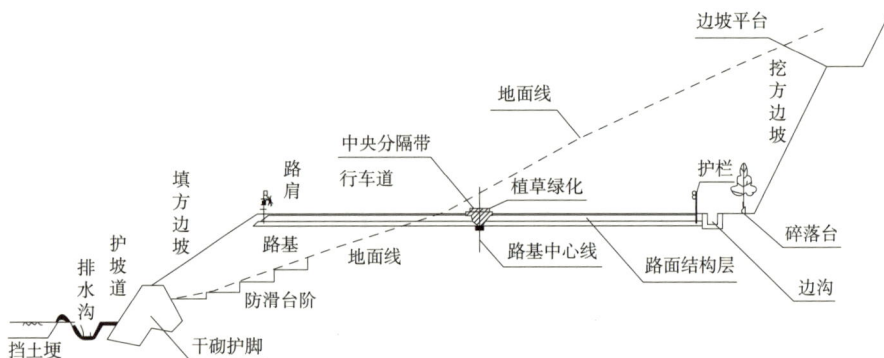

图 6-33　道路横断面图组成

横断面图是道路施工图的重要组成部分，它和平面、纵断面图相互影响，所以应将平、纵、横三个方面结合起来综合考虑，反复比较和调整后，才能达到各元素之间的协调一致，做到组成合理、用地节省、工程经济和有利于环境保护。道路横断面施工图纸由图和表组成，如图6-34、图6-35所示。

6.3.1　道路工程横断面图形式

1. 填方路基

填方路基又称路堤，整个路基全为填土，设计线全部在地面线以上，路堤还分为填土路基和填石路基。在图的下方标注横断面图的里程桩号，在中心线处标注填方高度 h_T（m）、填方面积 A_T（m^2）、路基中心标高、路基边坡坡度，如图6-36所示。

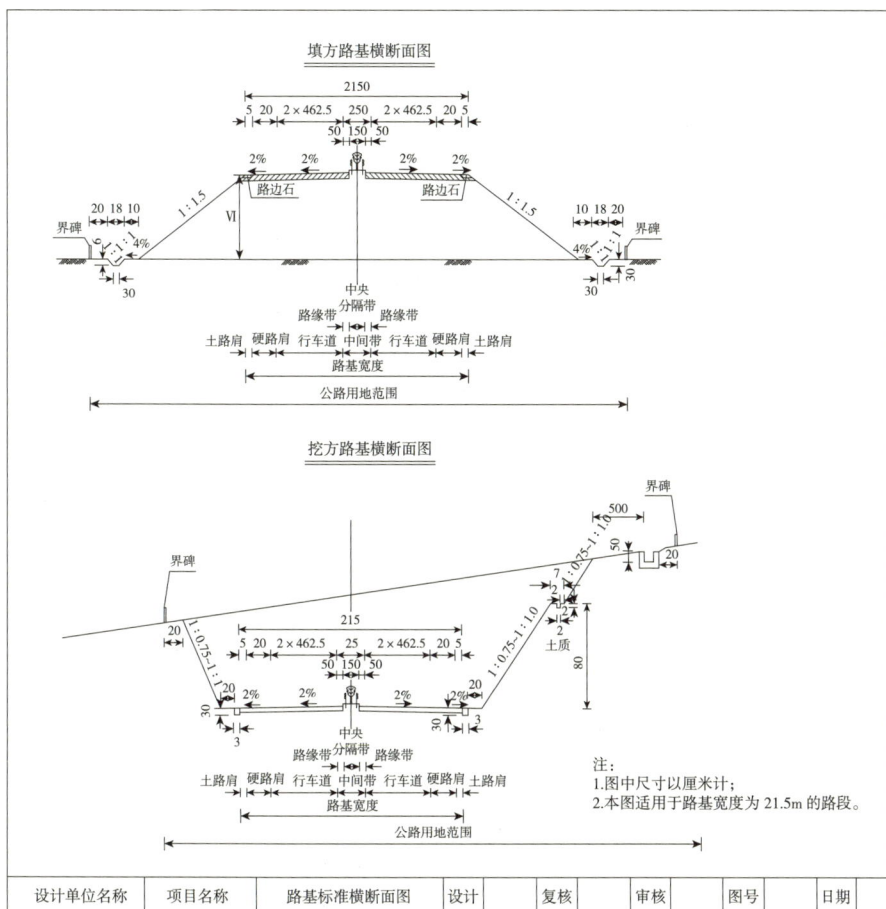

图 6-34 路基标准横断面图

2. 挖方路基

挖方路基又称路堑，整个路基全为挖土，设计线全部在地面线以下，如图 6-37 所示分别为一般路堑、台口式路堑、半山洞式路堑。在图的下方标注该断面图的里程桩号，在中心线处标注挖方高度 h_{w}（m）、挖方面积 A_{w}（m^2）、路基中心标高、边坡坡度，如图 6-38 所示。

3. 半填半挖路基

半填半挖路基是指路基断面一部分为填土，一部分为挖土，如图 6-39 所示分别为：半填半挖路基、护肩路基、砌石路基、挡土墙路基、矮墙路基。在图中下部标注该断面的里程桩号、中心处填土高度 h_{T}（m）或挖土高度 h_{w}（m）、填方面积 A_{T}（m^2）或挖方面积 A_{w}（m^2），以及路基中心标高与边坡坡度，如图 6-40 所示。

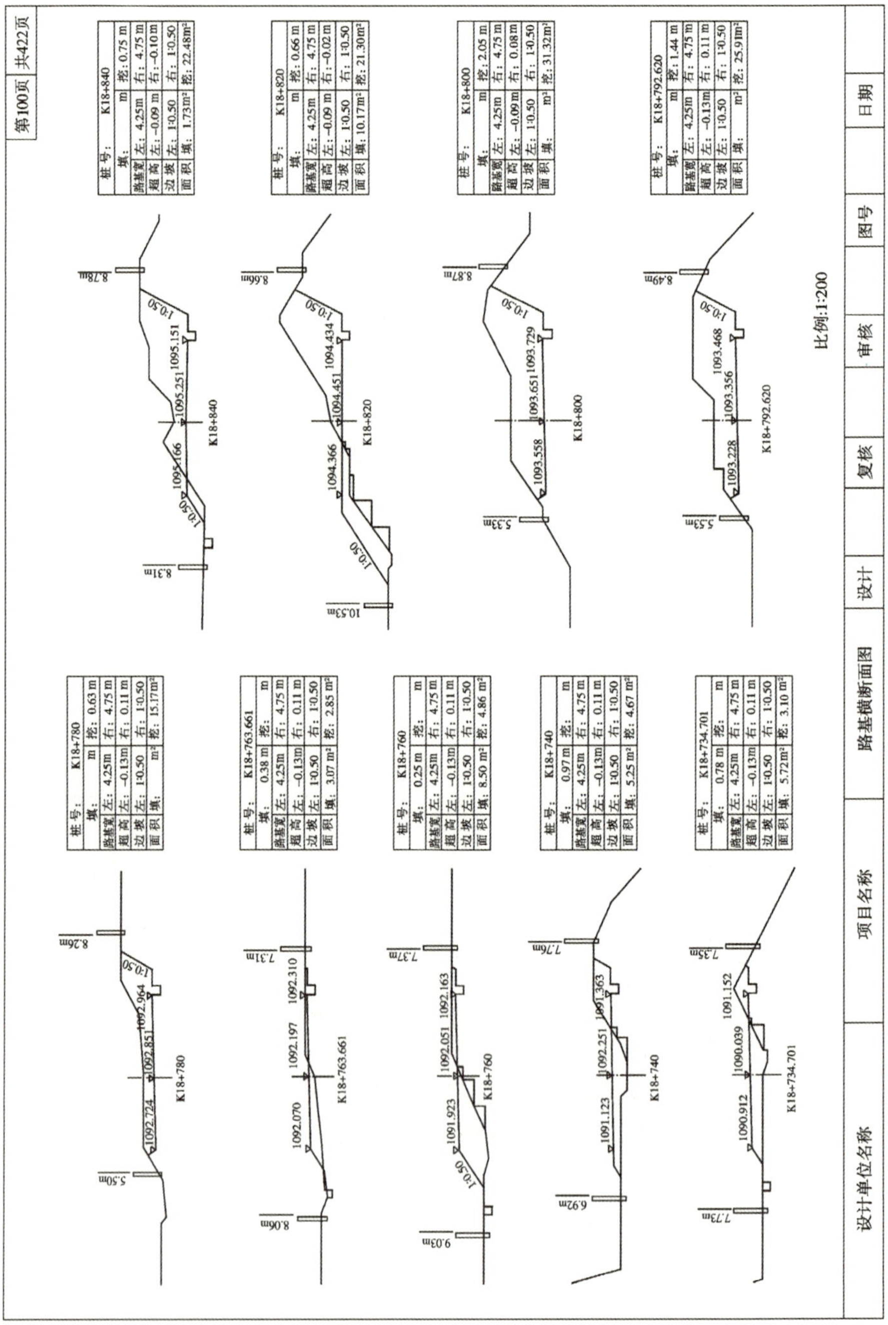
第100页 共422页
桩号: K18+840 填: m 挖: 0.75 m 路基宽 左: 4.25m 右: 4.75 m 超高 左: -0.09 m 右: -0.10 m 边坡 左: 1:0.50 右: 1:0.50 面积 填: 1.73m² 挖: 22.48m²
桩号: K18+820 填: m 挖: 0.66 m 路基宽 左: 4.25m 右: 4.75 m 超高 左: -0.09 m 右: -0.02 m 边坡 左: 1:0.50 右: 1:0.50 面积 填: 10.17m² 挖: 21.30m²
桩号: K18+800 填: m 挖: 2.05 m 路基宽 左: 4.25m 右: 4.75m 超高 左: -0.09m 右: 0.08m 边坡 左: 1:0.50 右: 1:0.50 面积 填: m² 挖: 31.32m²
桩号: K18+792.620 填: m 挖: 1.44 m 路基宽 左: 4.25m 右: 4.75 m 超高 左: -0.13m 右: 0.11 m 边坡 左: 1:0.50 右: 1:0.50 面积 填: m² 挖: 25.91m²
桩号: K18+780 填: m 挖: 0.63 m 路基宽 左: 4.25m 右: 4.75 m 超高 左: -0.13m 右: 0.11 m 边坡 左: 1:0.50 右: 1:0.50 面积 填: m² 挖: 15.17m²
桩号: K18+763.661 填: 0.38 m 挖: m 路基宽 左: 4.25m 右: 4.75 m 超高 左: -0.13m 右: 0.11 m 边坡 左: 1:0.50 右: 1:0.50 面积 填: 3.07 m² 挖: 2.85 m²
桩号: K18+760 填: 0.25 m 挖: m 路基宽 左: 4.25m 右: 4.75 m 超高 左: -0.13m 右: 0.11 m 边坡 左: 1:0.50 右: 1:0.50 面积 填: 8.50 m² 挖: 4.86 m²
桩号: K18+740 填: 0.97 m 挖: m 路基宽 左: 4.25m 右: 4.75 m 超高 左: -0.13m 右: 0.11 m 边坡 左: 1:0.50 右: 1:0.50 面积 填: 5.25 m² 挖: 4.67 m²
桩号: K18+734.701 填: 0.78 m 挖: m 路基宽 左: 4.25m 右: 4.75 m 超高 左: -0.13m 右: 0.11 m 边坡 左: 1:0.50 右: 1:0.50 面积 填: 5.72m² 挖: 3.10 m²
K18+840
K18+820
K18+800
K18+792.620
K18+780
K18+763.661
K18+760
K18+740
K18+734.701
比例:1:200
设计单位名称
项目名称
路基横断面图
设计
复核
审核
图号
日期

图 6-35 路基横断面图

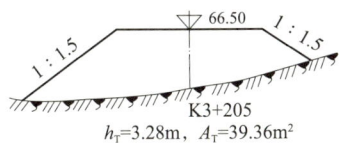

图 6-36 填方路基

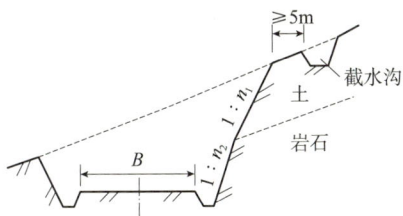

（a）

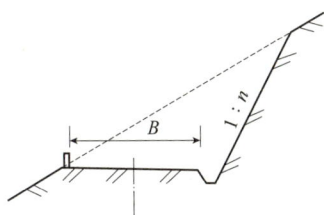

（b）

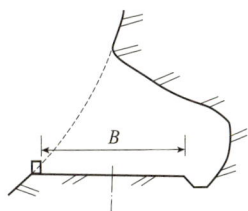

（c）

图 6-37 路堑常见横断面形式
（a）一般路堑；（b）台口式路堑；（c）半山洞式路堑

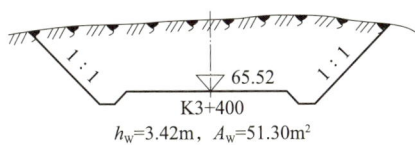

图 6-38 挖方路基

191

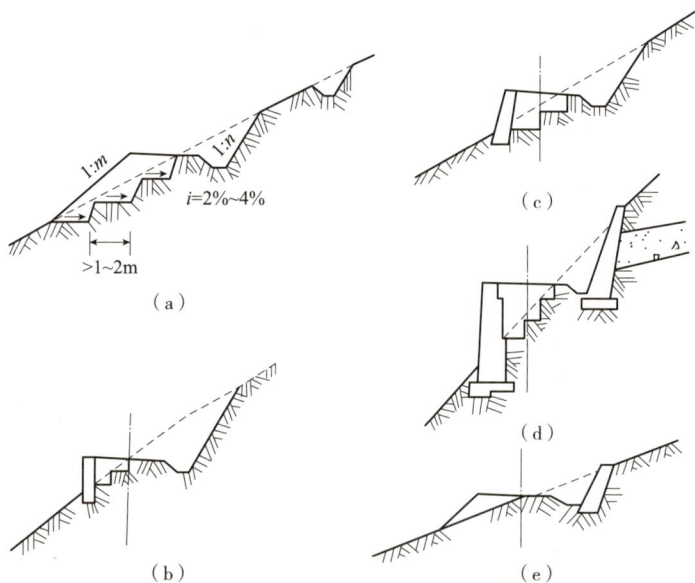

图6-39 半填半挖路基常见横断面形式

（a）半填半挖路基；（b）护肩路基；（c）砌石路基；（d）挡土墙路基；（e）矮墙路基

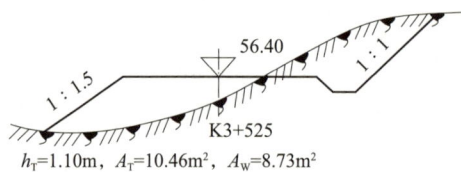

图6-40 半填半挖路基

6.3.2 路基横断面图识读与绘制

（1）要求在每一个里程桩处，顺次画出每一个桩号处路基横断面图，如图6-35所示。

（2）路基横断面图的纵横方向采用同一比例，一般为 1：200、1：100 和 1：50。

（3）在横断面图中，路面线、路肩线、边坡线、挡防构造物轮廓线采用粗实线绘制，路面厚度采用中粗实线绘制，地面线应采用细实线绘制，道路中心线应采用细单点长画线绘制，并表明路拱横坡度，对于城市道路应绘出红线宽度、车行道、人行道、绿化带、照明、新建和改建的地下管线等各组成部分的位置和宽度，并注以文字及必要的说明，如图6-41所示。

（4）路基横断面图的布置顺序，应按桩号从下至上、从左至右的顺序绘制并识读。

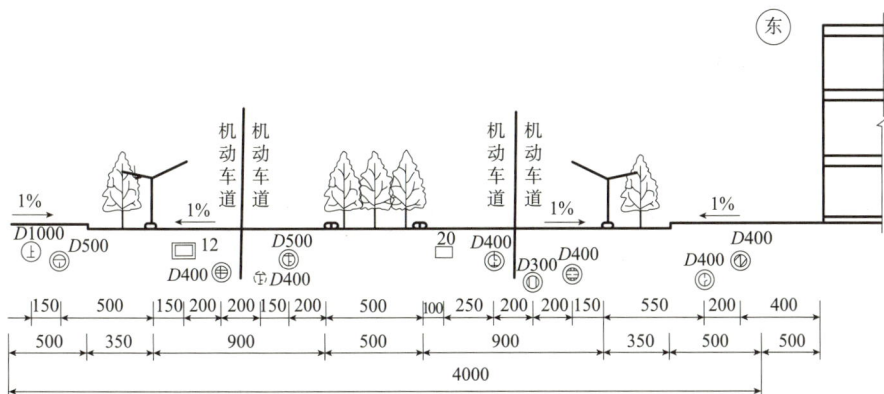

图 6-41　城市道路横断面图

（5）每张图纸右上角应有角标，注明图纸的序号和总张数及本页图纸的起止里程桩号，应在最后一张图纸的右下角绘制图标，如图 6-34、图 6-35 和图 6-42 所示。

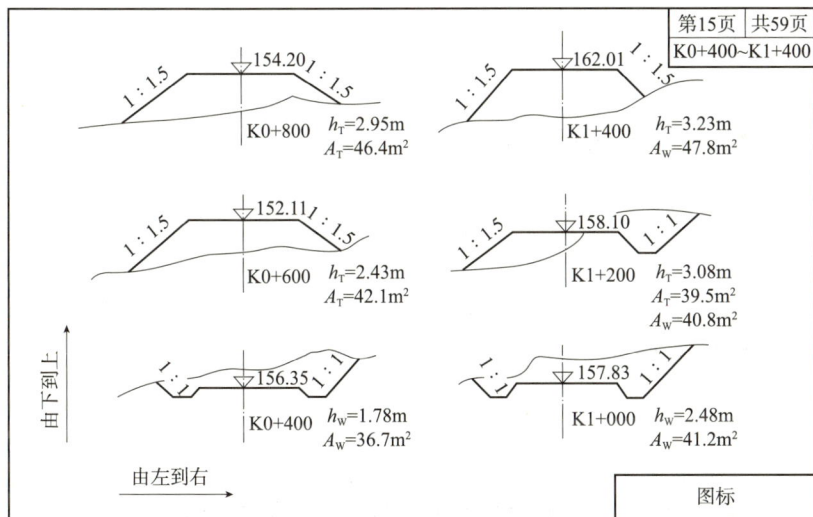

图 6-42　路基横断面图

6.3.3　路基设计表

路基设计表是道路路线设计文件中的主要技术文件，它是综合路线平、纵、横三个方面设计资料汇编而成的。路基设计表具体内容见第 6.2.1 节。

作业页

班级：　　　　　　姓名：　　　　　　学号：

思考题

识读如图 6-35 所示路基横断面图，完成以下作业。

（1）道路路基横断面图识图与审图的步骤是什么？

（2）路基横断面图是用假想的＿＿＿＿＿＿＿垂直于路中心线剖切而得到的图形。

（3）路基横断面图一般不画出＿＿＿＿＿和＿＿＿＿＿两部分，以路基边缘的＿＿＿＿＿作为路中心的设计高程。

（4）路基横断面图所表达的内容包括哪些？

（5）路基横断面图的基本形式有哪些？

（6）每个路基横断面图的位置用什么表示？

（7）图中路基横断面的形式是什么？填挖参数（填挖高度 h_T、h_W、填挖面积 A_T、A_W、路基宽度 W_z、W_y）是多少？

（8）图中公路用地范围是多少？边坡的形式是什么？其坡度是多少？

（9）路基的设计标高、横坡度各是多少？

任务 6.4　城市道路工程排水系统图识读

　　道路是一个露天构筑物，经常受到各种水的作用，道路病害一般与排水不良有关，比如道路的沉陷破坏、冲刷破坏、坍塌破坏、翻浆破坏，沥青路面的松散破坏、剥落破坏、龟裂破坏；水泥混凝土路面唧泥破坏、错台破坏、断裂破坏等，如图 6-43 所示。重视排水，不仅有利于道路运输，更有利于道路构筑物的安全。

图 6-43　道路水毁破坏

　　根据水源的不同，影响道路的水可分为地面水和地下水两大类。地面水主要包括大气降水、江河湖海、水库、水渠等径流水或是长期积水；地下水主要包括较高的地下水、毛细水、泉水以及暗流等。

　　城市道路是车辆和行人的交通通道，如果没有城市道路排水系统予以保证，车辆和行人将无法正常通行。此外，城市道路排水系统还有助于改善城市卫生条件，避免道路过早损坏。城市道路排水系统是城市道路的重要组成部分。

6.4.1　城市道路工程雨水排水系统简介

　　1. 明沟系统

　　明沟系统即采取街沟或小的明沟汇集雨水，然后由相应大小的明沟

（渠）集中排入天然水体的排水系统。明沟（渠）可设在路面的两边或一边，在街坊出入口、人行过道等地方设置一些盖板、涵管等过水结构物，以保证交通安全。明沟的排水断面主要有梯形、矩形两种（图6-44）。

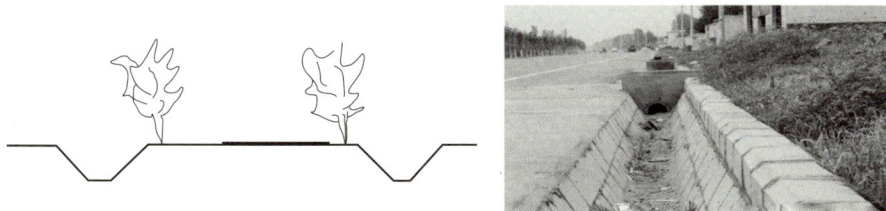

图6-44　明沟排水示意图

2. 暗管系统

暗管系统采用埋置式干管进行雨水排放，包括街沟、雨水口、连接管、雨水干管、检查井、出入口等部分。道路上及其相邻地区的地面水顺道路的纵坡、横坡流向车行道两侧的街沟，然后沿街沟的纵坡流入雨水口，再由连接管通向干管，最终排入附近的河滨或湖泊中，如图6-45所示。

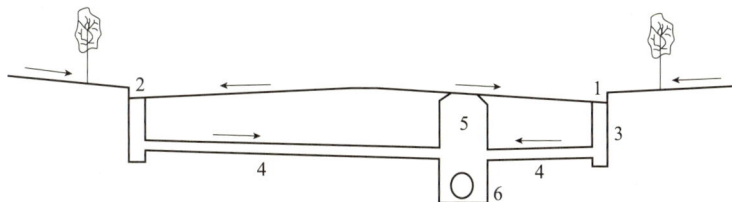

图6-45　暗管排水示意图
1—街沟；2—进水孔；3—雨水口；4—连接管；5—检查井；6—雨水干管

雨水排除系统一般不设泵站，雨水靠重力排除水体。但某些地区地势平坦或区域较大的城市，因为水体的水位高于出水口，常需设置泵站抽升雨水。

3. 混合系统

城市中排除雨水可用暗管，也可用明沟，在一个城市中，也不一定只采用单一系统来排除雨、雪水。明沟造价低，但在建筑密度高、交通繁忙的地区，采用明沟需增加大量的桥涵，并不一定经济，并影响交通和环境卫生。因此，这些地区采用暗管系统。而在城镇的郊区，由于建筑密度小、交通稀疏，应首先采用明沟。在一个城市中，既采用暗管又采用明沟的排水系统就是混合系统。这种系统可以降低整个工程的造价，同时又不至于引起市中心的交通不便和环境卫生。

山区和丘陵地带的防洪沟应采用明沟。若采用暗管，由于地面坡度大、水流快，往往迅速越过暗管的雨水口，使暗管失去作用。另外，当洪流超过雨水管道的排水能力时，不能及时泄洪。

6.4.2　城市道路工程排水系统图识读

1. 雨水管道及其附属构筑物沿道路的布置

（1）雨水口布置

雨水口是雨水管道或合流管道上汇集雨水的构筑物。街道上的雨、雪水首先进入雨水口，再经过连接管流入雨水管道。因此雨水口的位置非常重要，如果雨水口不能汇集雨、雪水，那么雨水管道就失去了作用。

雨水口应根据道路（广场）情况、街坊及建筑情况、地形情况（应特别注意汇水面积大、地形低洼的积水点）、土壤条件、绿化情况、降雨强度，以及雨水口的泄水能力等因素设置。

雨水口宜于设置在汇水点（包括集中来水点）和截水点上，前者如道路街坊中的低洼处等，后者如道路上每隔一定距离处、沿街各单位出入口及人行横道线上游（分水点情况除外）等。

道路交叉口处，应根据雨水径流情况布置雨水口，如图6-46所示。

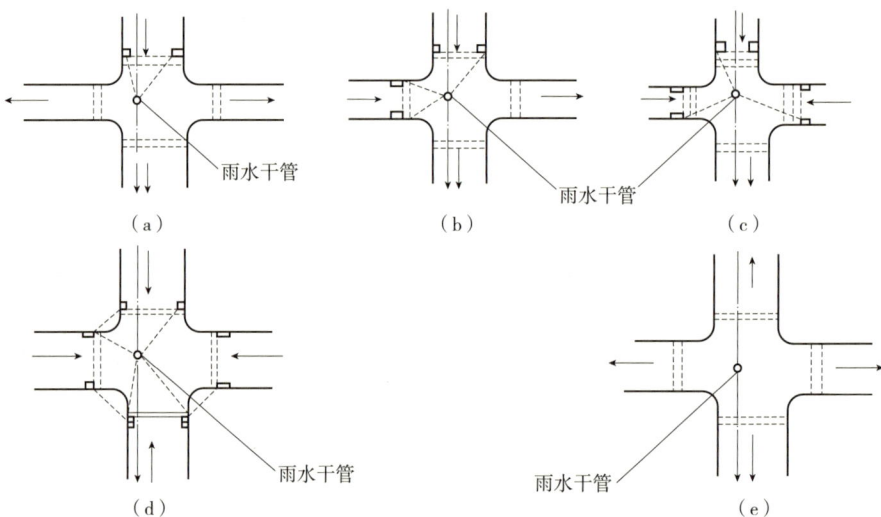

图6-46　路口雨水口布置
（a）一路汇水三路分水；（b）二路汇水二路分水；（c）三路汇水一路分水；（d）四路汇水（最不利情况）；（e）四路分水

（2）检查井布置

检查井是雨水管道系统中用来检查、清通排水管道的构筑物，要求在排水管线的一定距离上设置检查井。此外，在排水管道的交汇处、转弯处、管径变化处、管道高程变化处都应设置检查井（检查井的间距应符合给水排水设计规范的要求）。

（3）雨水管道布置

城市道路的雨水管线一般平行于道路中心线或规划红线。雨水干管一般设置在街道中间或一侧，如图6-47所示，并宜设在快车道以外，在个别情况下也可以双线分置于街道的两侧。

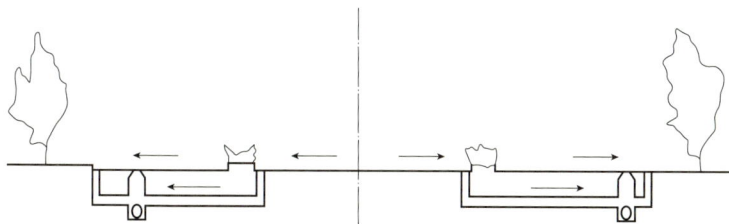

图 6-47　双线雨水管布置示意图

在交通量大的干道上,雨水管也可以埋在街道的绿地下和较宽的人行道下,以减少管道施工和检修对交通运输产生较大的影响,但不可埋设在种植树木的绿化带下和灯杆线下。

雨水管应尽可能避免或减少与河流、铁路以及其他城市地下管线的交叉,否则将使施工复杂并增加造价。在不能避免相交处应直交,并保证相互之间有一定的竖向间隙。雨水管道与房屋及其他管道之间的最小距离应满足给水排水设计规范的要求。雨水管与其他管线发生平交时,其他管线一般可用倒虹管的办法,如雨水管与污水管管线相交一般将污水管用倒虹管穿过雨水管的下方。

如果污水管的管径较小,也可以在交汇处加建窨井,将污水管改用生铁管穿越而过。当雨水管与给水管相交时,可以把给水管向上做成弯头,用铸铁管穿过雨水窨井。

雨水在管道内流动是重力流,所以雨水管道的纵坡坡度尽可能与街道纵坡坡度一致。这样不致使管道埋设过深,减少土方量。如果车行道过于平坦,排除地面雨水有困难时,应使街沟的纵坡坡度大于 0.3%,并用锯齿形街沟,以保证排水。

管道埋深不宜过大,一般在干燥土壤中,管道最大埋深不超过 7~8m。当地下水位较高,可能产生流沙的地区,不超过 4~5m。否则埋深过大将增加施工难度及工程造价。

管道的最小埋设深度决定于管道上面的最小覆土深度,如图 6-48 所示。在车行道下,管顶最小覆土深度一般不小于 0.7m。在保证管道不受外部荷载损坏时,最小覆土深度可适当减小。

不同直径的管道在检查井内的衔接,根据规范要求,应使上下游管段的管顶等高,称为管顶平接,如图 6-49 所示,这样可避免在上游管中形成回水。

2. 雨水管道及其附属构筑物的构造

(1)雨水口的形式及构造图

雨水口,一般由基础、井身、井口、井算等部分组成。其水平截面一般为矩形,如图 6-50 所示。按照集水方式的不同,雨水口可分为平算式、立算式与联合式。

平算式就是雨水口的收水井算呈水平状态设在道路或道路边沟上,收水井算与雨水流动方向平行。平算式雨水口又分成单算和双算,如图 6-51 所示。

码 6-16　雨水管道及其附属构筑物的构造

199

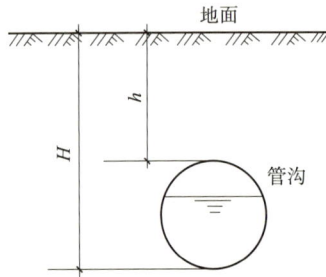

图6-48 覆土深度
h—盖土厚度；*H*—埋深

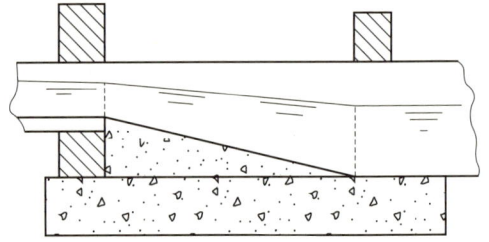

图6-49 管顶平接

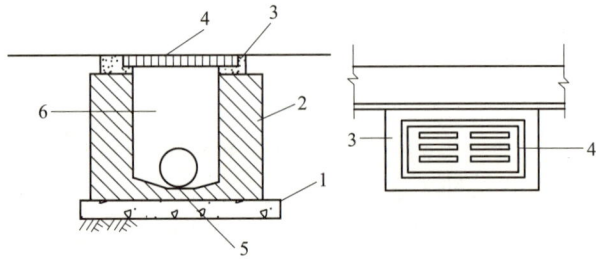

图6-50 雨水口基本构造
1—基础；2—井身；3—井箅圈；4—井箅；5—支管；6—井室

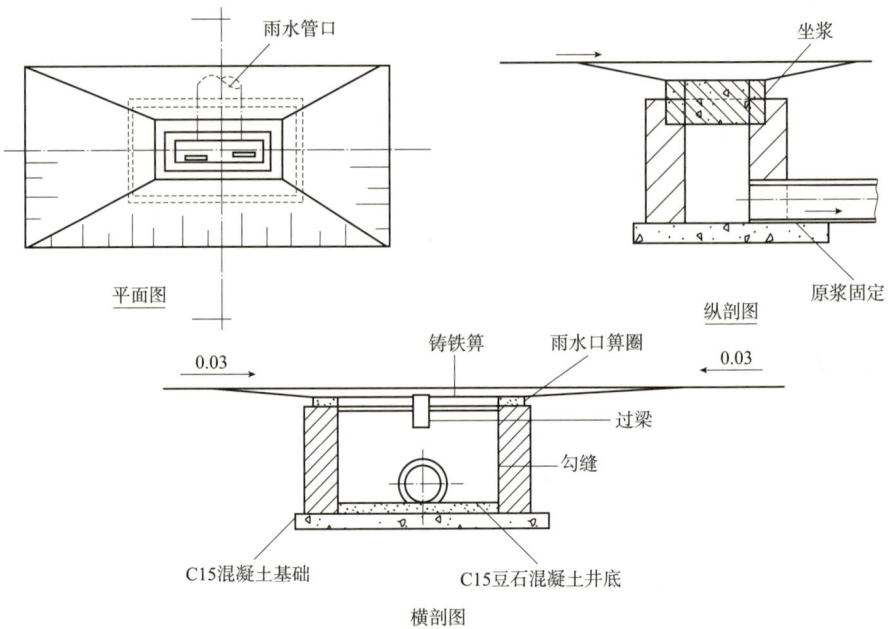

雨水管口

坐浆

平面图

纵剖图

原浆固定

0.03

铸铁箅

雨水口箅圈

0.03

过梁

勾缝

C15混凝土基础

C15豆石混凝土井底

横剖图

图6-51 平箅式雨水口

立箅式就是雨水口的收水井箅呈竖直状态设在人行道的侧缘石上，井箅与雨水流动方向成正交，如图6-52所示。

联合式就是雨水口兼有上述两种吸水井箅的设置方式，其两井箅成直角。联合式雨水口又分成单箅式、双箅式，如图 6-53、图 6-54 所示。

（2）检查井的形式及构造图

检查井的平面形状一般为圆形。大型管道的检查井，也有矩形或扇形的。一般检查井的基本构造可分为基础部分、井身、井口、盖板。

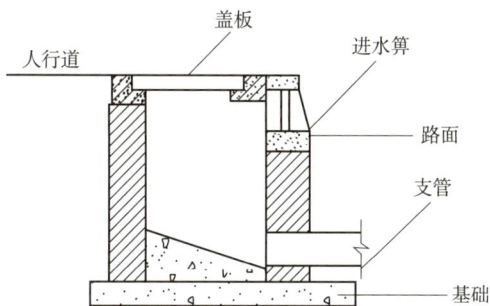

图 6-52　立箅式雨水口

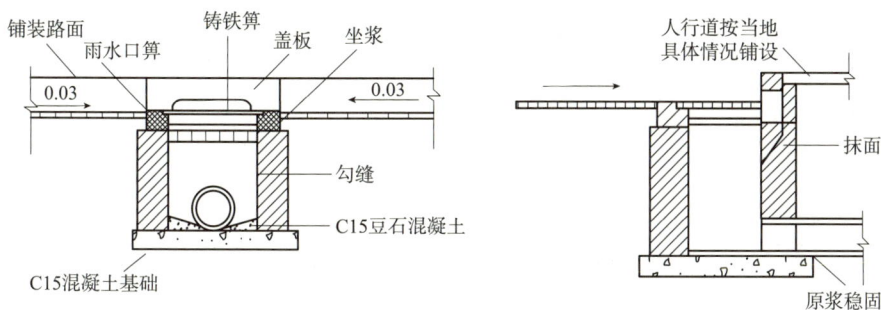

图 6-53　联合式单箅雨水口

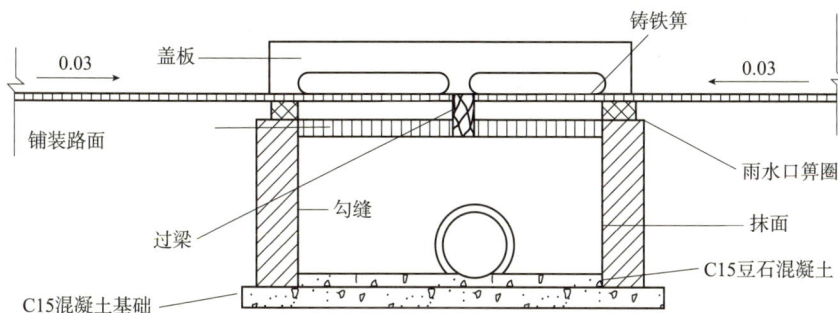

图 6-54　联合式双箅雨水口

检查井的基础一般由混凝土浇筑而成，井身多为砖砌，内壁须用水泥砂浆抹面，以防渗漏。井口、盖板多为铸铁制成。检查井的井口应能够容纳人进出。井室内也应保证下井操作人员的操作空间。检查井内上、下游管道的连接，是通过检查井底的半圆形或弧形流槽，按上下游管底高程顺接。这样，可以使管内水流在过井时，有较好的水力条件。流槽两侧与检查井井壁间的沟肩宽度一般不应小于 20cm，以便维护人员下井时立足。设在管道转弯或管道交汇处的检查井，其流槽的转弯半径，应按管线转角的角度及管径的大小确定，以保证井内水流通顺。一般检查井内的流槽形式

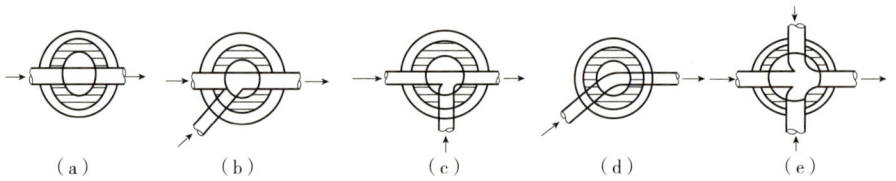

图 6-55　检查井内流槽形式

（a）直线井；（b）90°~135° 三通井；（c）90° 三通井；（d）转弯井；（e）四通井

如图 6-55 所示。

雨水检查井、污水检查井的构造基本相同，只是井内的流槽高度有差别。当一般管道按管顶平接时，雨水检查井的流槽高度：如果是同管径的管道在检查井内连接时，流槽顶与管中心平齐；如果管径不同，则流槽顶一般与小管中心平齐。污水检查井的流槽高度：在按管顶平接时，流槽顶一般与管内顶平齐。也就是说，在同等条件下，污水检查井的流槽要比雨水检查井的高一些。

下面是几种常用检查井的构造图，如图 6-56~ 图 6-58 所示。

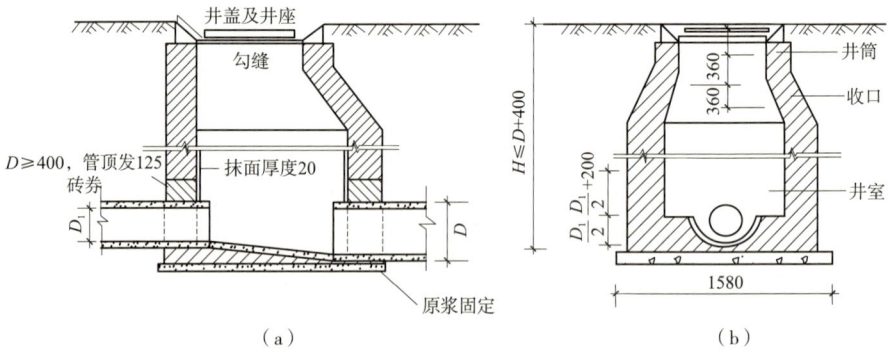

图 6-56　Φ1000mm 圆形雨水检查井剖面图（单位：mm）

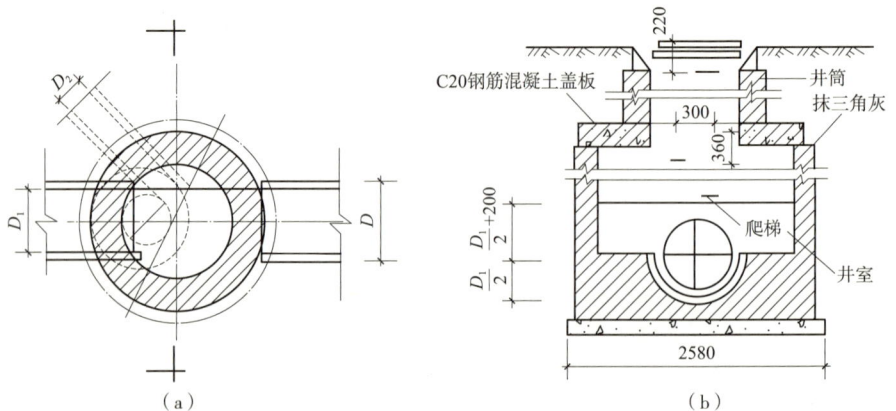

图 6-57　Φ1500mm 圆形雨水检查井（单位：mm）

（a）平面图；（b）剖面图

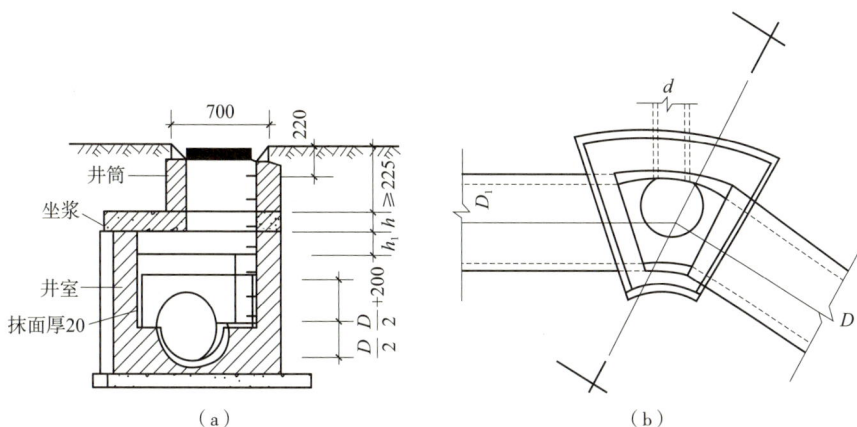

图 6-58　扇形雨水检查井（D=800~2000mm）（单位：mm）
（a）剖面图；（b）平面图

（3）雨水管道的构造组成

雨水管道系统在郊区可用雨水明渠，在城市中的雨水管道系统中的高程控制点地区或其他平坦地区可用地面式暗沟，其他地区可用雨水管道。

1）雨水明渠

雨水明渠的断面可以采用梯形或矩形，用砖石或混凝土块铺砌而成。有些也可以不用砖石或混凝土铺砌，当土渠跌差小于1m时，可用浆砌块石铺砌。土

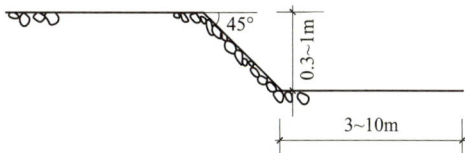

图 6-59　土明渠跌水示意

明渠跌水示意如图 6-59 所示，雨水管道与雨水明渠连接如图 6-60 所示。

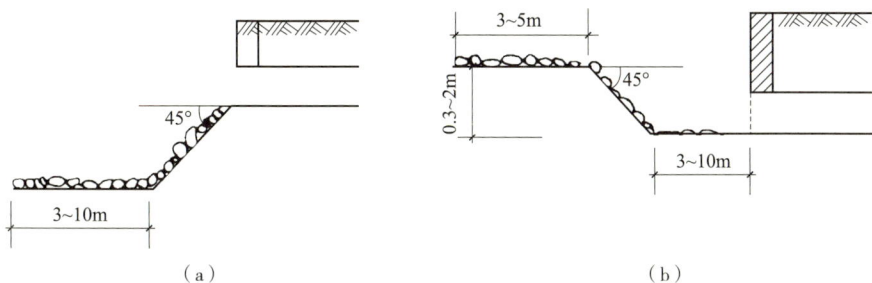

图 6-60　雨水管道与雨水明渠连接

2）地面式雨水暗沟

地面式雨水暗沟是一种无覆土的盖板渠。地面式雨水暗沟的全部或大部分处于冻层之内，因此应考虑冻害问题。一般防冻做法是：施工时尽量开小槽，在侧墙（砖墙或块石墙或装配式钢筋混凝土构件）外肥槽中回填焦渣或混渣等材料以保温，并破坏毛细作用。有条件处宜尽量采用块石侧墙。我国南方温暖地区问题不大，华北大部分地区按上述做法也能大大减轻冻害，寒

冷地区采用时则应慎重。此外，对浅埋的地下管线增加了交叉的机会，须做妥善规划和处理。沟盖板兼做步道时，在构造上应考虑启盖后便于复原，板面应光滑耐磨。地面式雨水暗沟在道路断面内布置示例如图 6-61~ 图 6-63 所示。

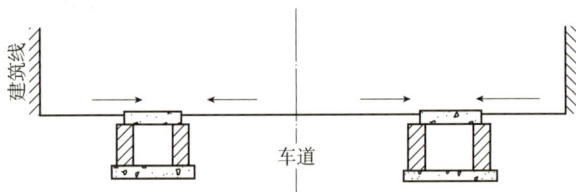

图 6-61　地面式雨水暗沟在道路断面内布置示例 1

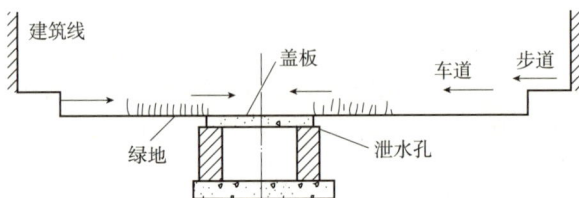

图 6-62　地面式雨水暗沟在道路断面内布置示例 2

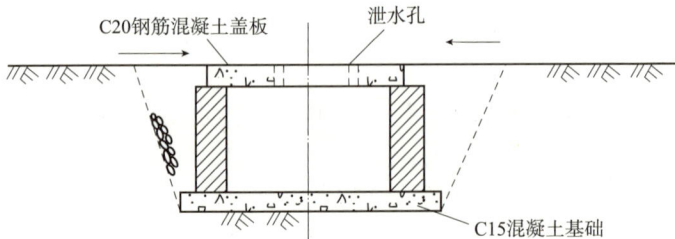

图 6-63　地面式雨水暗沟在道路断面内布置示例 3

3）雨水管道

在城市的市区一般利用管道排除雨水。常用的雨水管道为圆形断面，管材一般有两种类型：金属管材和非金属管材。金属管材一般有铸铁管和钢管两种，由于金属管材造价很高，一般只在排水管道穿越铁路、高速公路以及严重流沙地段、地震烈度超过 8 度地区或者倒虹管等有特殊要求的工程项目中才考虑采用。非金属管材常用混凝土管、钢筋混凝土管、塑料管。

雨水管道常用的基础是混凝土基础。混凝土基础由管基和管座两部分组成，如图 6-64 所示。由于结构形式的不同，混凝土基础可分为枕形基础和带形基础两种。

①枕形基础是仅设在管道接口处的局部管基与管座，如图 6-65 所示。
②带形基础是一种沿管线全长敷设的管基与管座，如表 6-9 所示。

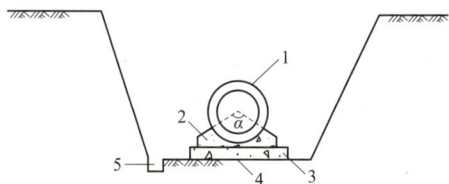

图 6-64 管道基础示意图
1—管道；2—管座；3—管基；4—地基；5—排水沟

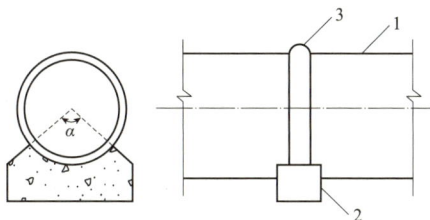

图 6-65 混凝土枕形基础
1—管道；2—基础；3—接口

带形基础及适用条件 表 6-9

基础形式	示意图	适用条件	基础形式	示意图	适用条件
C9 基座		管顶以上覆土层厚度为 0.7~2.5m	C36 Ⅰ型基座		管顶以上覆土层厚度小于 0.7m 或需要加固处管径 1000mm 以下
C13.5 基座		管顶以上覆土层厚度为 2.6~4.0m	C36 Ⅱ型基座		条件同上和管径大于 1000mm
C18 基座		管顶以上覆土层厚度为 4.1~6.0m			

4）雨水管道出水口

出水口是雨水管道将雨水排入池塘、小河的出口，一般是非淹没式的，即出水管的管底高程，在排放水体常年水位以上，最好在最高水位以上，以防倒灌。出水口与河道连接部分应做护坡（图 6-66）或挡土墙，以保护河岸和固定管道出水口的位置。

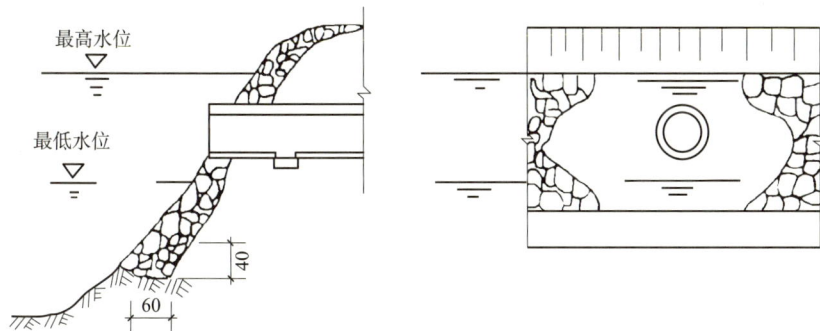

图 6-66 采用护坡的出水口（单位：mm）

3.城市道路工程排水系统图识读

（1）平面图识读

道路工程排水系统平面图，一般比例为 1：500~1：200，以布置雨水管线的道路为中心。图上应注明：雨水管网干管、主干管的位置；设计管段起讫检查井的位置及其编号；设计管段长度、管径、坡度及管道的排水方向。还应注明道路的宽度并绘出了道路边线及建筑物轮廓线等。此外，还应注明设计管线在道路上的准确位置，设计管线与周围建筑物的相对位置关系，以及设计管线与其他原有或拟建其他地下管线的平面位置关系等。

（2）纵断面图识读

道路工程排水系统纵断面图是与平面图相互对应并互为补充的。平面图是着重反映设计管线在道路上的平面位置；纵断面图则是重点突出设计管道在道路以下的状况。为了突出纵断面图的这个特点，一般将纵断面图绘成沿管线方向的比例与竖直方向（挖深方向）的比例不同的形式，沿管线方向的比例一般应与平面详图比例相同，而竖直方向的比例通常采用1：100~1：50。这样可以使管道的断面加大，位置也变得更明显。图上表明了设计管径、管底坡度、管内底高程、设计路面高程、检查井编号以及管道材料、管道基础类型及旁侧支管的位置等，如图6-67所示。

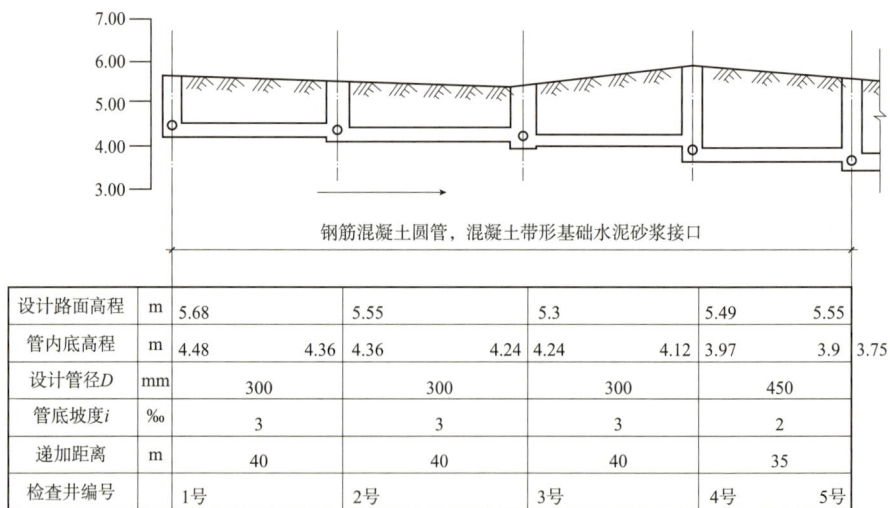

钢筋混凝土圆管，混凝土带形基础水泥砂浆接口

设计路面高程	m	5.68		5.55		5.3		5.49	5.55
管内底高程	m	4.48	4.36	4.36	4.24	4.24	4.12	3.97	3.9	3.75
设计管径D	mm	300		300		300		450	
管底坡度i	‰	3		3		3		2	
递加距离	m	40		40		40		35	
检查井编号		1号		2号		3号		4号	5号

图6-67　道路工程排水系统纵断面图

作业页

班级：　　　　　姓名：　　　　　学号：

📄 思考题

（1）什么叫排水体制？排水体制分为哪几种形式？它们的使用条件是什么？

（2）道路雨水排水系统有哪几类？它们的主要构造有哪些？

（3）雨水口、检查井有哪几种形式？它们的主要构造有哪几部分？

（4）雨水明渠、地面式雨水暗沟的构造组成有哪几部分？它们的适用条件分别是什么？

任务 6.5　道路工程路面结构图识读

　　道路路面是在路基表面上用各种不同材料或混合料分层铺筑而成的一种层状结构物。它的功能不仅是使汽车在道路上能全天候的行驶，而且要保证汽车以一定速度安全、舒适而经济地运行。路面的好坏直接影响行车速度、运输成本、行车安全和舒适。同时，路面在道路造价中占很大比重，一般高级路面要占道路总投资的 60%~70%，低级路面也要占20%~30%。因此，修好路面对发挥整个公路与城市道路运输的经济效益，具有十分重要的意义。

码 6-17　沥青路面结构图

　　路面结构图是表达各结构层的材料和设计厚度，用以指导路面施工的图样，如图 6-68 和图 6-69 所示。

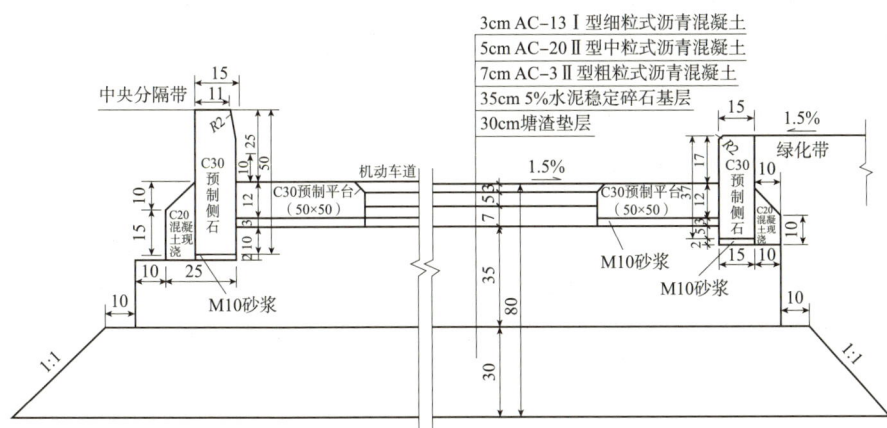

图 6-68　沥青混凝土路面结构图（单位：cm）

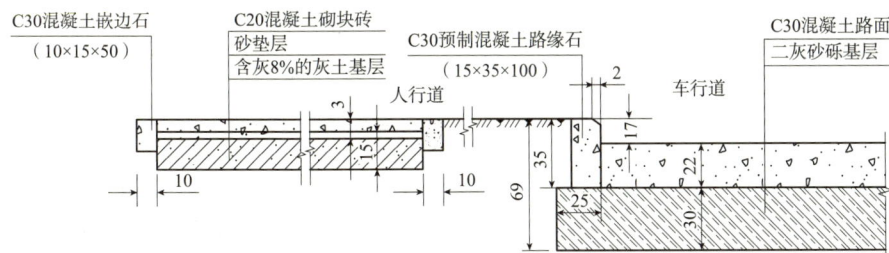

图 6-69　水泥混凝土路面示意图（单位：cm）

6.5.1　路面结构及其层次划分

　　1. 路基

　　路基是公路的重要组成部分，是线形构造物的主体。路基是路面的基

209

础，它与路面共同承受车辆荷载的作用，道路构造的基本形式如图6-70所示。

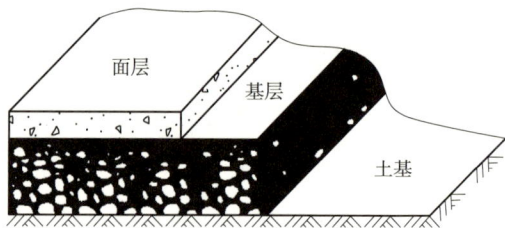

图 6-70 道路构造的基本形式

作用：主要承受由面层传下来的行车荷载竖直力的作用，并把它扩散到基层和土基。

要求：应具有足够的强度和刚度，但可不考虑耐磨性能。由于路基通常由天然土石材料修筑而成，因此要求路基应具有足够的稳定性。

常用材料：沥青稳定类（包括热拌沥青碎石、乳化沥青碎石混合料、沥青贯入碎石等）、无机结合料稳定类（又称半刚性类型，分为水泥稳定类、石灰稳定类、工业废渣稳定类等）、粒料等（包括各种碎石、砾石材料和天然砂砾等）以及片（块）石或圆石等。

基层可分为上基层和底基层两层。

上基层：设置在沥青面层与半刚性基层之间。其作用是加强面层与基层的共同作用或减少基层收缩所引起的反射裂缝；采用沥青稳定类材料或级配碎石铺筑。

底基层：设置在基层之下。其作用是分担基层的承重作用，并减薄其厚度；常采用符合要求的当地材料铺筑。

2. 路面

路面是公路与汽车车轮直接接触的结构层，主要承受车轮荷载和磨损。它是用各种不同的材料铺筑于路基顶面的单层或多层结构，如图6-71所示。路面工程的质量直接影响公路的使用性能和服务质量。

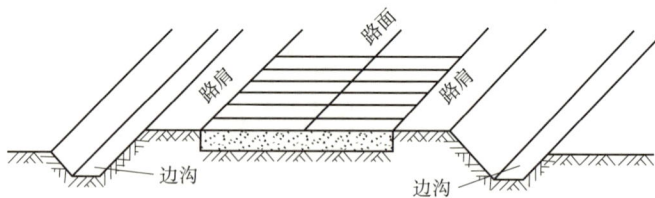

图 6-71 路面构造的基本形式

作用：是直接同车轮和大气相接触的结构层，直接承受行车荷载（竖直力，特别是水平力和冲击力）的反复作用，又受到降水的侵蚀和气温变化的不利影响。

要求：面层应具有足够的强度、刚度和稳定性，而且要耐久、防渗，其表面还应有良好的平整度和抗滑性能，以利于车辆在其表面安全而舒适地行驶，还应具有少尘性及低噪声。

常用材料：路面的使用品质主要取决于面层。各等级路面的材料分别为：高级路面（水泥混凝土、沥青混凝土）、次高级路面（热拌沥青碎石、乳化沥青碎石混合料、沥青贯入式和沥青表面处治等）、中级路面 [泥结碎石、级配砾（碎）石、半整齐石块]、低级路面（各种粒料加固或改善土）。

3. 垫层

垫层是设在土基与基层之间的构造层。其功能是改善土基的湿度和温度状况，以保证面层、基层的强度和刚度的稳定性和不受冻胀翻浆作用的影响。垫层常设在排水不良和冻胀翻浆路段。在地下水位较高地区铺设的垫层起隔水作用，又称隔离层。在冻深较大地区铺设的垫层能起防冻作用，又称防冻层。垫层还能扩散由面层和基层传来的车轮荷载垂直作用力，以减小土基的应力和变形，而且它能阻止路基土挤入基层中，影响基层结构的性能。

垫层采用具有较好的水稳定性和隔热性的材料，一般分为两类：一类是由松散粒料，如砂、砾石、炉渣、片石或圆石等组成的透水性垫层；另一类是由整体性材料如石灰土或炉渣石灰土等组成的水稳定性垫层。

如图 6-72 所示为一个典型的路面结构示意图。值得注意的是：实际上路面并不一定都具有那么多的结构层次。此外，路面各结构层次的划分，也不是一成不变的。为保护沥青路面的边缘，其基层应较面层每边宽约 0.25m，垫层也要较基层每边宽约 0.25m。当不设横向盲沟时，应将垫层向两侧延伸直至路基边坡表面，以利于排水。

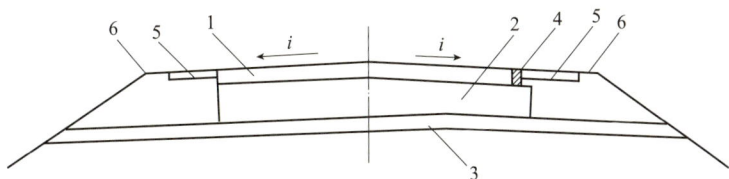

图 6-72　路面结构示意图
i—路拱横坡度；1—面层；2—基层；3—垫层；4—路缘石；5—加固路肩；6—土路肩

6.5.2　道路工程路面结构图识读

1. 水泥混凝土路面接缝构造图识读

水泥混凝土路面，包括素混凝土、钢筋混凝土、连续配筋混凝土、预应力混凝土、装配式混凝土、钢纤维混凝土和混凝土小块铺砌等面层板和基（垫）层组成的路面。目前最广泛采用的是就地浇筑的素混凝土路面，简称混凝土路面。

所谓素混凝土路面，是指除接缝区和局部范围（边缘和角隅）外，不配置钢筋的混凝土路面。它的优点是：强度高，稳定性好，耐久性好，养护费用少、经济效益高，有利于夜间行车。但是，对水泥和水的用量大，路面有接缝，养护时间长，修复困难。

码 6-18　水泥混凝土路面结构图

211

（1）接缝平面布置

混凝土面层是由一定厚度的混凝土板所组成，它具有热胀冷缩的性质。由于一年四季气温的变化，混凝土板会产生不同程度的膨胀和收缩。而在一昼夜中，白天气温升高，混凝土板顶面温度较底面高，这种温度差会使板的中部隆起。夜间气温降低，板顶面温度较底面低，会使板的周边和角隅翘起，如图6-73（a）所示。这些变形会受到板与基础之间的摩阻力和黏结力，以及板的自重车轮荷载等的约束，致使板内产生过大的应力，造成板的断裂或拱胀等破坏，如图6-73（b）所示。由于翘曲引起的裂缝，在裂缝发生后，被分割的两块板体并不会完全分离，倘若板体温度均匀下降引起收缩，则将使两块板体被拉开，如图6-73（c）所示，从而失去荷载传递作用。

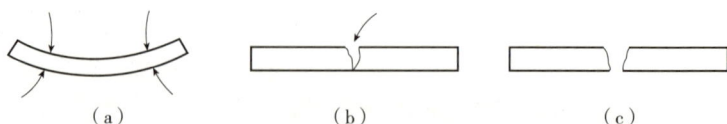

图6-73 混凝土由于温度差引起的变形

为避免这些缺陷，混凝土路面不得不在纵横两个方向设置许多接缝，把整个路面分割成为许多板块，如图6-74所示。按接缝与行车方向之间的关系，可把接缝分为纵缝与横缝两大类。

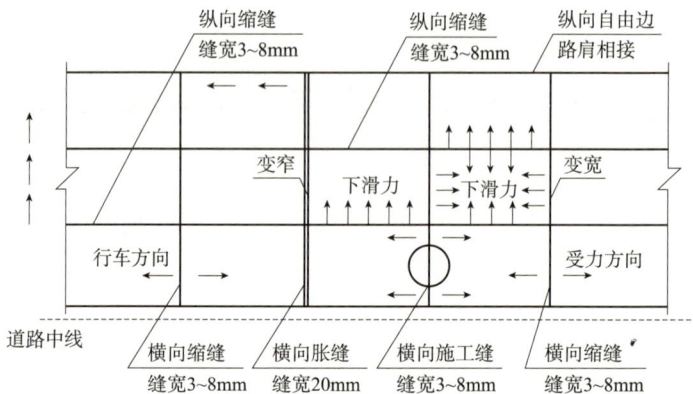

图6-74 水泥混凝土面板分块与接缝

（2）纵向接缝布置

纵向接缝包括施工缝和缩缝。纵缝应与路线中线平行，在路面等宽的路段内或路面变宽路段的等宽部分，纵缝的间距和形式应保持一致。路面变宽段的加宽部分与等宽部分之间，以纵向施工缝隔开。加宽板在变宽段起、终点处的宽度不应小于1m。纵向接缝的布设应视路面宽度和施工铺筑宽度而定，具体如下：

1）一次铺筑宽度小于路面宽度时，应设置纵向施工缝。纵向施工缝采用平缝形式，上部应锯切槽口，深度为 30~40mm，宽度为 3~8mm，槽内灌塞填缝料，构造如图 6-75（a）所示。

2）一次铺筑宽度大于 4.5m 时，应设置纵向缩缝。纵向缩缝采用假缝形式，宽度为 3~8mm，锯切的槽口深度视基层材料而异。采用粒料基层时，槽口深度应为板厚的 1/3；采用半刚性基层时，槽口深度应为板厚的 2/5，构造如图 6-75（b）所示。

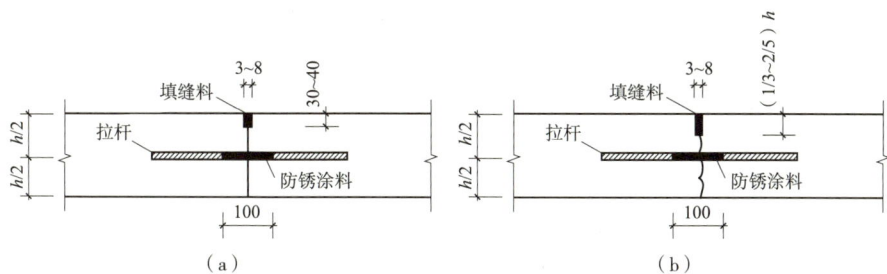

图 6-75 纵缝构造形式（单位：mm）
（a）纵向施工缝；（b）纵向缩缝

4）纵向接缝在板厚中央设置拉杆，拉杆应采用螺纹钢筋，d=12~16mm，L=60~90cm，并应对拉杆中部 100mm 范围内进行防锈处理，最外侧的拉杆距横向接缝的距离不得小于 100mm。

（3）横向接缝布置

横向接缝包括缩缝、胀缝和施工缝。横向接缝和纵向接缝应垂直相交，纵缝两侧的横缝不得相互错位，具体内容如下：

1）横向缩缝可等间距或变间距布置，采用假缝形式。特重和重交通公路、收费广场以及邻近胀缝或自由端部的 3 条缩缝，应采用设传力杆假缝形式，其构造如图 6-76（a）所示。其他情况可采用不设传力杆假缝形式，其构造如图 6-76（b）所示。

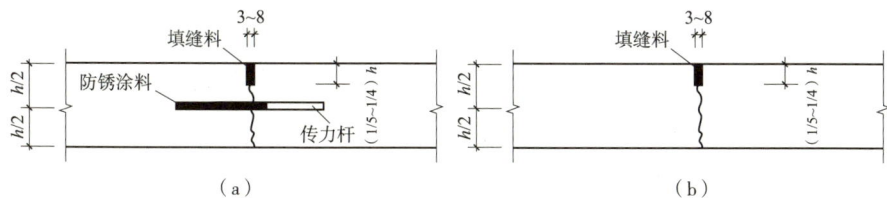

图 6-76 横向缩缝构造形式（单位：mm）
（a）设传力杆假缝；（b）不设传力杆假缝

2）横向缩缝顶部应锯切槽口，深度为面层厚度的 1/5~1/4，宽度为 3~8mm，槽内填塞填缝料。高速公路的横向缩缝槽口宜增设深 20mm、宽 6~10mm 的浅槽口，其构造如图 6-77 所示。

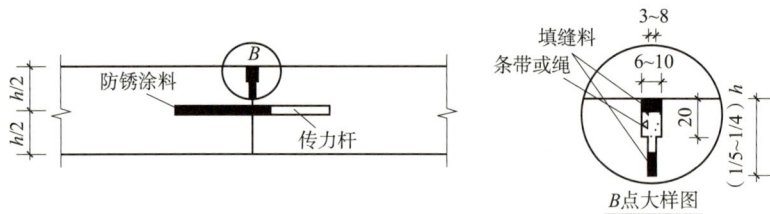

图 6-77　槽口构造（单位：mm）

3）在邻近桥梁或其他固定构造物处或与其他道路相交处应设置横向胀缝。胀缝的条数，视膨胀量大小而定。低温浇筑混凝土面层或选用膨胀性高的集料时，宜酌情确定是否设置胀缝。胀缝宽 20mm，缝内设置填缝板和可滑动的传力杆，如图 6-78 所示。

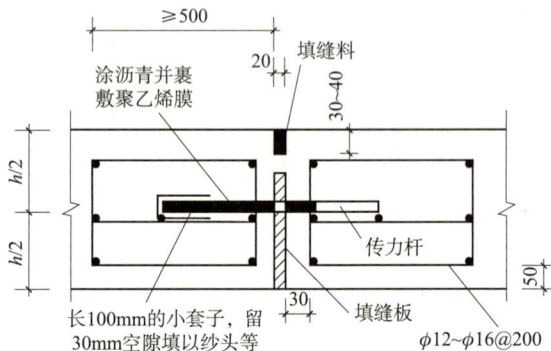

图 6-78　胀缝构造（单位：mm）

4）每日施工结束或因临时原因中断施工时，必须设置横向施工缝，其位置应尽可能选在缩缝或胀缝处。设在缩缝处的施工缝，应采用加传力杆的平缝形式，其构造如图 6-79（a）所示；设在胀缝处的施工缝，其构造与胀缝相同，遇有困难需设在缩缝之间时，施工缝采用设拉杆的企口缝形式，其构造如图 6-79（b）所示。

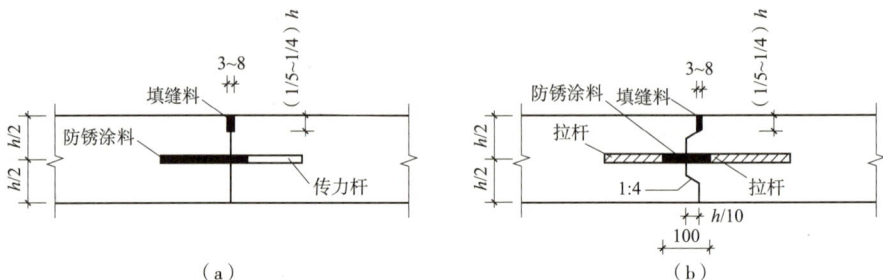

（a）　　　　　　　　　　　　　　（b）

图 6-79　横向施工缝构造（单位：mm）
（a）加传力杆的平缝形式；（b）设拉杆的企口缝形式

传力杆应采用光面钢筋，d=25mm 时，L=45cm；d=30mm 时，L=50cm。最外侧传力杆距纵向接缝或自由边的距离为 150~250mm。

（4）纵横缝交叉布置

纵缝与横缝一般垂直正交，使混凝土板具有 90° 的角隅。纵缝两旁的横缝一般成一条直线。实践证明，如横缝在纵缝两旁错开，将导致板产生从横缝延伸出来的裂缝，如图 6-80 所示。在交叉口范围内，为了避免板形成较锐的角并使板的长边与行车的方向一致，大多采用辐射式的接缝布置形式，如图 6-81 所示。

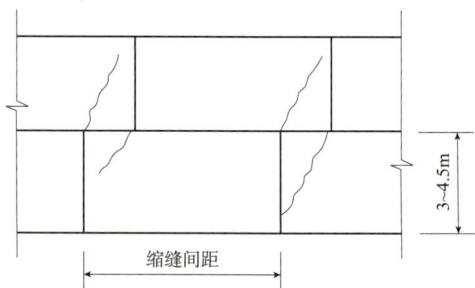

图 6-80　横缝错开时引起的裂缝

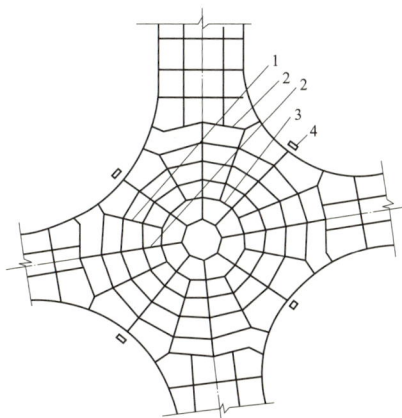

图 6-81　交叉口接缝布置
1—纵缝（企口式）；2—胀缝；3—缩缝；4—进水口

目前在国外流行一种新的混凝土路面接缝布置形式，即胀缝甚少，缩缝间距不等，按 4m、4.5m、5m、5.5m 和 6m 的顺序设置，而且横缝与纵缝交成 80° 左右的斜角，如设传力杆，则传力杆与路中线平行，其目的是使一辆车只有一个后轮横越接缝，减轻由于共振作用所引起的行车跳动的幅度，同时也可缓和板伸张时的顶推作用。

至于传力杆的设置问题，国外一般认为：①对低交通量道路，当收缩缝间距小于 4.5~6.0m，可不设传力杆；②对大交通量道路，任何时候都应该设置传力杆，采用间距小的收缩缝和稳定类基层时例外。

（5）钢筋布置

1）边缘钢筋

混凝土面层自由边缘下基础薄弱或接缝为未设传力杆的平缝时，可在面层边缘的下部配置边缘钢筋。边缘钢筋通常选用 2 根直径为 12~16mm 的螺纹钢筋，置于面层底面之上 1/4 厚度处并不小于 50mm，间距为 100mm，如图 6-82 所示，纵向边缘钢筋一般只布置在一块板内，不得穿过收缩缝，以免妨碍板的翘曲；但有时也可将其穿过缩缝，但不得穿过胀缝。为加强锚固能力，钢筋两端应向上弯起。在横胀缝两侧边缘以及混凝土路面的起点、终点处，为加强板的横向边缘，也可设置横向边缘钢筋。

2）角隅钢筋

其设置在膨胀缝两侧板的角隅处，一般采用 2 根直径 12~14mm 长 2.4m

215

的螺纹钢筋并将其弯成如图 6-83 所示的形状。角隅钢筋应设在板的上部，距板顶面不小于 50mm，距膨胀缝和板边缘各为 10mm。在交叉口处，对无法避免形成的锐角，宜设置双层钢筋网补强，如图 6-84 所示，以避免板角断裂。钢筋布置在板的上下部，距板顶（底）50~70mm 为宜。

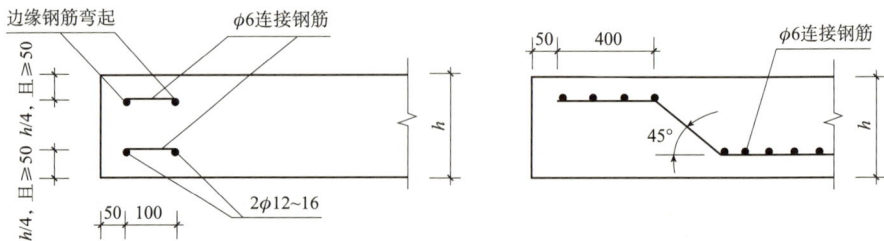

图 6-82　边缘钢筋（单位：mm）

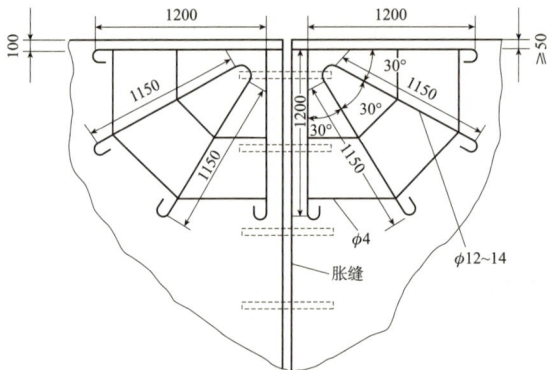

图 6-83　角隅钢筋（单位：mm）

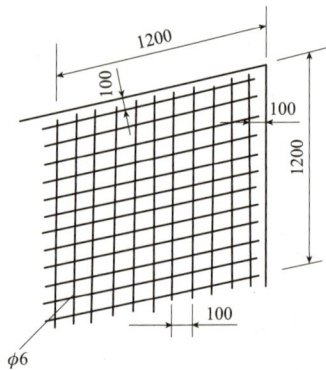

图 6-84　钢筋网（单位：mm）

　　混凝土面层下有箱形构造物横向穿越，其顶面至面层底面的距离小于 400mm 或嵌入基层时，在构造物顶宽及两侧各 $H+1$m 且不小于 4m 的范围内，混凝土面层内应布设双层钢筋网，上下层钢筋网各距面层顶面和底面 1/4~1/3 厚度处，如图 6-85 所示。构造物顶面至面层底面的距离为 400~1200mm 或嵌入基层时，则在上述长度范围内的混凝土面层中应布设单层钢筋网。钢筋网设在距顶面 1/4~1/3 厚度处，如图 6-86 所示。钢筋直径 12mm，纵向钢筋间距 100mm，横向钢筋间距 200mm。配筋混凝土面层与相邻混凝土面层之间设置传力杆缩缝。

　　混凝土面层下有圆形管状构造物横向穿越，其顶面至面层底面的距离小于 1200mm 时，在构造物两侧各 $H+1$m 且不小于 4m 的范围内，混凝土面层内应布设单层钢筋网，钢筋网设在距面层顶面 1/4~1/3 厚度处，如图 6-87 所示。

　　混凝土路面同桥梁相接处，宜设置钢筋混凝土搭板。搭板一端放在桥台上，并加设防滑锚固钢筋和在搭板上预留灌浆孔。如为斜交桥梁，尚应

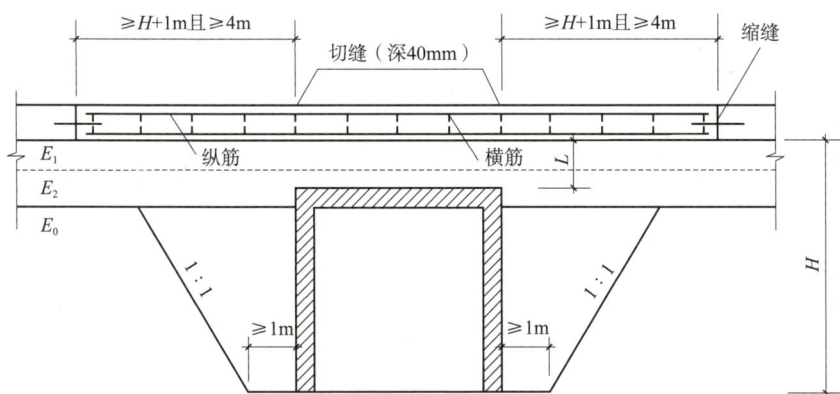

图6-85 箱形构造物横穿道路处的面层配筋（L 小于 400mm 或嵌入基层）
注：H 为面层底面到构造物底面的距离；L 为面层底层到构造物顶面的距离（下同）

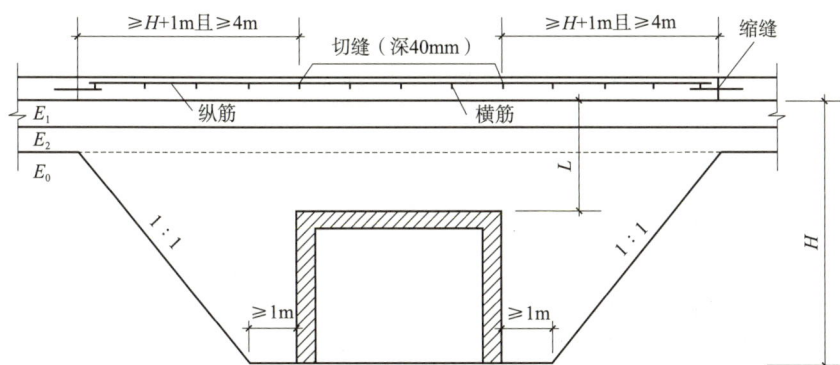

图6-86 箱形构造物横穿道路处的面层配筋（L 为 400~1200mm 或嵌入基层）

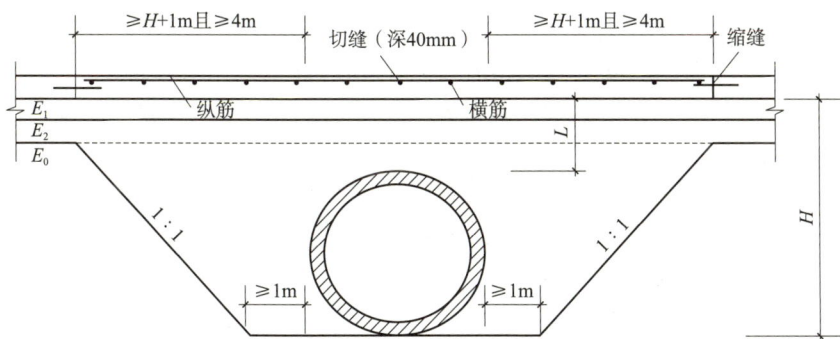

图6-87 圆形管状构造物横穿道路处的面层配筋（L<1200mm）

设置钢筋混凝土渐变板。渐变板的块数，当桥梁斜角大于 70° 时设 1 块；
70°~45° 时设 2 块；小于 45° 时至少设 3 块，如图 6-88 所示，渐变板的短
边最小为 5m，长边最大为 10m。

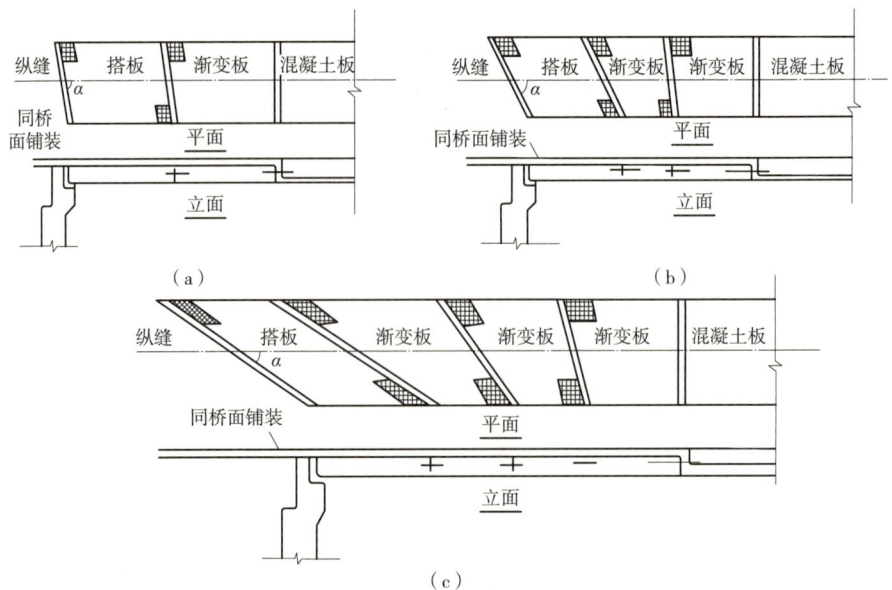

图 6-88　混凝土路面同斜交桥梁相接时的构造示意
（a）α>70°；（b）45° ≤ α ≤ 70°；（c）α<45°

2. 沥青混凝土路面的分类

（1）按沥青混合料的最大粒径分类。沥青混凝土混合料按矿料的最大粒径，可分为 LH-35、LH-30、LH-25、LH-20、LH-15、LH-10、LH-5 七种类型。在生产与施工上可按矿料粒径，分为粗粒式（LH-30 及 LH-35）、中粒式（LH-20 及 LH-25）、细粒式（LH-10 及 LH-15）以及沥青砂（LH-5）。

（2）按结构空隙率分类。根据沥青混凝土混合料按标准压实后剩余空隙率，可分为 I 型（剩余空隙率 3%~6%）和 II 型（剩余空隙率 6%~10%）。

（3）按结构形式分类。沥青混凝土路面可修筑为单层式或双层式。单层式面层的厚度为 4~6cm，宜采用中粒式沥青混凝土一次铺筑，双层式一般采用厚 2~4cm，用中粒式或细粒式沥青混凝土作上面层；厚 3.5~5cm（有的城市达到 8cm）用粗粒式沥青混凝土作下面层。

沥青混凝土混合料材料的规格，应符合规范规定。如图 6-89 所示为高速公路沥青混凝土路面结构组成示例。

3. 路面结构施工图识读

路面结构施工图常采用断面图的形式表示其构造做法。路面结构根据当地气候条件不同有所区别，如图 6-90 所示为我国华东地区干燥及季节性潮湿地带常用的几种典型公路路面构造。如图 6-91 所示为我国新疆乌鲁木齐地区机动车道路面结构大样图，图 6-92 为该地区人行道路面结构大样图。

日本东名高速公路

密配级配沥青混凝土4

粗粒式沥青混凝土6

沥青碎石18

级配碎石17

意大利Autostrade del sole

沥青混凝土3
沥青混凝土7

沥青碎石15

级配砂砾36

砂层30~40

法国Autoroute Entered-Cote d'Azuy

沥青混凝土3
沥青混凝土4

沥青碎石16

水泥稳定处理10~35

砂层15

奥地利 Brenner Motorway

沥青混凝土2.7
沥青混凝土3
沥青混凝土4.5

沥青碎石14

沥青碎石16

防冻层30

日本东北高速公路

水泥混凝土C15（有钢筋网）

水泥稳定基层15

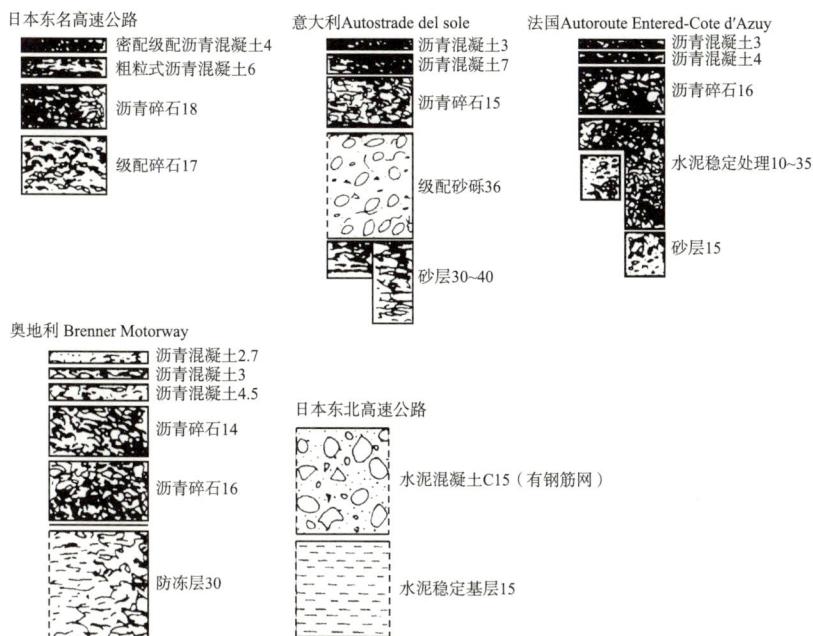

图 6-89　高速公路沥青混凝土路面结构组成示例（单位：cm）

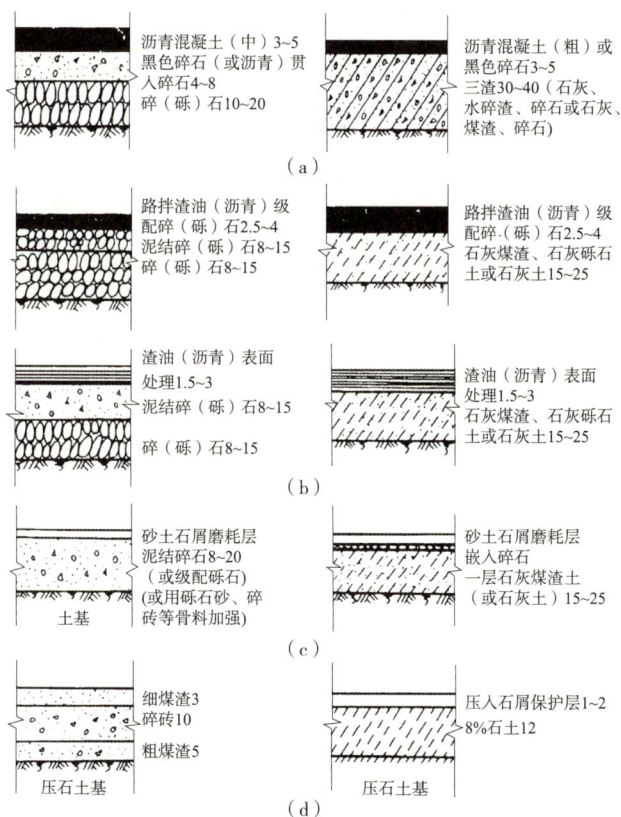

沥青混凝土（中）3~5
黑色碎石（或沥青）贯入碎石4~8
碎（砾）石10~20

沥青混凝土（粗）或黑色碎石3~5
三渣30~40（石灰、水碎渣、碎石或石灰、煤渣、碎石）

（a）

路拌渣油（沥青）级配碎（砾）石2.5~4
泥结碎（砾）石8~15
碎（砾）石8~15

路拌渣油（沥青）级配碎（砾）石2.5~4
石灰煤渣、石灰砾石土或石灰土15~25

渣油（沥青）表面处理1.5~3
泥结碎（砾）石8~15
碎（砾）石8~15

渣油（沥青）表面处理1.5~3
石灰煤渣、石灰砾石土或石灰土15~25

（b）

砂土石屑磨耗层
泥结碎石8~20
（或级配砾石）
(用砾石砂、碎砖等骨料加强)
土基

砂土石屑磨耗层
嵌入碎石
一层石灰煤渣土（或石灰）15~25

（c）

细煤渣3
碎砖10
粗煤渣5
压石土基

压入石屑保护层1~2
8%石土12
压石土基

（d）

图 6-90　典型公路路面构造（单位：cm）
（a）高级路面；（b）次级路面；（c）中级路面；（d）低级路面

219

回填种植土　彩色花砖19.7×19.7×8　　预制彩色混凝土立缘石15×42×74.5

中粒式沥青混凝土厚4cm
粗粒式沥青混凝土厚6cm
二灰砂砾基层厚20cm
天然砂砾垫层厚30cm

彩色花砖19.7×19.7×8
2cm水泥砂浆

40　　　12　　3

15

1%

C15混凝土浇筑

2cm水泥砂浆

3cm水泥砂浆

10

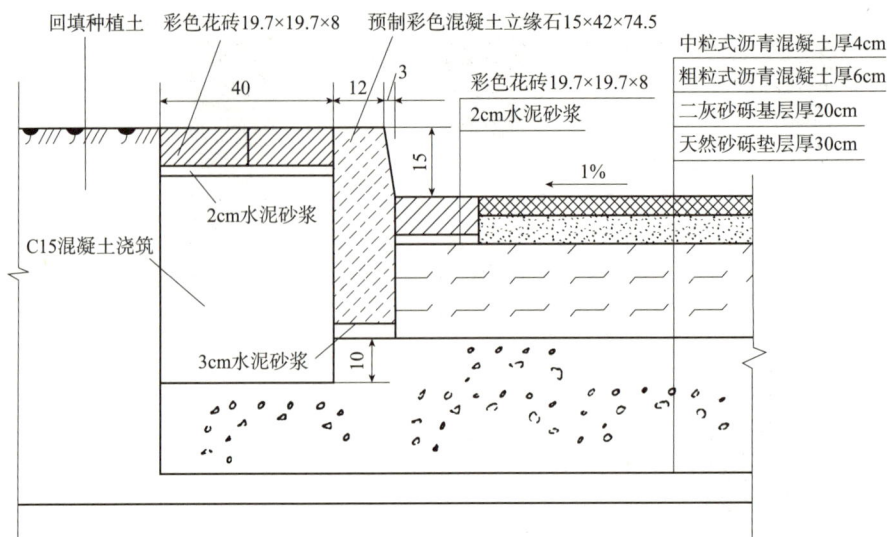

图6-91　机动车道路面结构大样图（单位：cm）

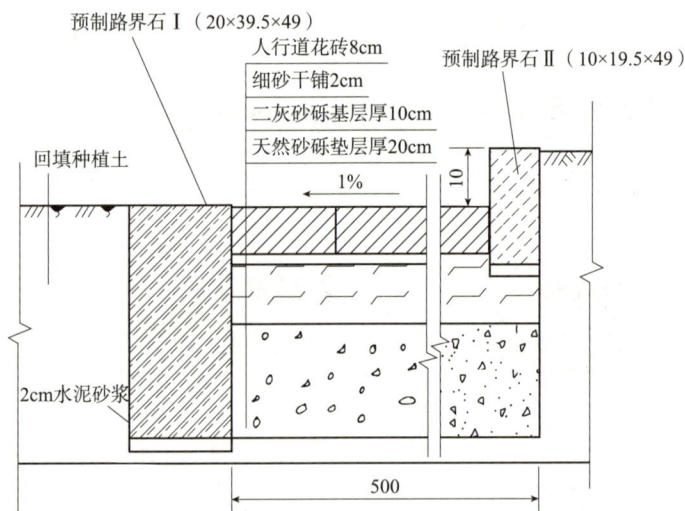

预制路界石Ⅰ（20×39.5×49）

人行道花砖8cm
细砂干铺2cm
二灰砂砾基层厚10cm
天然砂砾垫层厚20cm

预制路界石Ⅱ（10×19.5×49）

回填种植土

1%

10

2cm水泥砂浆

500

图6-92　人行道路面结构大样图（单位：cm）

作业页

班级：　　　　　　姓名：　　　　　　学号：

思考题

（1）路基的作用是什么？路基常用的材料包括哪些？对路基的要求有哪些？

（2）路面的作用是什么？路面常用的材料包括哪些？对路面的要求有哪些？

（3）垫层的作用是什么？垫层常用的材料有哪些？

（4）在水泥混凝土路面结构图中接缝如何分类？

（5）胀缝设置的要求是什么？

任务 6.6　挡土墙工程图识读

6.6.1　挡土墙基本认知

如图 6-93 所示，挡土墙是用来支撑天然边坡和人工填土边坡以保持土体稳定的构筑物。

码 6-20　挡土墙概述

图 6-93　挡土墙

1.挡土墙设置位置

设置在高填路堤或陡坡路堤的下方的路肩挡土墙或路堤挡土墙，它的作用是防止路基边坡或基底滑动，确保路基稳定，同时可收缩填土坡脚，减少填方数量，减少拆迁和占地面积，以保护邻近线路的既有重要建筑物，如图 6-94（a）（b）所示。

设置在堑坡底部的为路堑挡土墙，主要用于支撑开挖后不能自行稳定的边坡，同时可减少刷方数量，降低刷坡高度，如图 6-94（c）所示。

设置在堑坡上部的山坡挡土墙或抗滑挡土墙，用于支挡山坡土可能塌滑的覆盖层或破碎岩层，有的兼有拦石作用，如图 6-94（d）（e）所示。

设置在滨河及水库路堤傍水侧的浸水挡土墙，可防止水流对路基的冲刷和侵蚀，也是减少压缩河库或少占库容的有效措施，如图 6-94（f）所示。

设置在隧道口或明洞口的挡土墙，可缩短隧道或明洞长度，降低工程造价。

设置在出水口四周的挡土墙可防止水流对河床、池塘边壁的冲刷，防止出水口堵塞。

2.挡土墙特点及适用条件

挡土墙特点及适用条件见表 6-10。

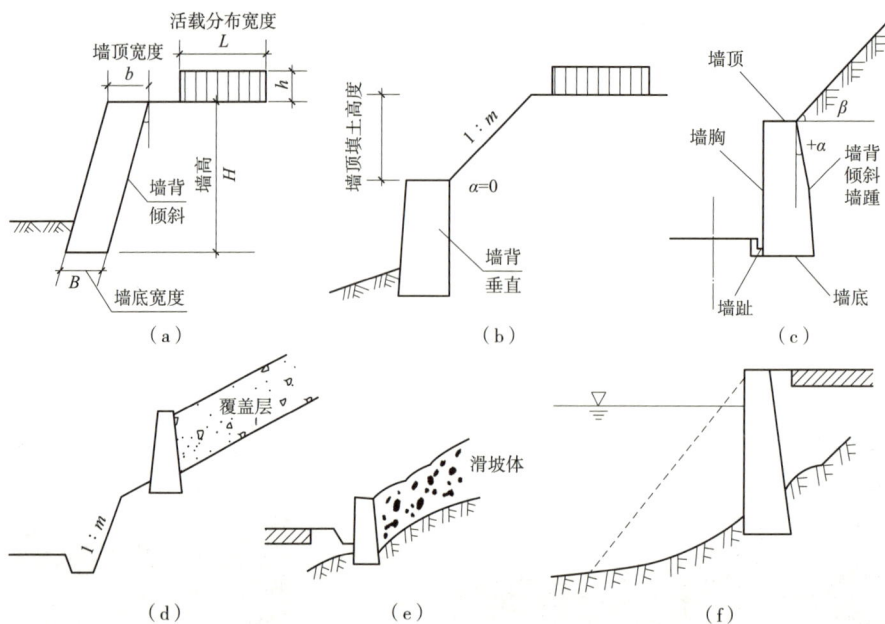

图6-94 设置在不同位置的挡土墙
（a）路肩挡土墙；（b）路堤挡土墙；（c）路堑挡土墙；（d）山坡挡土墙；（e）抗滑挡土墙；
（f）浸水挡土墙

挡土墙的特点及适用条件　　　　　　　　　　　　　　　表6-10

类型	结构示意图	特点及适用条件
重力式		依靠墙自重承受土压力，结构简单、施工简便。由于墙身重，对地基承载力的要求也较高。墙身一般用浆砌片石或块石砌筑。在墙身不高时，也可干砌。 适用于一般地区、浸水地区和地震地区的路肩、路堤和路堑等支挡工程
衡重式		设置衡重台使墙身重心后移，并利用衡重台上的填土，增加墙身稳定。上墙背俯斜而下墙背仰斜，可降低墙身高度及减少基础开挖，以及节约墙身断面尺寸。 适用于陡山坡的路肩墙、路堤墙和路堑墙（兼有拦挡落石作用）
悬臂式		墙身及基础均采用钢筋混凝土浇筑，断面尺寸较小，由立壁、墙趾板和墙踵板三部分组成。立壁下部弯矩较大，特别在墙高时，需设置的钢筋较多。 适用于石料缺乏、地基承载力较低的填方路段，墙高不宜超过5m
扶壁式		相当于沿悬壁式墙的墙长，每隔一定距离设置一道扶壁，使墙面板（立壁）与墙踵板连接起来，以承受较大的弯矩作用。 适用于石料缺乏、地基承载力较低的填方路段，墙高不宜超过15m

续表

类型	结构示意图	特点及适用条件
锚杆式		由立柱、挡板和锚杆组成，靠锚杆锚固在山体内拉住立柱。立柱、挡板可预制。 宜用于墙高较大的岩质路堑地段，可用作抗滑挡土墙，可采用立柱式或板壁式单级墙或多级墙，每级墙高不宜大于 8m，多级墙的上、下级墙体之间应设置宽度不小于 2m 的平台
锚定板式		类似于锚杆式，将锚杆的固定端用锚定板固定在山体内。 适用于缺少石料地区的路肩挡土墙或路堤挡土墙，但不应用于滑坡、坍塌、软土及膨胀土地区。可采用单级墙或多级墙，单级墙高不宜超过 10m，多级墙每级墙高不宜大于 6m，上、下级墙体之间应设置宽度不小于 2m 的平台，上、下两级墙的肋柱宜交错布置
加筋土式		加筋土挡土墙由墙面、拉筋和填料三部分组成，依靠拉筋与填料之间的摩擦力来抵抗侧向土压力，墙面可预制。 属于柔性结构，对地基变形适应性强，建筑高度大，具有省工、省料、施工方便、快速等优点。适用于一般地区的路肩挡土墙、路堤挡土墙，但不适用于滑坡、水流冲刷、崩塌等不良地质地段

6.6.2　挡土墙工程图识读

1. 挡土墙构造图

挡土墙的构造必须满足强度和稳定性要求，同时考虑就地取材、结构合理、断面经济、施工养护方便和安全。常用的重力式挡土墙，一般由墙身、基础、排水设施和沉降缝、伸缩缝等部分组成，如图 6-95 所示。靠回填土或山体的一侧面称为墙背；外露的一侧面称为墙面，也称为墙胸；墙的顶面部分称为墙顶；墙的底面部分称为基底或墙底；墙面与墙底的交线称为墙趾；墙背与墙底的交线称为墙踵；墙背与铅垂线的夹角称为墙背倾角。

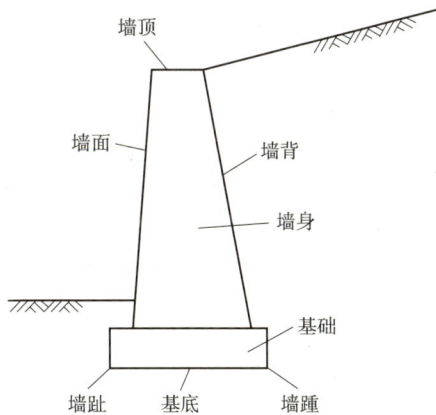

图 6-95　挡土墙组成示意图

（1）墙背

根据墙背倾斜方向的不同，墙身可分为仰斜、垂直、俯斜、凸形折线式和衡重式等断面形式，如图 6-96 所示。

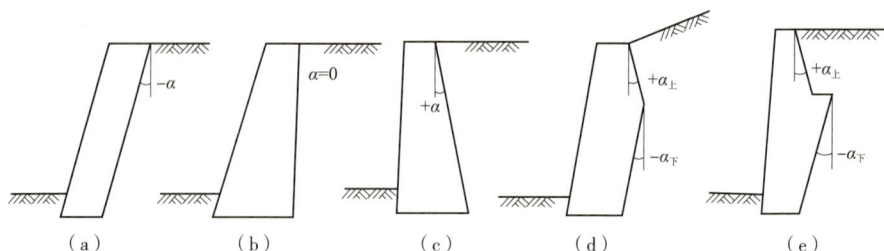

图 6-96　重力式挡土墙的断面形式
（a）仰斜；（b）垂直；（c）俯斜；（d）凸形折线式；（e）衡重式

仰斜墙背一般适用于路堑墙及墙趾处地面平坦的路肩墙或路堤墙。仰斜墙背的坡度不宜缓于 1：0.3，以免施工困难。

俯斜墙背所受的压力较大。在地面横坡峭时，俯斜墙可采用陡直的墙面，以减小墙高。俯斜墙背也可做成台阶形，以增加墙背与填料间的摩擦力。

垂直墙背的特点介于仰斜和俯斜墙背之间。

凸形折线墙背是将斜式挡土墙的上部墙背改为俯斜，以减小上部断面尺寸，多用于路堑墙，也可用于路肩墙。

衡重式墙背是在上下墙之间设衡重台，并采用陡直的墙面。其适用于山区地形陡峻处的路肩墙和路堤墙，也可用于路堑墙。上墙俯斜墙背的坡度为 1：0.45~1：0.25，下墙仰墙背的坡度在 1：0.25 左右，上、下墙的墙高比一般为 2：3。

（2）墙面

墙面一般均为平面，其坡度与墙背坡度相协调。墙面坡度直接影响挡土墙的高度。因此，在地面横坡较陡时，墙面坡度一般为 1：0.20~1：0.05，矮墙可采用陡直墙面，地面平缓时，墙面坡度一般为 1：0.35~1：0.20，较为经济。

（3）墙顶

墙顶最小宽度，浆砌挡土墙不小于 50cm，干砌不小于 60cm。浆砌路肩墙墙顶，一般宜采用粗料石或混凝土做成顶帽，厚 40cm。如不做成顶帽，或为路堤墙和路堑墙，墙顶应以大块石砌筑，并用砂浆勾缝，或用砂浆抹平顶面，砂浆厚 2cm。干砌挡土墙墙顶 50cm 高度内，采用砂浆砌筑，以增加墙身稳定。干砌挡土墙的高度一般不宜大于 6m。

（4）护栏

为保护交通安全，在地形险峻地段，或过高过长的路肩墙的墙顶应设置护栏。为保护路肩最小宽度，护栏内侧边缘距路面边缘的距离，二、三级路不小于 0.75m，四级路不小于 0.5m。

（5）基础

绝大多数挡土墙，都修筑在天然地基上，但当地基承载能力较差时，则要设基础。

当地基承载力不足，地形平坦而墙身较高时，为减少基底应力和抗倾覆稳定性，常常采用扩大基础，如图 6-97（a）所示。

当地基压应力超过地基承载力过多时，需要加宽值较大，为避免部分台阶过高，可采用钢筋混凝土底板，其厚度由剪力和主拉应力控制，如图 6-97（b）所示。

当地基为软弱土层（如淤泥、软黏土等）时，可采用砂砾、碎石、矿渣或灰土等材料予以换填，以扩散基底应力，使之均匀地传递到下卧软弱土层中，如图 6-97（c）所示。

当挡土墙修筑在陡坡上，而地基又为完整、稳固，对基础不产生侧压力的坚硬岩石时，设置台阶式基础，以减少基坑开挖和节省圬工，如图 6-97（d）所示。

当地基有短段缺口（如深沟等）或挖地基困难（如需要水下施工等），可采用拱形基础，以石砌拱圈跨过，再在其上砌筑墙身，但应注意土压力不宜过大，以免横向推力导致拱圈开裂，如图 6-97（e）所示。

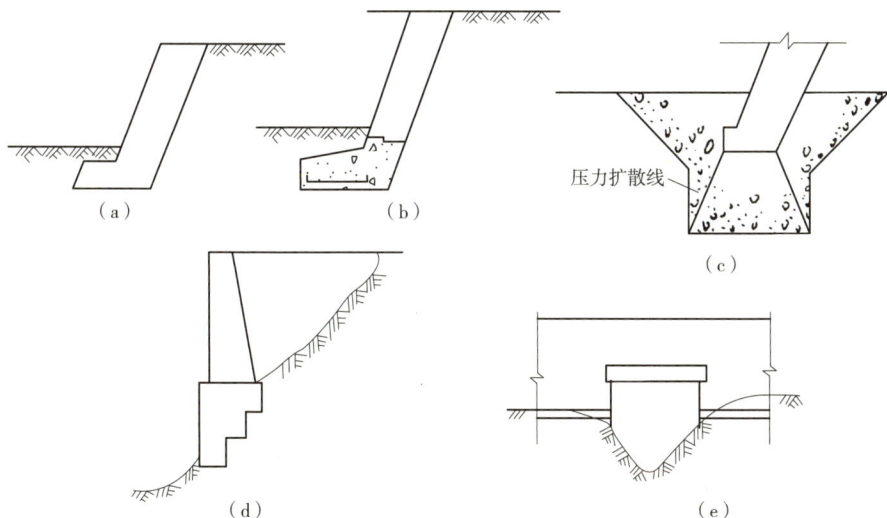

图 6-97　挡土墙的基础形式
（a）加宽墙趾；（b）钢筋混凝土底板；（c）换填地基；（d）台阶式基础；（e）拱形基础

（6）排水设施

挡土墙排水设施的作用主要是疏干墙后土体中的积水和防止地面水下渗，防止墙后积水形成静水压力，减少寒冷地区回填土的冻胀压力，消除黏性土填料浸水后的膨胀压力。

排水措施主要包括：设置地面排水沟，引排地面水，夯实回填土顶面和地面松土，防止雨水及地面水下渗，必要时可加设铺砌；对路堑挡土墙墙趾前的边沟应予以铺砌加固，以防边沟水渗入基础；设置墙身泄水孔，排除墙后水。泄水孔及排水层如图 6-98 所示，干砌挡土墙因墙身透水，可不设泄水孔。

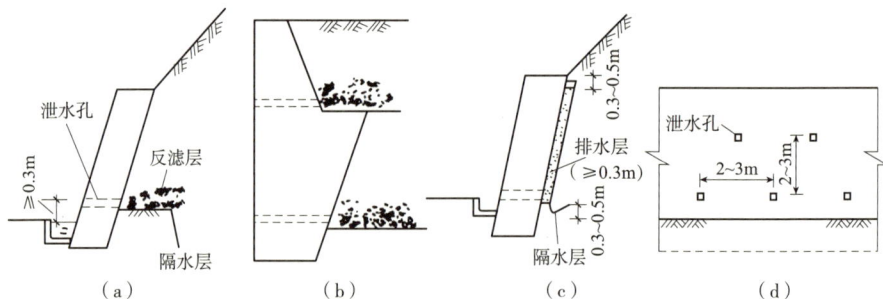

图 6-98　泄水孔及排水层

（7）沉降缝与伸缩缝

为避免因地基不均匀沉陷而引起墙身开裂，需根据地质条件的变异和墙高，墙身断面的变化情况设置沉降缝。为了防止圬工砌体因收缩硬化和温度变化而产生裂缝，应设置伸缩缝。伸缩缝和沉降缝可以合并设置。缝内一般可使用胶泥，但在渗水量大、填料容易流失或冻害严重地区，则宜使用沥青麻筋或涂以沥青的木板等具有弹性的材料，如图 6-99 所示。

图 6-99　挡土墙沉降缝、伸缩缝

干砌挡土墙缝的两侧应选用平整石料砌筑，形成垂直通缝。

2.挡土墙工程图

（1）挡土墙正面图

挡土墙正面图一般注明了各特征点的桩号，以及墙顶、基础顶面、基底、冲刷线、冰冻线、常水位线或设计洪水位的标高等，还应注明伸缩缝及沉降缝的位置、宽度、基底纵坡、路线纵坡、泄水孔的位置、间距、孔径等（图 6-100）。

（2）挡土墙横断面图

挡土墙横断面图一般要说明墙身断面形式、基础形式和埋置深度、泄水孔等，如图 6-101 所示。

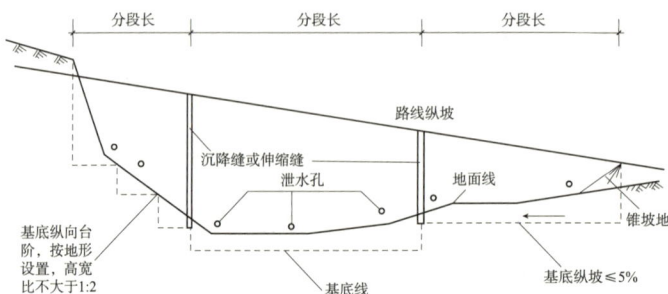

图 6-100　挡土墙正面示意图

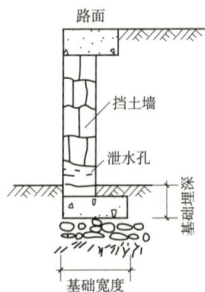

图 6-101　挡土墙横断面示意图

作业页

班级：　　　　　　姓名：　　　　　　学号：

📝 思考题

（1）挡土墙有哪几种类型？它们的适用条件分别是什么？

（2）重力式挡土墙由_____、_____、_____和_____组成。

（3）宜修建加筋挡土墙的路段是_____。

（4）不同形式的挡土墙的稳定机理是什么？

（5）沉降缝、伸缩缝的定义是什么？在挡土墙中设置沉降缝、伸缩缝的长度各是多少？

（6）挡土墙设置排水设施的主要目的和作用是什么？

（7）重力式挡土墙的组成包括什么？

课程思政

《国家公路网规划（2013—2030年）》提出构建"两张网"：一是普通国道网，包括12条首都放射线、47条北南纵线、60条东西横线和81条联络线，覆盖全国所有县，总规模约为 26.5×10^4 km，提供普遍的、非收费的交通基本公共服务；二是国家高速公路网，由7条首都放射线、11条北南纵线、18条东西横线以及6条地区性环线、并行线、联络线等组成，总规模约为 11.8×10^4 km，提供高效、快捷的运输服务。除此之外，还提出了远期展望线 1.8×10^4 km，主要发展西部地区。国家公路网规划总规模约为 40.1×10^4 km。

道路网在国土上的全覆盖，以道路为径，可以走访山河湖海，云游城镇乡野，品味风土人情，带动国家旅游业的发展，道路网串联着国家经济动脉，把祖国各民族团结起来共同发展，条条大路都宽敞，祖国处处好风光。

项目 7

桥隧工程图识读

知识目标:

1. 了解桥梁和隧道的分类与组成;

2. 掌握桥位平面图、地质断面图和桥梁总体布置图的内容与特点;

3. 掌握钢筋混凝土结构图的识读;

4. 掌握钢筋混凝土桥梁工程图的形成、表达内容及识读方法;

5. 了解桥梁桥型布置图的绘制步骤、绘制的基本思路以及标注方法;

6. 掌握隧道工程图的识读。

能力目标:

1. 能够正确地识读钢筋混凝土桥梁工程图;

2. 能够正确地识读隧道工程图。

思政目标:

培养民族自豪感,及科学精神、大国工匠精神、铁人精神、吃苦耐劳精神。

任务 7.1　识读桥梁工程图

　　道路路线在跨越河流湖泊、山川以及道路互相交叉、与其他路线（如铁路）交叉时，为了保持道路的畅通，就需要修筑桥梁，一方面可以保证桥上的交通运行，又可以保证桥下宣泄流水，船只的通航或公路、铁路的运行。另一方面，在山岭地区修筑道路时，为了减少土石方数量，保证车辆平稳行驶和缩短里程要求，可考虑修建隧道。

　　如图 7-1 所示为贵州北盘江大桥；如图 7-2 所示为上海南浦大桥，大桥全长 36km，为双向六车道，是黄浦江上第一座建造在上海市区的大桥，宛如一条巨龙横卧浦江之上；如图 7-3 所示为山西天龙山高架桥，在连绵的群山之巅，驾车途经这段三层回旋式高架桥时，犹如乘坐"过山车"一般；如图 7-4 所示是桥梁从高楼林立的市区穿过，它们是广州城市交通的重要组成部分，极大缓解了广州的交通压力。

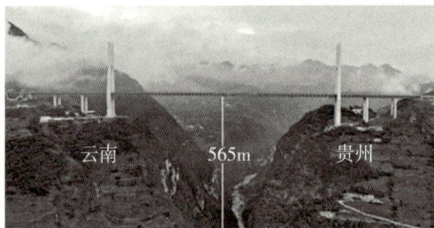

图 7-1　贵州北盘江大桥

图 7-2　上海南浦大桥

图 7-3　山西天龙山高架桥

图 7-4　广州市内环路高架桥

7.1.1　认识桥梁

　　1. 桥梁组成

　　如图 7-5 所示，桥梁由上部结构、下部结构及附属结构三部分构成。上部结构又称桥跨结构，主要包括承重结构（主梁或主拱圈）和桥面

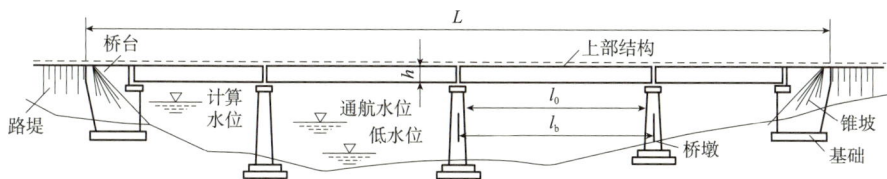

图 7-5 桥梁组成

码 7-1 认识桥梁

系，是路线遇到障碍中断时跨越障碍的建筑物，它的作用是承受车辆荷载，并通过支座传给桥墩和桥台。

下部结构是支承桥跨结构并将永久荷载和车辆等荷载传至地基的结构物。其主要包括桥台、桥墩和基础。桥台设在桥梁两端，除支承桥跨结构外还承受路基填土的水平推力；桥墩则在两桥台之间，主要用于支撑桥跨结构；桥墩和桥台底部的部分称为基础，承担从桥墩和桥台传来的全部荷载。

支座是设在桥墩和桥台顶面，用来支撑上部结构的传力装置。

附属结构主要包括栏杆、灯柱、伸缩缝、护岸、导流结构物等。

在路堤和桥台的衔接处，一般还在桥台两侧设置石砌的锥形护坡，以保证迎水部分路堤边坡的稳定。

河流中的水位是变动的，枯水季节河流中的最低水位称为低水位；洪峰季节河流中的最高水位称为高水位；桥梁设计中按规定的设计洪水频率计算所得的高水位称为设计洪水位。

净跨径（l_0）是设计洪水位上相邻两个桥墩（桥台）之间的净距。

计算跨径（l_b）对于具有支座的桥梁，是指桥跨结构相邻两个支座中心之间的距离，对于拱式桥，是两相邻拱脚截面形心点之间的距离。

标准跨径（L_k）对于梁式桥，是指相邻桥墩中线之间的距离，或墩中线至桥台台背前缘之间的距离。对于拱式桥，则是指净跨径。

总跨径（Σl_0）是多孔桥梁中各孔净跨径的总和，它反映了桥下宣泄洪水的能力。

桥梁全长（L）是桥梁两端两个桥台的侧墙或八字墙后端点之间的距离。对于无桥台的桥梁为桥面行车道的全长。

2. 桥梁分类

桥梁的形式有很多种，常见的分类形式有：

（1）按结构形式分为梁式桥、拱式桥、刚架桥、桁架桥、悬索桥、斜拉桥等。

（2）按上部结构所用的建筑材料分为钢桥、钢筋混凝土桥、预应力混凝土桥、石桥、木桥等，其中以钢筋混凝土桥和预应力混凝土桥应用最为广泛。

（3）按用途分为公路桥、铁路桥、公路铁路两用桥、人行桥、运水桥（渡槽）等。

（4）按跨越障碍的性质可分为跨河桥、跨线桥（立体交叉桥）、高架桥和栈桥。

（5）按多孔桥全长或单孔跨径的不同分为特大桥、大桥、中桥、小桥，如表7-1所示。

桥梁按多孔桥全长或单孔跨径分类　　　　　　　　表7-1

桥梁类型	多孔桥全长（m）	单孔跨径（m）	桥梁类型	多孔桥全长（m）	单孔跨径（m）
特大桥	$L>1000$	$L_k>150$	中桥	$30<L<100$	$20 \leq L_k<40$
大桥	$100 \leq L \leq 1000$	$40 \leq L_k \leq 150$	小桥	$8 \leq L \leq 30$	$5 \leq L_k<20$

（6）按上部结构的行车位置分为上承式桥、中承式桥、下承式桥，如图7-6所示。

图7-6　桥梁按上部结构的行车位置分类
（a）上承式桥；（b）中承式桥；（c）下承式桥

7.1.2　钢筋混凝土空心板梁

1. 桥位平面图

桥位平面图主要用于表示桥梁的所在位置，与路线的连接情况，以及周围的地形、地物。其画法与路线平面图相同，只是所用的比例较大。通过地形测量的方法绘出桥位处的道路、河流、水准点、钻孔及附近的地形和地物，作为设计桥梁、施工定位的根据。如图7-7所示为某桥位平面图。桥位平面图除了表示路线平面形状、地形和地物外，还表明了钻孔、里程、水准点的位置和数据。桥位平面图中的植被、水准符号等均应以正北方向为准，而图中文字方向则可按路线要求及总图标方向来确定。

（1）桥位平面图识读

如图7-7所示，某道路经过清水河，计划在清水河上修建一座桥梁。河流左岸是大片的水稻田、旱田、村庄，河流右岸是果树林和较陡峭的山坡。设计的桥梁中心桩号为K0+738.00。识读桥位平面图，应注意以下内容：

1）图幅比例一般为1：200、1：500、1：1000等。图7-7的比例

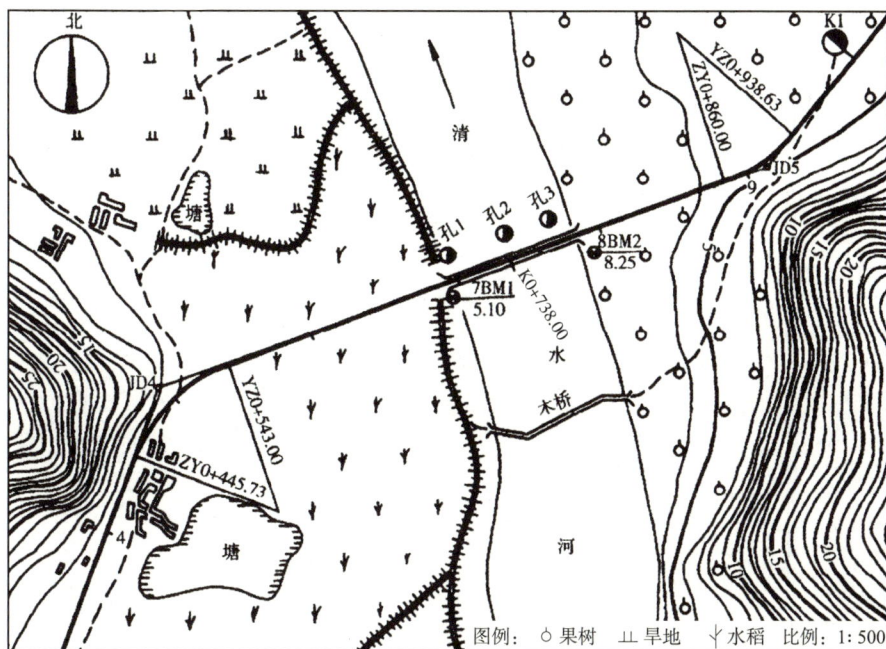

图 7-7 某桥位平面图

为 1 ： 500。

2）桥梁、路线及地形地物采用平面坐标或指北针定位。

3）地形地物的图示方法与道路路线平面图相同，即等高线或地形点表示地形情况，图例表示地物情况，在水准点处用规定的符号表示位置、编号及高程。

4）路线线形情况、里程桩号、路线控制点等均与道路路线平面图相同。

5）用图例符号表明桥梁位置和钻探孔的位置及编号。

（2）桥位平面图的绘制要点

1）在测绘地形图或在已有的地形图上按比例绘制道路路线中线，用粗实线绘制。当选用较大比例尺时，用粗实线表示道路边线，用细点画线表示道路中心线，注明里程桩号、控制点坐标等相关参数。

2）用图例符号（细实线）绘出桥位、钻探孔位、水准点及编号。当选用大比例尺时，桥梁的长、宽均用粗实线按比例画出。

3）标明图幅名称、比例、图标、指北针等内容。

2. 桥位地质纵断面图

桥位地质纵断面图是根据水文调查和地质钻探所得的资料绘制的河床地质断面图，表示桥梁所在位置的地质水文情况，包括河床断面线、洪水位线、常水位线和最低水位线，作为桥梁设计的依据，小型桥梁可不绘制桥位地质纵断面图，但应写出地质情况说明，如图 7-8 所示。

237

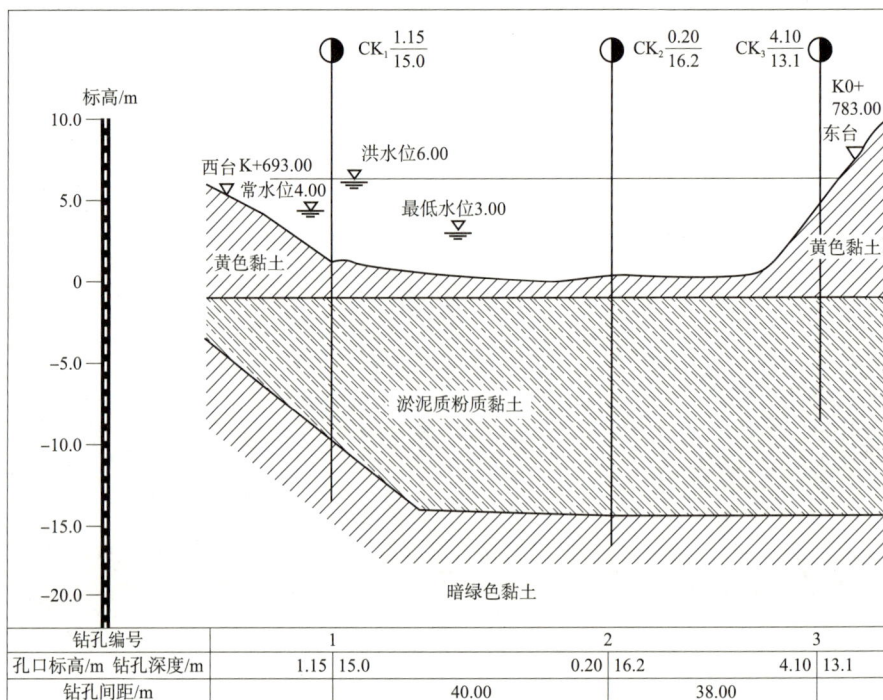

图7-8 桥位地质纵断面图（水平方向比例1：500，标高方向比例1：200）

（1）桥位地质纵断面图识读

图7-8是将图7-7中的桥梁沿中线的位置处切开得到。从图7-8中可以看出该河流的水位变化情况，河床地质分布，以及土层的厚度和变化情况。识读桥位地质断面图应注意以下内容：

1）为了显示地质及河床深度的变化情况，标高方向的比例比水平方向的比例大。图7-8中水平方向的比例为1：500，标高方向的比例为1：200。

2）根据不同土层土质，在图中用图例分清土层并注明土质名称：表明河床三条水位线，即常水位、洪水位、最低水位，并注明具体标高；显示出钻孔编号、位置及钻探深度；标示出河床两岸控制点桩号及位置。

3）图幅下方注明钻孔相关数据，一般标注的项目有钻孔编号、孔口标高、钻孔深度、钻孔间距。

（2）桥位地质纵断面图的绘制要点

1）选择比较适宜的纵、横比例尺，根据钻探结果将每一孔位的土质变化情况分层标出，每层土按不同的土质图例表示出来，并注明土质名称。河床线为粗实线，土质分层线为中实线，图例用细实线画出。

2）根据调查到的水位资料进行标注，标注桥位控制点及桩号，对钻探孔位及相关参数进行标注。

3）在图样左侧绘制高程标尺，在图样下方注明钻孔相关数据。

4）标注图名、比例、文字说明及其他相关数据等。

3. 桥梁总体布置图

桥梁总体布置图是指导桥梁施工的最主要图样，它主要表明桥梁的形式、跨径、孔数、总体尺寸、桥道标高、桥面宽度、各主要构件的相互位置关系，桥梁各部分的标高、材料数量以及总的技术说明等，作为施工时确定墩台位置、安装构件和控制标高的依据。桥梁总体布置图一般由立面图、平面图和剖面图组成。

如图 7-9 所示为某桥梁总体布置图，绘图比例采用 1∶200，该桥为三孔钢筋混凝土空心板简支梁桥，总长度 34.90m，总宽度 14m，中孔跨径 13m，两边孔跨径 10m。桥中设有两个柱式桥墩，两端为重力式混凝土桥台，桥台和桥墩的基础均采用钢筋混凝土预制打入桩。桥上部承重构件为钢筋混凝土空心板梁。

（1）立面图

桥梁一般是左右对称，立面图常常是由半立面图和半纵剖面图合成的。左半立面图为左侧桥台、1 号桥墩、板梁、人行道栏杆等主要部分的外形视图。右半纵剖面图是沿桥梁中心线纵向剖开而得到的，2 号桥墩、右侧桥台、板梁和桥面均应按剖面图绘制。图中还画出了河床的断面形状，在半立面图中，河床断面线以下的结构如桥台、桩等用虚线绘制，在半剖面图中地下的结构均为实线。由于预制桩打入到地下较深的位置，不必全部画出，为了节省图幅，采用了断开画法。图中还可注出桥梁各重要部位如桥面、梁底、桥墩、桥台、桩尖等处的高程，以及常水位（即常年平均水位）。

（2）平面图

桥梁的平面图也常采用半剖的形式。左半平面图是从上向下投影得到的桥面俯视图，主要画出了车行道、人行道、栏杆等的位置。由所注尺寸可知，桥面车行道净宽为 10m，两边人行道各 2m 宽。右半部采用的是剖切画法（或分层切开画法），假想把上部结构移去后，画出了 2 号桥墩和右侧桥台的平面形状和位置。桥墩中的虚线圆是立柱的投影，桥台中的虚线正方形是下面方桩的投影。

（3）剖面图

根据立面图中所标注的剖切位置可以看出，Ⅰ—Ⅰ面是在中跨位置剖切的，Ⅱ—Ⅱ剖面是边跨位置剖切的，桥梁的横剖面图是左半部Ⅰ—Ⅰ剖面和Ⅱ—Ⅱ剖面拼成的。桥梁中跨和边跨部分的上部结构相同，桥面总宽度为 14m，是由 10 块钢筋混凝土空心板拼接而成，由于板的断面形状太小，没有画出其材料符号。在Ⅰ—Ⅰ剖面图中画出了桥墩各部分，包括墩帽、立柱、承台、桩等的投影。在Ⅱ—Ⅱ剖面图中画出了桥台各部分，包括台帽、台身、承台、桩等的投影。

4. 构件结构图

在总体布置图中，因无法将桥梁各构件详细完整地表达出来，不能进

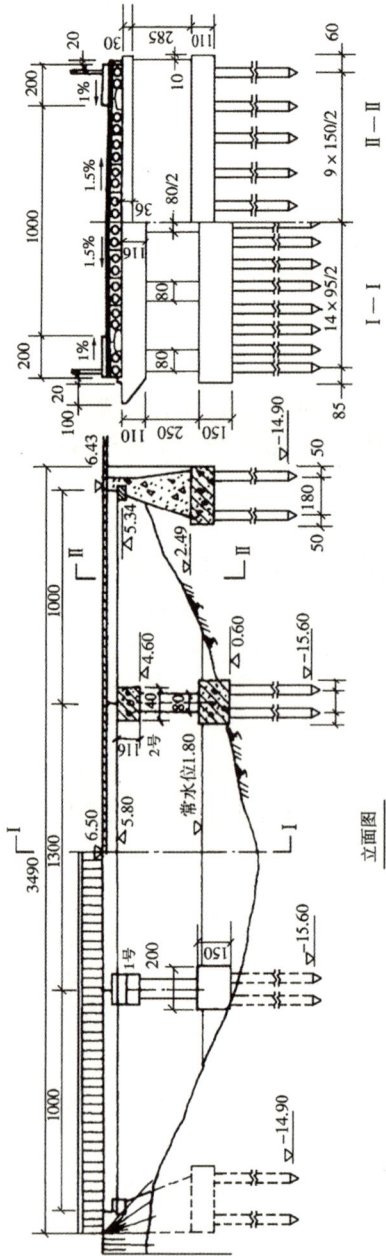

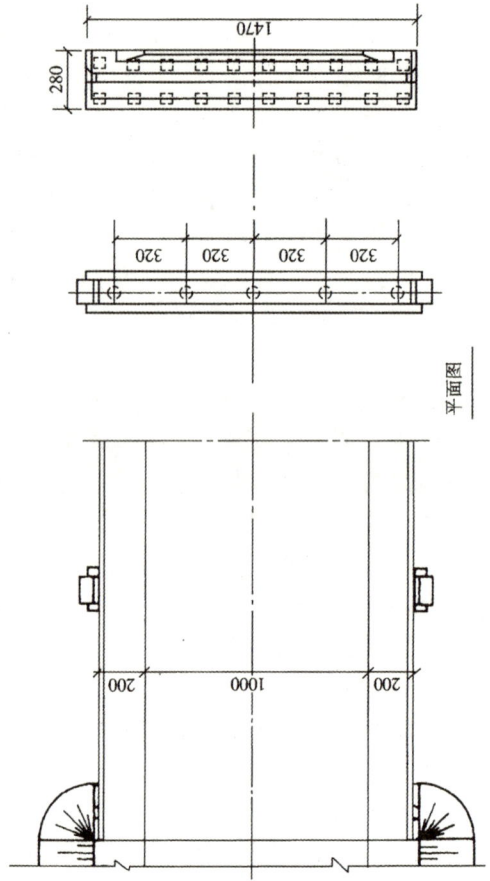

说明：
1. 本图尺寸除标高以"m"计外，其余均以"cm"计。
2. 图中标高为黄海标高。
3. 设计荷载标准为汽车-20级，挂车-100级。

比例：1：200

图7-9 某桥梁总体布置图

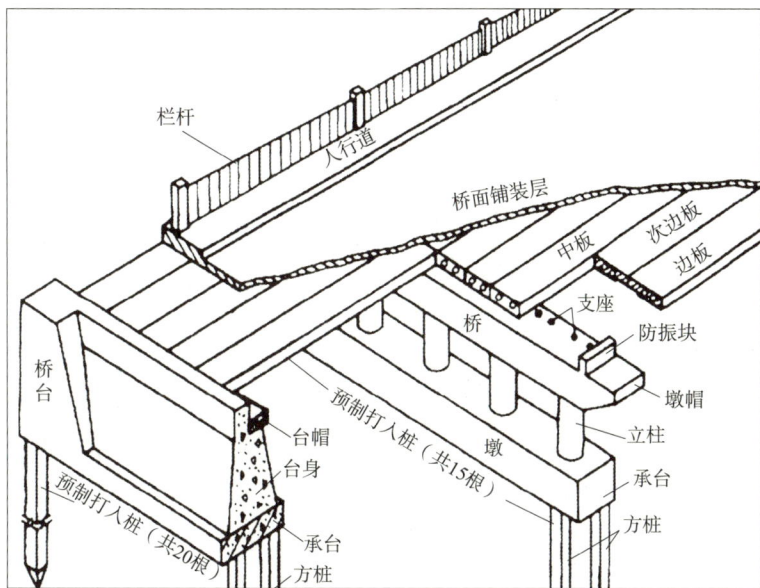

图 7-10　桥梁各部分组成示意图

行制作和施工，所以必须采用比总体布置图更大的比例，绘出能表达各构件的形状、构造及详细尺寸的图样，这种图样称为构件结构图，简称结构图，如桥墩图、桥台图等。构件图的常用比例是 1 : 50~1 : 10，如构件的某一局部在图中不能清晰完整地表达时，则应采用更大的比例如 1 : 10~1 : 3 绘出详图，如图 7-10 所示桥梁各部分组成示意图。

（1）主梁图（钢筋混凝土空心板）

钢筋混凝土空心板是该桥梁上部结构中最主要的受力构件，它两端搁置在桥墩和桥台上，中跨为 13m，边跨为 10m。如图 7-11 所示为边跨 10m 钢筋混凝土空心板构造图，由立面图、平面图和断面图组成，主要表达空心板的形状、构造和尺寸。整个桥宽由 10 块板拼成，按不同位置分为三种：中板（中间共 6 块）、次边板（两侧各 1 块）、边板（两边各 1 块）。三种板的厚度相同，均为 55cm，故只画出了中板立面图。由于三种板的宽度和构造不同，故分别绘制了中板、次边板和边板的平面图，中板宽 124cm，次边板宽 162cm，纵向是对称的，所以立面图和平面图均只画出了一半，边跨板长名义尺寸为 10m，但减去板接头缝后实际上板长为 996cm。三种板均绘制了跨中断面图，可以看出它们不同的断面形状和详细尺寸。另外还画出了板与板之间拼接的铰缝大样图。

每种钢筋混凝土板都必须绘制钢筋布置图，现以边板为例介绍，图 7-12 为边跨 10m 钢筋混凝土空心板配筋图。立面图是用Ⅰ—Ⅰ纵剖面表示的（既然假定混凝土是透明的，立面图和剖面图已无多大区别，这里主要是为了避免钢筋过多的重叠）。由于板中有弯起钢筋，所以绘制图中横断面Ⅱ—Ⅱ和跨端横断面Ⅲ—Ⅲ，可以看出 2 号钢筋在中部时是位于板

241

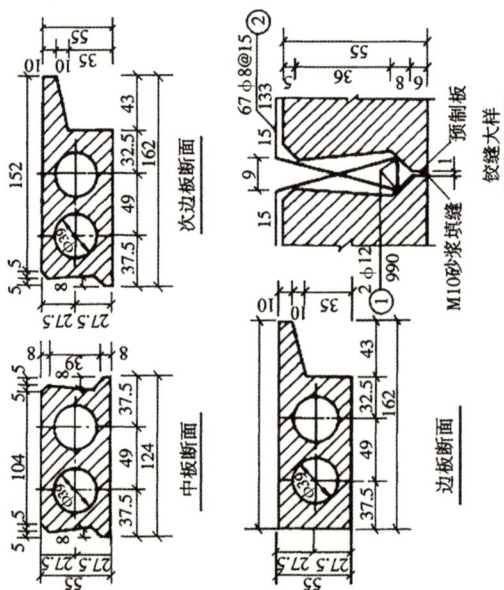

一块空心板混凝土数量表

封头		中板		边板		次边板	
C20混凝土 (m³)		C25混凝土 (m³)	安装质量 (t)	C25混凝土 (m³)	安装质量 (t)	C25混凝土 (m³)	安装质量 (t)
0.119		3.874	9.762	4.081	13.3	4.523	11.44

说明：

1. 本图凡寸除钢筋直径以"mm"计外，其余均以"cm"计。

2. 浇筑铰缝混凝土前先用M10水泥砂浆填底缝，待砂浆强度达50%后方可浇筑铰缝。

3. 铰缝钢筋①②号先绑扎好再放入铰缝内，并与预制板中伸出的箍筋绑扎在一起，②号钢筋每隔15cm扎1根。

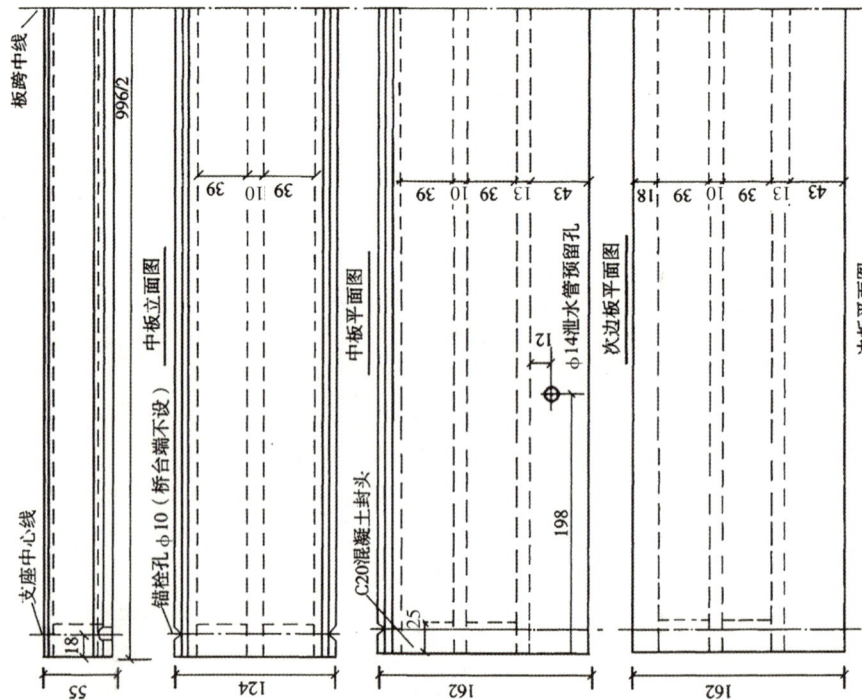

图 7-11 边跨 10m 钢筋混凝土空心板构造图

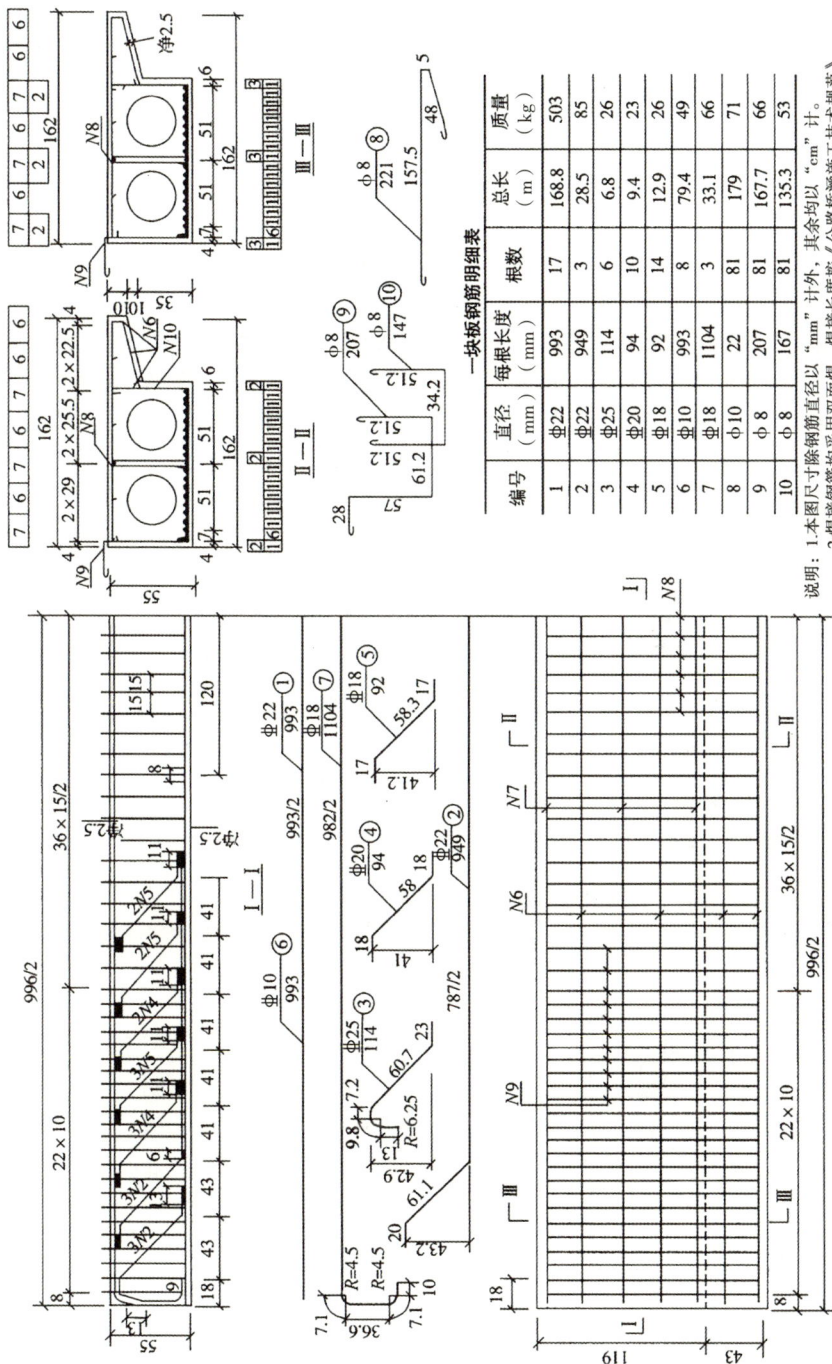

一块板钢筋明细表

编号	直径 (mm)	每根长度 (mm)	根数	总长 (m)	质量 (kg)
1	Φ22	993	17	168.8	503
2	Φ22	949	3	28.5	85
3	Φ25	114	6	6.8	26
4	Φ20	94	10	9.4	23
5	Φ18	92	14	12.9	26
6	Φ10	993	8	79.4	49
7	Φ18	1104	3	33.1	66
8	Φ10	22	81	179	71
9	Φ8	207	81	167.7	66
10	Φ8	167	81	135.3	53

说明：1.本图尺寸除钢筋直径以"mm"计外，其余均以"cm"计。
2.焊接钢筋均采用双面焊，焊接长度按《公路桥涵施工技术规范》
JTG/T 3650—2020确定。
3.N8与N9、N10钢筋对应设置，N9钢筋弯直伸入人行道。

图 7-12 边跨 10m 钢筋混凝土空心板配筋图

的底部，在端部时则位于板的顶部。为了更清楚地表示钢筋的布置情况，还画出了板的顶层钢筋平面图。

整块板共有 10 种钢筋，每种钢筋都绘出了钢筋详图。这样几种图互相配合，对照阅读，再结合列出的钢筋明细表，就可以清楚地了解该板中所有钢筋的位置、形状、尺寸、规格、直径、数量等内容，以及几种弯筋、斜筋与整个钢筋骨架的焊接位置和长度。

（2）桥墩图

如图 7-13 所示为桥墩构造图，主要表达桥墩各部分的形状和尺寸。这里绘制了桥墩的立面图、侧面图和 I—I 剖面图，由于桥墩是左右对称的，故立面图和剖面图均只画出一半。该桥墩由墩帽、立柱、承台和基桩组成。根据所标注的剖切位置可以看出，I—I 剖面图实质为承台平面图，承台基本为长方体，长 1500cm、宽 200cm、高 150cm。承台下的基桩分两排交错（呈梅花形）布置，施工时先将预制桩打入地基，下端到达设计深度（标高）后，再浇筑承台，桩的上端深入承台内部 80cm，在立面图中这一段用虚线绘制。承台上有 5 根圆形立柱，直径为 80cm，高为

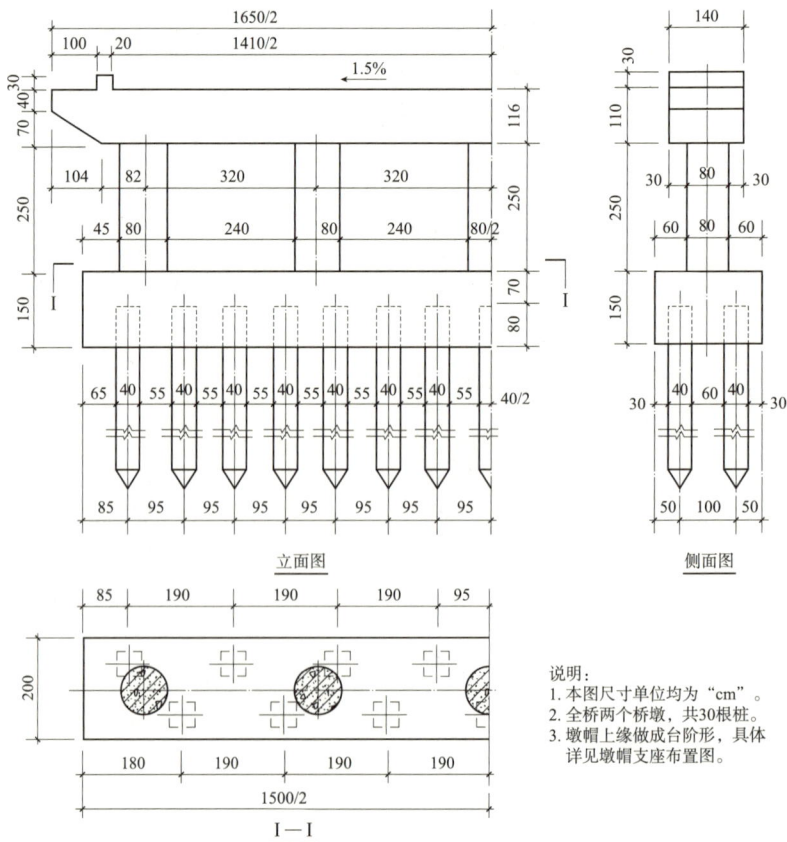

图 7-13　桥墩构造图

250cm。立柱上面是墩帽，墩帽的全长为 1650cm，宽为 140cm，高度在中部为 116cm，在两端为 110cm，有一定的坡度，目的是使桥面形成 1.5% 的横坡。墩帽的两端各有 1 个 20cm×30cm 的抗振挡块，是防止空心板移动而设置的。墩帽上的支座详见支座布置图。桥墩的各部分均是钢筋混凝土结构，应绘制钢筋布置图。配筋图由立面图、横断面图以及钢筋详图组成。

（3）桥台图（重力式混凝土桥台）

桥台属于桥梁的下部结构，主要是支承上部的板梁，并承受路堤填土的水平推力。我国公路桥梁桥台的形式主要有实体式桥台（又称重力式桥台）、埋置式桥台、轻型桥台、组合式桥台等。

图 7-14 为重力式混凝土桥台构造图，用立面图、平面图和侧面图表示。该桥台由台帽、台身、侧墙、承台和基桩组成。这里桥台的立面图用 I－I 剖面图代替，既可表示出桥台的内部构造，又可画出材料符号。该桥台的台身和侧墙均用 C30 混凝土浇筑而成，台帽和承台的材料为钢筋混凝土。桥台的长为 280cm，高为 493cm，宽为 1470cm。由于宽度尺寸较大

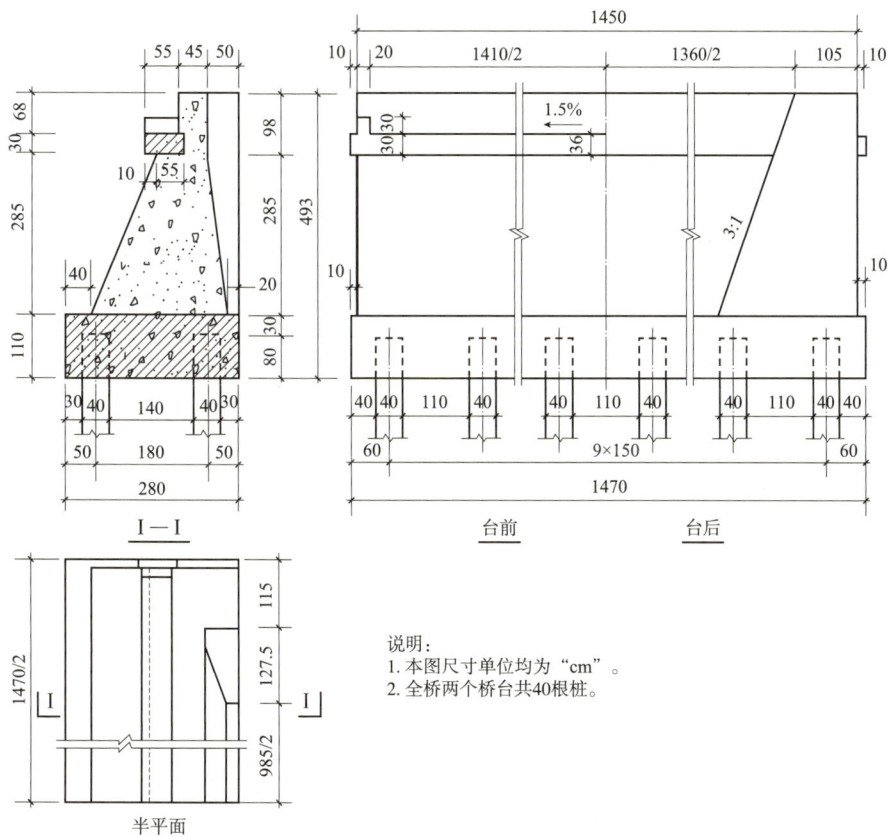

说明：
1. 本图尺寸单位均为 "cm"。
2. 全桥两个桥台共 40 根桩。

图 7-14　重力式混凝土桥台构造图

且对称，所以平面图只画出了一半。侧面图由台前和台后两个方向视图各取一半拼成，所谓台前是指桥台面对河流的一侧，台后则是桥台面对路堤填土的一侧。为了节省图幅，平面图和侧面图都采用了断开画法。桥台下的基桩分两排对齐布置，排距为180cm，桩距为150cm，每个桥台有20根桩。桥台的承台等处的配筋图略。

（4）钢筋混凝土桩配筋图

图7-15为钢筋混凝土预制桩的配筋图，主要用立面图和断面图以及钢筋详图来表达。由于桩的长度尺寸较大，为了方便布图，常将桩水平放置，断面图可画成中断断面图或移出断面图。由图7-15可以看出该桩的截面为正方形（40cm×40cm），桩的总长为17m，分上下两节，上节桩长为8m，下节桩长为9m。上节桩内布置的主筋为8根①号钢筋，桩顶端有钢筋网1和钢筋网2共三层，在接头端预埋4根⑩号钢筋。下节桩内的主筋为4根②号钢筋和4根③号钢筋，一直通过桩尖部位，⑥号钢筋为桩尖部位的螺旋形钢筋。④和⑤号钢筋为大小两种方形箍筋，套叠在一起放置，每种箍筋沿桩长度方向有3种间距，④号箍筋从两端到中央的间距依次为5cm、10cm、20cm，⑤号箍筋从两端到中央的间距分别为10cm、20cm、40cm，具体位置详见标注。画出的Ⅰ—Ⅰ剖面图实际上是桩尖视图，主要表示桩尖部的形状及⑦号钢筋与②号钢筋的位置。桩接头处的构造另有详图，这里未示出。

以上介绍了钢筋混凝土预制桩，工程上还常采用钻孔灌注桩。下面以图7-16为例介绍其桥墩基桩钢筋构造图。图7-16中①②分别为桩的主筋，③④为桩的定位箍筋，⑤⑥为桩的螺旋分布筋，⑦为钢筋骨架定位筋。

图7-16用一个立面图和Ⅰ—Ⅰ、Ⅱ—Ⅱ两个断面即已表达清楚钢筋构造。断面图中钢筋采用了夸张的画法，即N3与N5、N4与N6间距适当拉大画出。

（5）支座布置图

支座位于桥梁上部结构与下部结构的连接处，桥墩的墩帽和桥台的台帽上均设有支座梁搁置在支座上。上部荷载由板梁传给支座，再由支座传给桥墩或桥台，可见支座虽小但很重要。图7-17为桥墩支座布置图，用立面图、平面图及详图表示。在立面图上详细绘制了预制板的拼接情况，为了使桥面形成1.5%的横坡，墩帽上缘做成台阶形，以安放支座。立面画得不是很清楚，故用更大比例画出了局部放大详图，即A大样图，图中注出台阶宽1.88cm。

在墩帽的支座处受压较大，为此在支座下增设有钢筋垫，由①号和②号钢筋焊接而成，以加强混凝土的局部承压能力。平面图是将上部预制板移去后画出的，可以看出支座在墩帽上是对称布置的，并注有详细的定位尺寸。安装时，预制板端部的支座中心线应与桥墩的支座中心线对准。支座是工业制成品，本桥采用圆板式橡胶支座，直径为20cm，厚度为2.8cm。

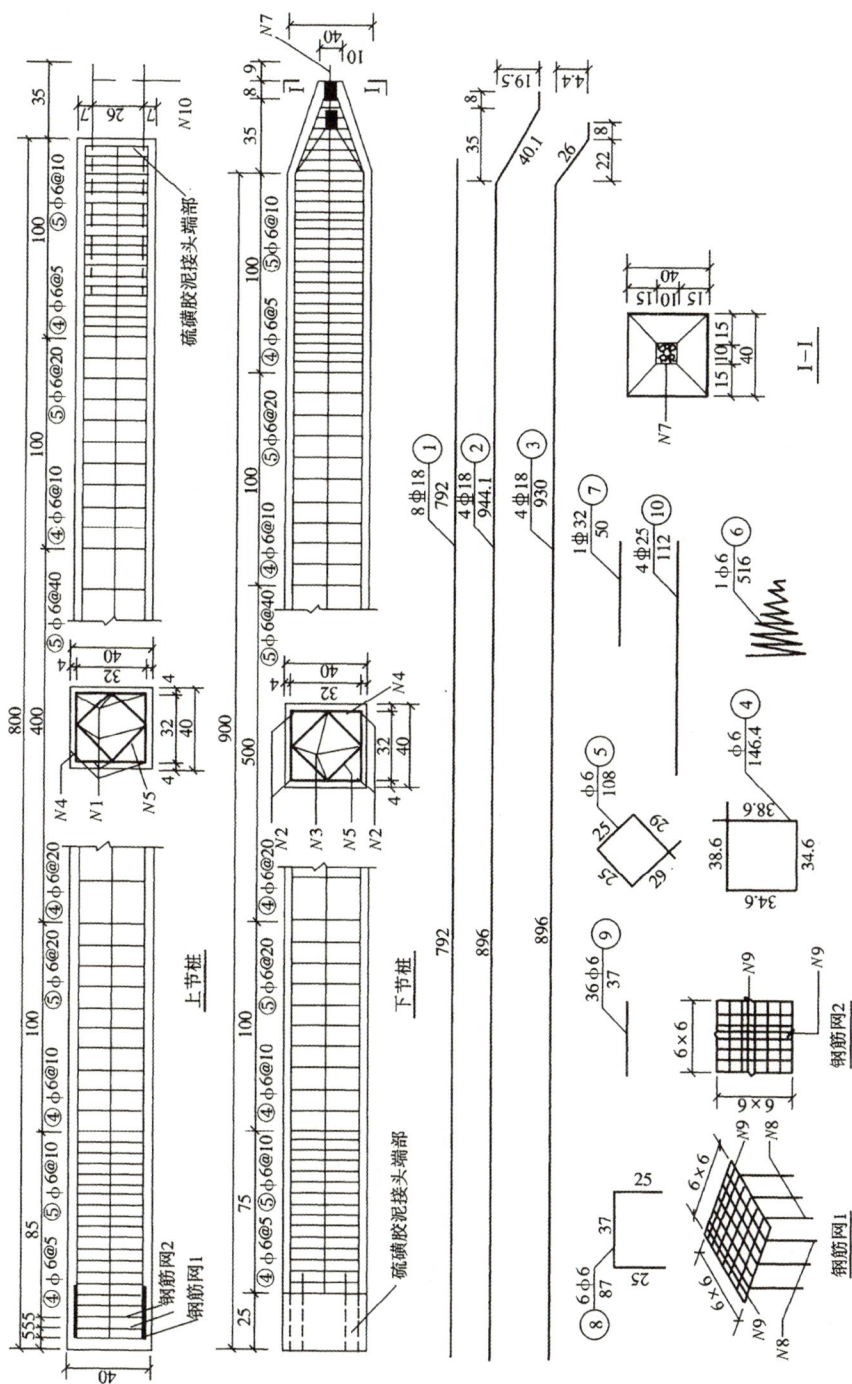

图 7-15　钢筋混凝土预制II桩的配筋图

说明：

本图尺寸单位除钢筋直径为 "mm" 外，其余均为 "cm"。

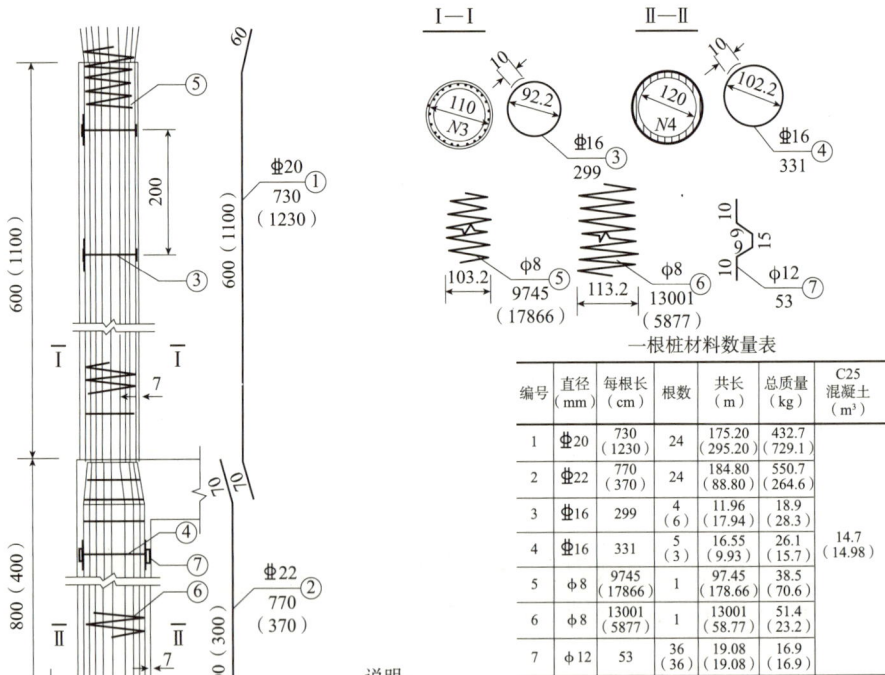

図 7-16 桥墩基桩钢筋构造图

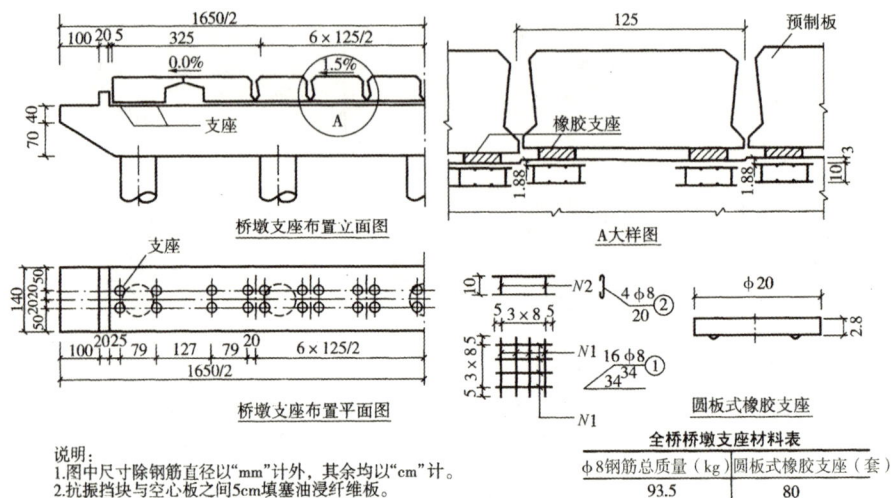

図 7-17 桥墩支座布置图

（6）人行道及桥面铺装构造图

图 7-18 为人行道及桥面铺装构造图，这里绘出的人行道立面图是沿桥的横向剖切而得到的，实质上是人行道的横剖面图。桥面铺装层主要是

248

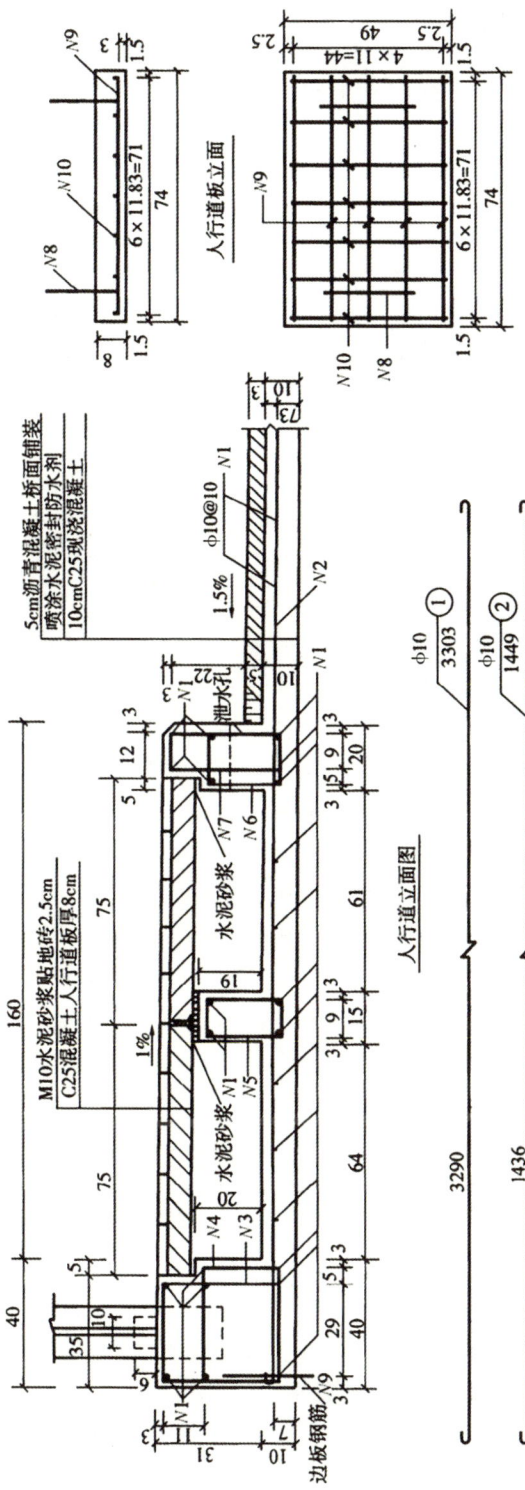

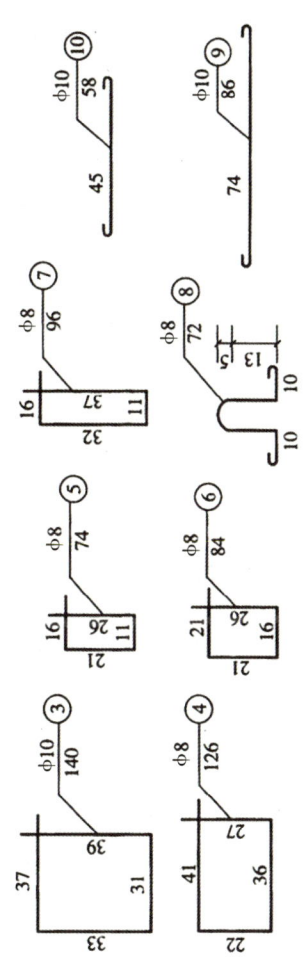

说明:
1. 本图尺寸除钢筋直径以"mm"计外, 其余均以"cm"计。
2. 全桥共有人行道板264块。
3. 人行道挑梁、路缘石采用现浇C25混凝土, 在墩台处断开, 并注意将人行道和地砖的拼接缝与其对齐, 桥面泄水管在路缘石现浇时埋入。
4. 箍筋N3、N4、N5、N6、N7沿桥跨方向布置, 同间距为20cm, 在栏杆柱处可适当调整间距。
5. 边板伸出钢筋N9, 应与垫梁钢筋平面对齐绑扎。
6. N8钢筋在人行道板安装完毕后切除。

图 7-18　人行道及桥面铺装构造图

由纵向①号钢筋和横向②号钢筋形成的钢筋网，现浇 C25 混凝土，厚度为 10cm。车行道部分的面层为 5cm 厚沥青混凝土。人行道部分是在路缘石、撑梁、栏杆垫梁上铺设人行道板后构成架空层，面层为地砖贴面。人行道板长 74cm，宽 49cm，厚 8cm，用 C25 混凝土预制而成，另画有人行道板的钢筋布置图。

7.1.3 钢筋混凝土 T 型梁桥

1. 桥梁总体布置图

如图 7-19 所示，为一总长度为 90m，中心里程桩号为 K0+748.00 的五孔 T 型梁桥总体布置图。立面图和平面图采用相同的比例，两者符合长对正的投影关系，而横剖面图则采用较大的比例。

（1）立面图

立面图由半立面和半纵剖面图组成，可以反映出桥梁的特征和桥型。其共有 5 孔，两边孔跨径为 10m，中间三孔跨径为 20m；桥梁总长度为 90m。上部结构为简支 T 型梁桥，立面图左半部分梁底至桥面之间，画了三条线，表示梁高和桥中心线处的桥面厚度；右半部分画成剖面图，把 T 型梁及横隔板均涂黑表示，并用剖面线把桥面厚度画出。下部结构两端为重力式桥台，河床中间有 4 个柱式桥墩，它是由承台、立柱、盖梁和基桩共同组成。左边两个桥墩画外形图，右边两个桥墩画剖面图，桥墩的承台、下盖梁系钢筋混凝土，在 1：200 以下比例时，可涂黑处理，立柱和基桩按规定画法，即剖切平面通过对称线时，如不画材料断面符号则仅画外形，不画剖面线。

总体布置图还反映了河床地质断面及水文情况，根据标高尺寸可以知道，桩和桥台基础的埋置深度、梁底、桥台和桥中心的标高尺寸。由于混凝土桩埋置深度较大，为了节省图幅，连同地质资料一起，采用折断画法。图的上方还把桥梁两端和桥墩的里程桩号标注出来，以便读图和施工放样使用。

（2）平面图

对照横剖面图可以看出桥面净宽为 7m，人行道宽两边各 1.5m，还有栏杆、立柱的布置尺寸。从左往右，采用分段揭层画法来表达平面图。

对照立面图 K0+728.00 桩号的右面部分，是把上部结构揭去之后，显示半个桥墩的上盖梁及支座的布置，可算出共有 12 块支座，布置尺寸纵向为 50cm，横向为 160cm；对照 K0+748.00 的桩号上，桥墩经过剖切（立面图上没有画出剖切线），显示出桥墩中部是由 3 根空心圆柱所组成。对照 K0+768.00 的桩号上，显示出桩位平面布置图，它是由 9 根方桩所组成，图中还注出了桩柱的定位尺寸。右端是桥台的平面图，可以看出是 U 形桥台，画图时，通常把桥台背后的回填土揭去，两边的锥形护坡也省略不画，目的是使桥台平面图更为清晰。为了施工时开挖基坑需要，只标注出

码 7-4 T型梁桥总体图识读

码 7-5 T型梁桥构造图

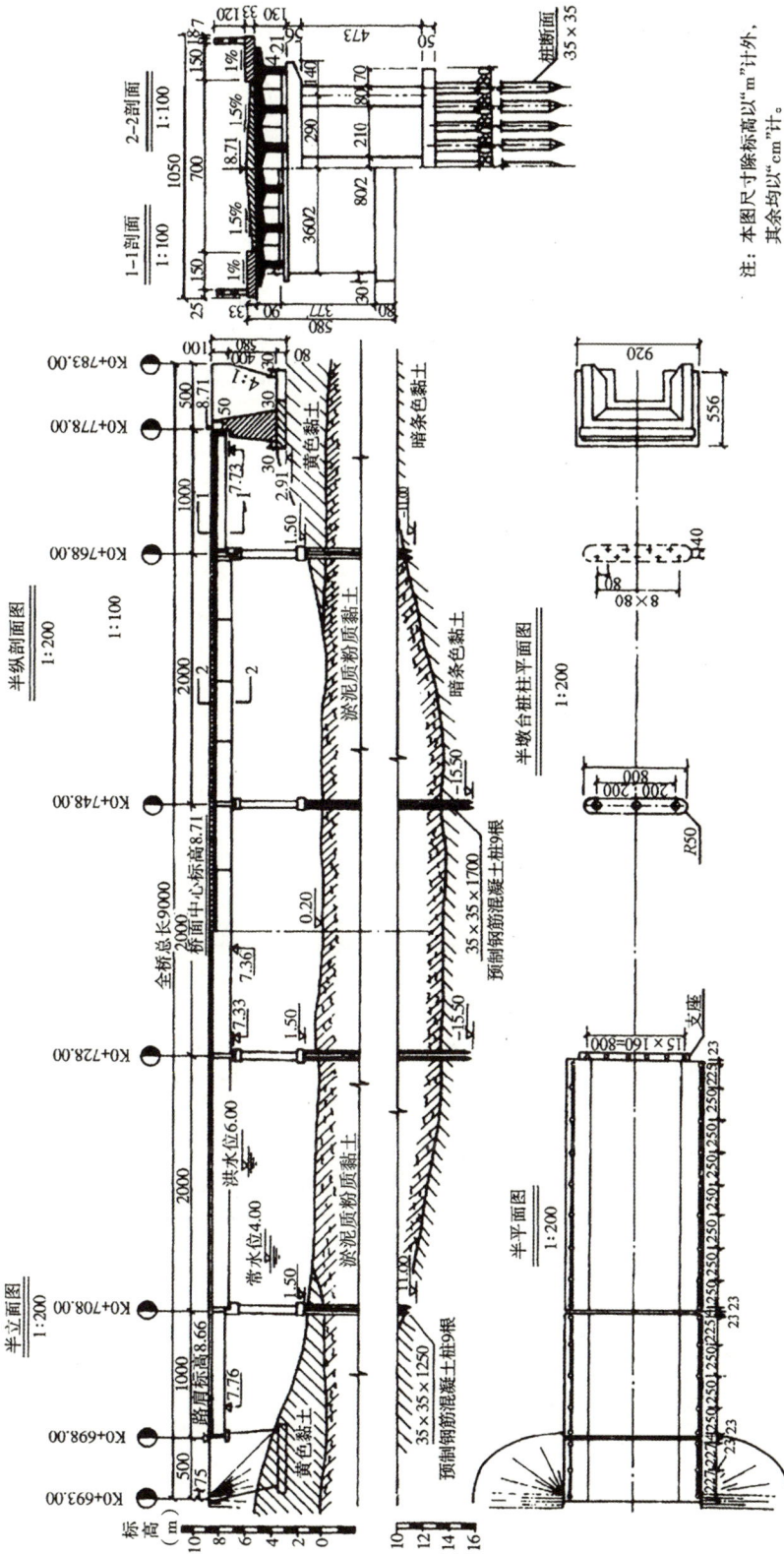

图 7-19 T 型梁桥总体布置图

注：本图尺寸除标高以"m"计外，
其余均以"cm"计。

桥台基础的平面尺寸。

（3）横剖面图

横剖面图是由 1-1 和 2-2 剖面图合并而成，从图 7-20 中可以看出桥梁的上部结构是由 6 片 T 型梁组成，左半部分的 T 型梁尺寸较小，支承在桥台与桥墩上面，对照立面图可以看出这是跨径为 10m 的 T 型梁。右半部分的 T 型梁尺寸较大，支承在桥墩上，对照立面图可以看出这是跨径为 20m 的 T 型梁，还可以看到桥面宽、人行道和栏杆的尺寸。为了更清楚地表示横剖面图，允许采用比立面图和平面图大的比例画出。

为了使剖面图清楚，每次剖切仅画所需要的内容，如 2-2 剖面图中，按投影理论，后面的桥台部分也可见，但由于不属于本剖面范围的内容，故习惯不予画出。

2. 构件结构图

（1）主梁图（钢筋混凝土 T 型梁）

T 型梁由梁肋、横隔板（横隔梁）和翼板组成，在桥面宽度范围内往往有几根梁并在一起，在两侧的主梁称为边主梁，中间的主梁称为中主梁。主梁之间用横隔板联系，沿着主梁长度方向，有若干个横隔板，在两端的横隔板称为端隔板，中间的横隔板称为中隔板。其中边主梁一侧有横隔板，中主梁两侧有横隔板，如图 7-20 所示。

1）主梁骨架结构图

图 7-21 为跨径 10m 的一片装配式钢筋混凝土 T 型梁骨架结构图，其中③ 2φ22 和① 2φ32 共 4 根组成架立钢筋，⑧ 8φ8 为纵向钢筋和箍筋

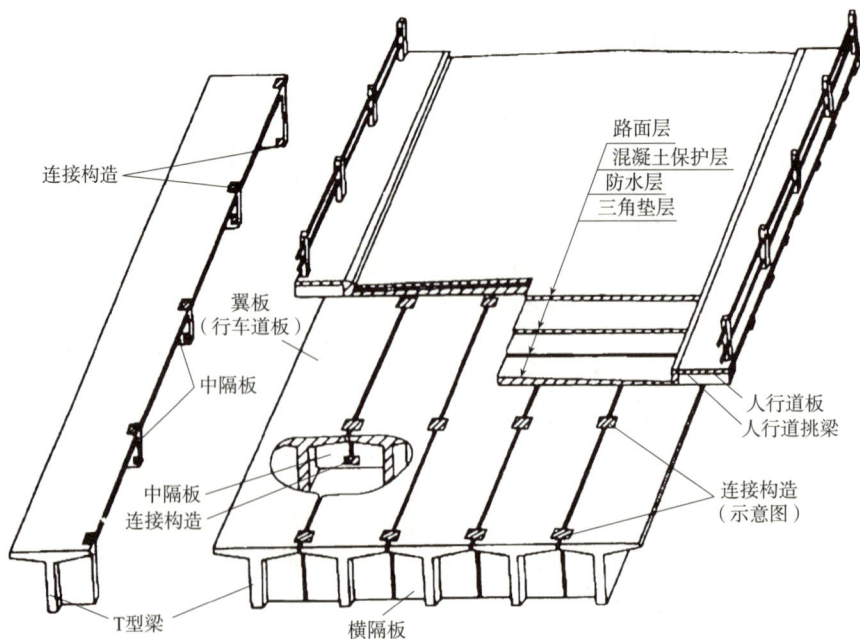

图 7-20 装配式 T 型梁

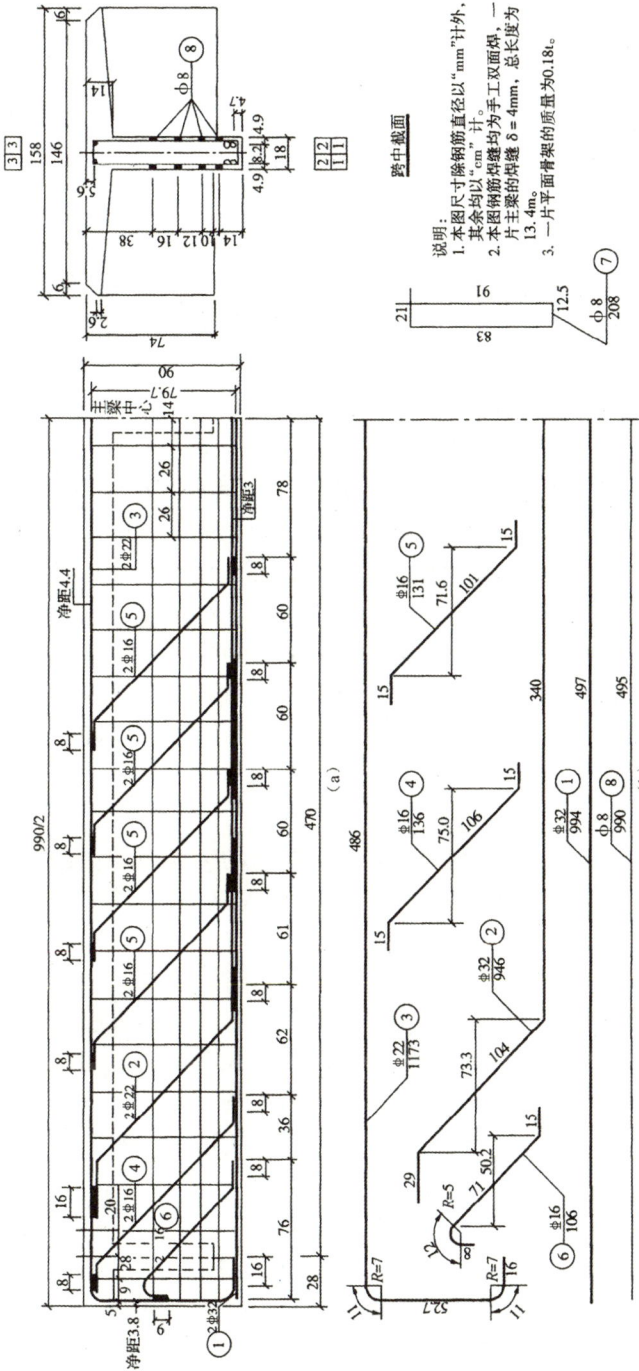

说明:
1. 本图尺寸除钢筋直径以"mm"计外,其余均以"cm"计。
2. 本图钢筋焊缝均为手工双面焊,片主梁的焊缝 δ = 4mm,总长度为 13.4m。
3. 一片平面骨架的质量为0.18c。

一片主梁钢筋明细表

编号	直径(mm)	每根长度(cm)	数量(根)	共长(m)
1	Φ32	994	2	19.88
2	Φ32	946	2	18.92
3	Φ22	1173	2	23.46
4	Φ16	136	4	5.44
5	Φ16	131	16	20.95
6	Φ16	106	4	4.24
7	φ8	205	38	79.04
8	φ8	990	8	79.20

一片主梁钢筋总表

直径(mm)	总长(m)	单位质量(kg/m)	总质量(kg)
Φ32	38.80	6.313	244.9
Φ22	23.46	2.984	70.0
Φ16	30.64	1.578	48.3
φ8	158.24	0.395	62.5
Φ32、Φ22、Φ16		小计	363.2
φ8		小计	62.5
		总计	424.7

图 7-21 装配式钢筋混凝土 T 型梁骨架结构图

⑦组合在一起，以增加梁的刚度及防止梁发生裂缝。钢箍距离除跨端和跨中外，均等于 26cm。②、④、⑤、⑥均为受力钢筋。图中标注出各构件的焊缝尺寸（如 8cm、16cm）及装配尺寸（如 60cm、78cm、79.7cm 等）。

图 7-21（b）是钢筋成型图，把每根钢筋单独画出来，并详细注明加工尺寸。画图的时候，在跨中断面中可以看出钢筋②和①重叠在一起，为了表示清楚也可以把重叠在一起的钢筋用小圆圈表示，图 7-21（a）主梁骨架图上钢筋③、①和②、④、⑤、⑥等钢筋端部重叠并焊接在一起，但画图的时候分开来画，使线条分清以便于读图。

2）主梁隔板（横隔梁）结构图

有横隔板的 T 型梁能保证主梁的整体稳定性，横隔板在接缝处都预埋了钢板，在架好梁后通过预埋钢板焊接成整体，使各梁能共同受力。

如图 7-22 所示为主梁隔板（横隔板）结构图，为了便于读图，还列出了骨架 1、2、3、4 的钢筋成型图。

如图 7-23 所示为隔板接头构造图，上缘接头钢板设在桥面上，下缘接头钢板设在侧面。在近墩台一面端隔板的外侧，因为不便于焊接故没有做钢板接头，在中隔板内、外两侧均可布置接头。投影图的处理，是先根据平面图做出 I－I 剖面图，然后再根据 I－I 剖面图做出 II－II 剖面和 III－III 剖面图，为了节省图幅，这里又分为端隔板和中隔板两种。

当 T 型梁架好后，另用钢板将横隔板接缝处的预埋钢板焊牢连成整体，上面接头用两块 60mm×12mm×160mm 钢板，下面接头两侧各用两块 60mm×12mm×160mm 钢板，端横隔板外侧近墩台处，不便于焊接，故只焊内侧一块，如图 7-23 中的 II－II 剖面图。

3）T 型梁翼板结构图

如图 7-24 所示为 T 型梁翼板钢筋布置图，纵向的钢筋如③、④、⑦等为受力钢筋，①、②则为分布钢筋，⑤、⑥为预埋钢筋，当梁架好后，把⑤、⑥钢筋弯起和行车道铺装钢筋网连成整体。①、②和⑤、⑥钢筋是沿 T 型梁全长配置，习惯上仅画两端部钢筋，中间不画。

钢筋网 $N1$ 和钢筋网 $N2$ 是相互搭接的，为了便于读图，在平面图中故意把它们分开来画，而通过隔板轴线把两块钢筋网联系起来。

（2）桥墩图

如图 7-25 所示为某桥立柱式轻型桥墩结构图，采用了立面、平面和侧面的三个投影图，并且都采用半剖面形式。

从结构图可以看出，下面是 9 根 35cm×35cm×1700cm 的预制钢筋混凝土桩，桩的钢筋没有详细表示，仅用文字把柱和下盖梁的钢筋连接情况注写在说明内。平面图是把上盖梁移去，表示立柱、桩的排列和下盖梁钢筋网布置的情况，平面图中没有把立柱的钢筋表示出来，而另用放大比例的立柱断面图表示。钢筋成型图没有列出来，读图时可根据投影图、断面图和表 7-2 工程数量表略图对照来分析。例如立面图中编号为①的钢筋，对照上盖梁断面图、侧面图和表 7-2 的略图可知道是 3 根直径为 18mm 的

一片主梁隔板骨架长度表

跨径 (m)	中主梁 (δ=8mm) (m)	边主梁 (δ=8mm) (m)
10	5.9	2.4
13	8.5	3.3
16	10.9	4.4
20	10.9	4.4

说明：本图尺寸除钢筋直径和钢板断面尺寸以"mm"计外，其余均以"cm"计。

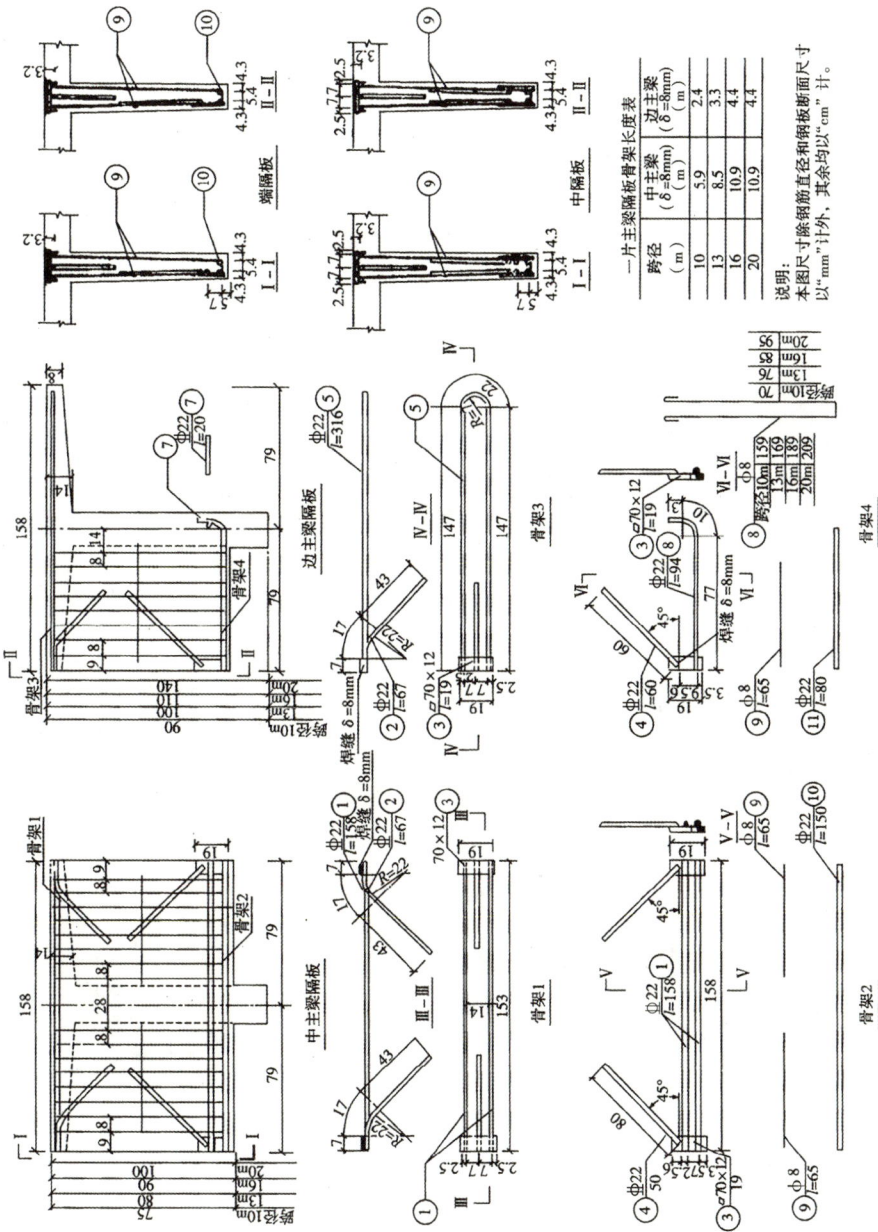

图7-22 主梁隔板（横隔板）结构图

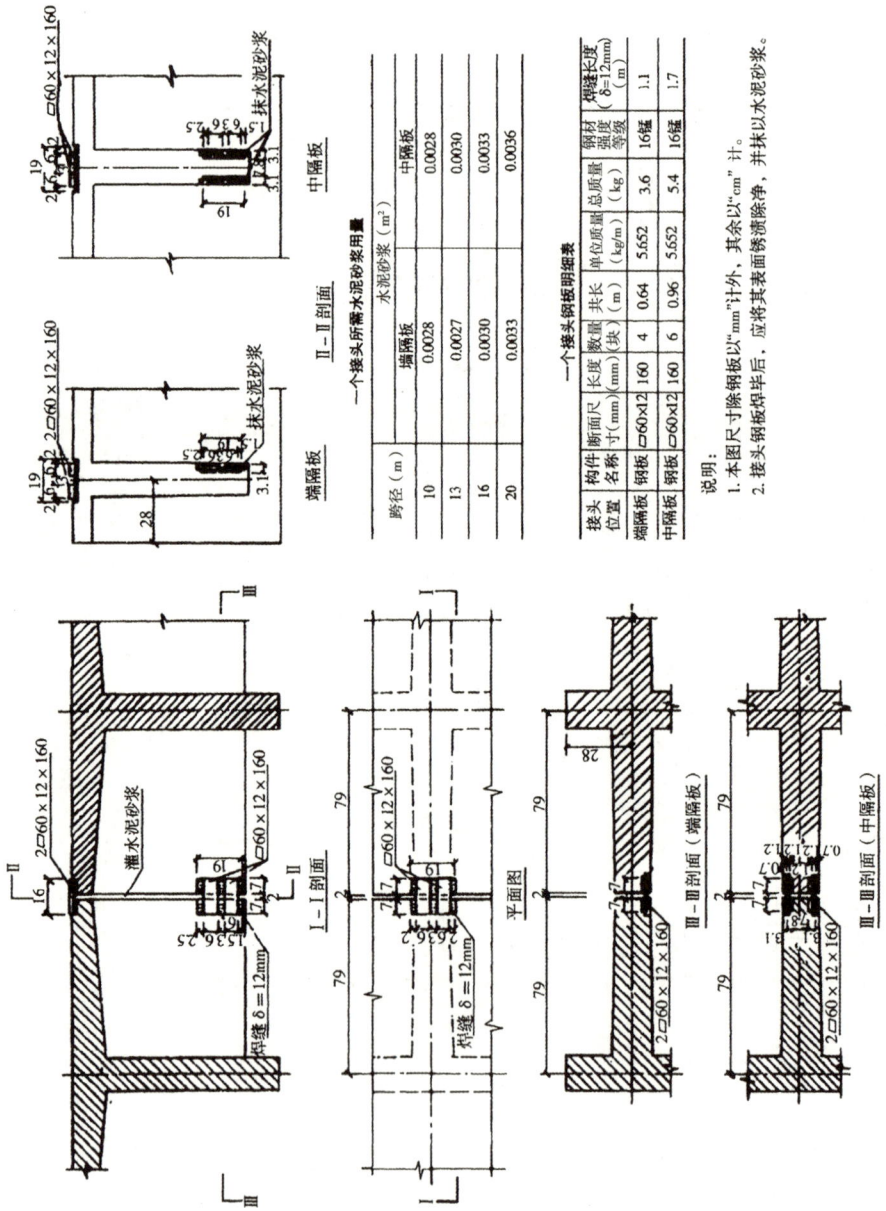

一个接头所需水泥砂浆用量

跨径 (m)	水泥砂浆 (m²)	
	端隔板	中隔板
10	0.0028	0.0028
13	0.0027	0.0030
16	0.0030	0.0033
20	0.0033	0.0036

一个接头钢板明细表

接头位置	构件名称	断面尺寸(mm)	长度(mm)	数量(块)	共长(m)	单位质量(kg/m)	总质量(kg)	钢材强度等级	焊缝长度(δ=12mm)(m)
端隔板	钢板	□60×12	160	4	0.64	5.652	3.6	16锰	1.1
中隔板	钢板	□60×12	160	6	0.96	5.652	5.4	16锰	1.7

说明：
1. 本图尺寸除钢板以"mm"计外，其余以"cm"计。
2. 接头钢板焊毕后，应将表面铁锈清除净，并抹以水泥砂浆。

图7-23 隔板接头构造图

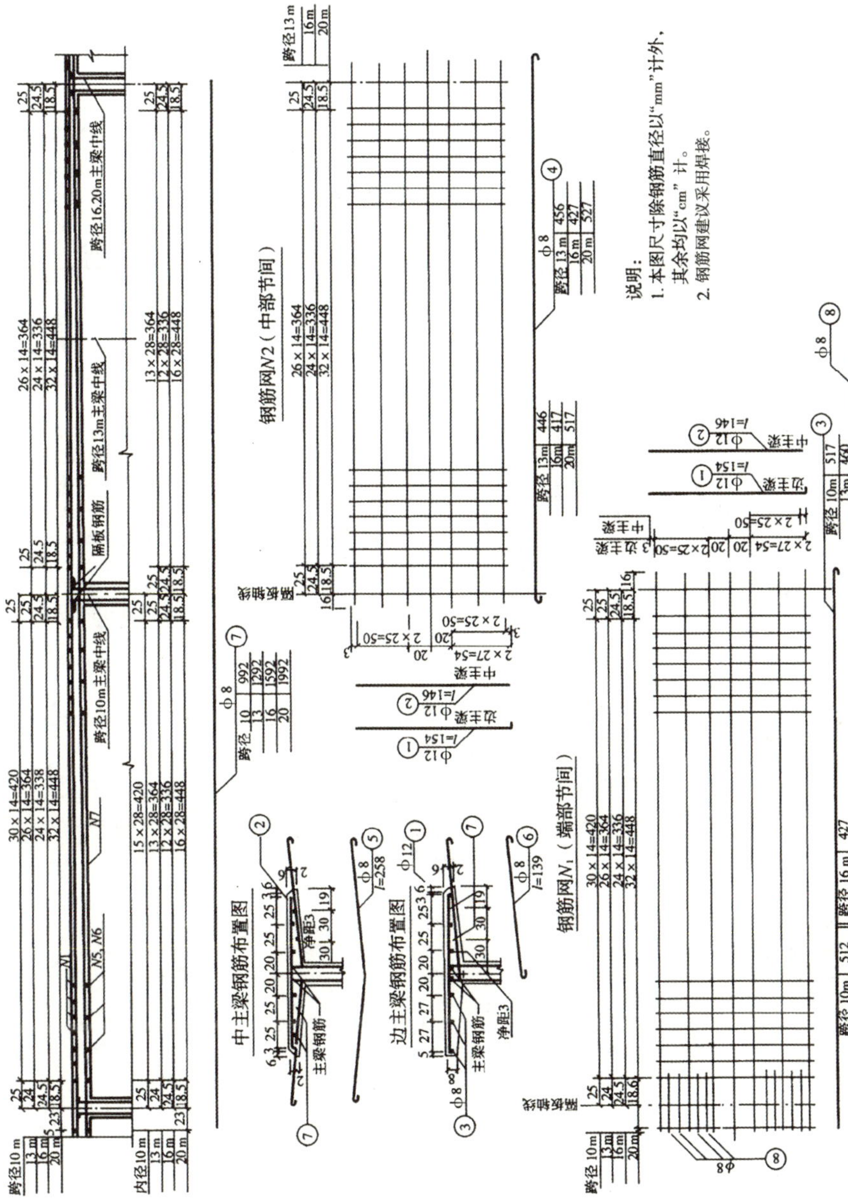

说明：
1. 本图尺寸除钢筋直径以"mm"计外，其余均以"cm"计。
2. 钢筋网建议采用焊接。

钢筋网N2（中部节间）

钢筋网N1（端部节间）

中主梁钢筋布置图

边主梁钢筋布置图

图7-24　T型梁翼板钢筋布置图

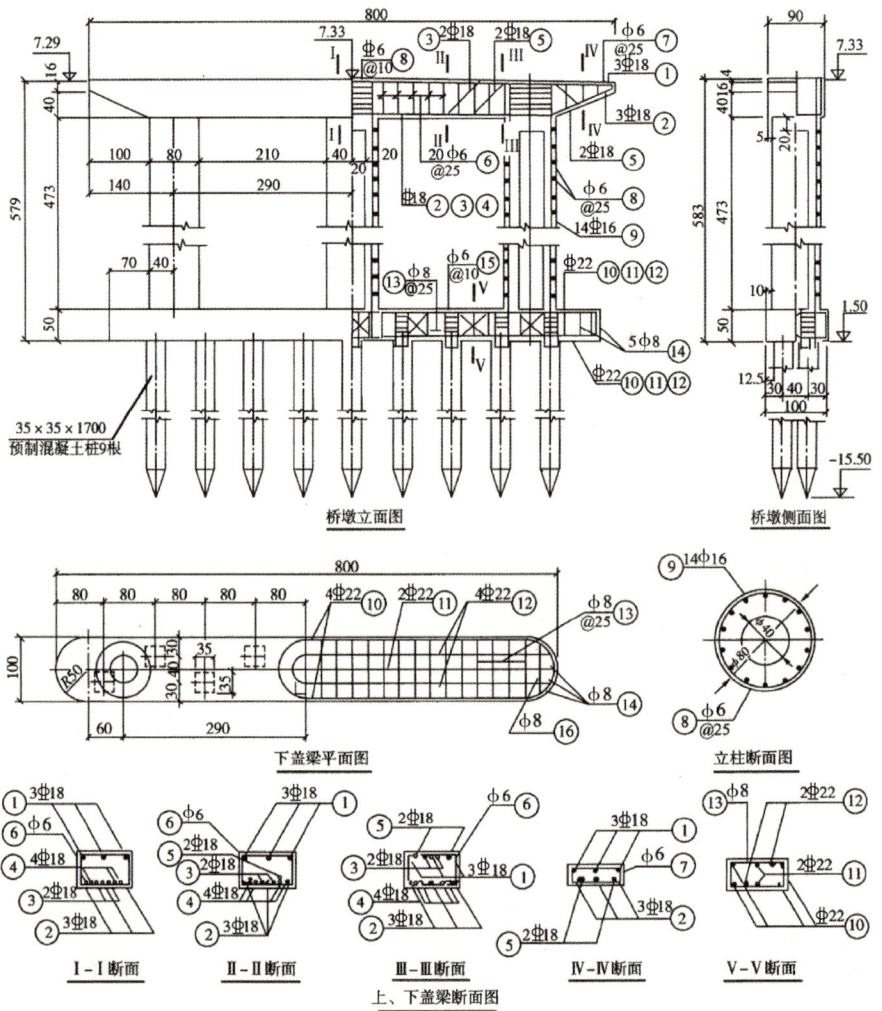

图 7-25　某桥立柱式轻型桥墩结构图

说明：

1. 本图尺寸钢筋以"mm"计，标高以"m"计，其他均以"cm"计。
2. 混凝土强度等级为 C20。
3. 保护层厚度为 3cm。
4. 柱顶混凝土应凿掉，将钢筋伸入下盖梁内，伸入长度为 40cm。

钢筋，每根长度为 854cm。又如编号为②的钢筋可通过对照立面图、断面图和略图，知道是 3 根直径为 18mm 的钢筋，每根长度为 868cm，两端弯起长度为 104cm。

（3）桥台图（U型桥台）

如图 7-26 所示，为常见的 U 型桥台，它是由台帽、台身、侧墙（翼墙）和基础组成。这种桥台是由胸墙和两道侧墙垂直相连成"U"字形，再加上台帽和基础两部分组成。

1）纵剖面图：采用纵剖面图代替立面图，显示了桥台内部构造和

工程数量表 表 7-2

编号	直径	略图	每根长（cm）	根数	总长（m）	钢筋质量（kg）
1	Φ18	854	854	3	25.62	51.3
2	Φ18	104 660 104	868	3	26.04	52.0
3	Φ18	61 60 324 60 61	546	2	10.92	21.8
4	Φ18	660	660	4	26.40	52.8
5	Φ18	20 60 80 55 20	235	4	4.70	9.4
6	φ6	65 85 93 63	296	20	59.20	15.4
7	φ6	11-43 85 93 19-51	208~272	8	19.20	4.3
8	φ6	252	252	75	189.00	31.8
9	φ16	575	575	42	261.00	412.4
10	Φ22	700 20 148	686	4	34.72	104.1
11	Φ22	794	794	2	15.88	47.6
12	Φ22	90 53 53 53 53 53 53 53 53 91 50 50 50 50 50 50 50 50	956	2	19.12	57.5
13	φ8	45 95 105 55	300	29	87.00	34.3
14	φ8	48	48	10	4.80	1.9
15	φ6	25 30 38 33	126	36	45.36	10.4
16	φ8	80	80	4	3.20	12.6

材料。

2）平面图：设想主梁尚未安装，后台也未填土，这样就能清楚地表示出桥台的水平投影。

3）侧面图：其由 1/2 台前和 1/2 台后两个图合成得到。所谓台前，是指人站在河流的一边顺着路线观看桥台前面所得的投影图，所谓台后，是指人站在堤岸一边观看桥台背后所得的投影图。

（4）钢筋混凝土桩

如图 7-27 所示为一方形断面，长度为 17m、横截面 35cm×35cm 的钢筋混凝土桩的结构图。桩顶具有三层网格，桩尖则为螺旋形钢箍，其他部分为方形钢箍，分 3 种间距，中间为 30cm，两端为 5cm，其余为 10cm，主钢筋①为 4 根长度为 1748cm 的 Φ22 钢筋，除了钢筋成型图之外，还列出了钢筋数量一览表，以便对照和备料之用。

259

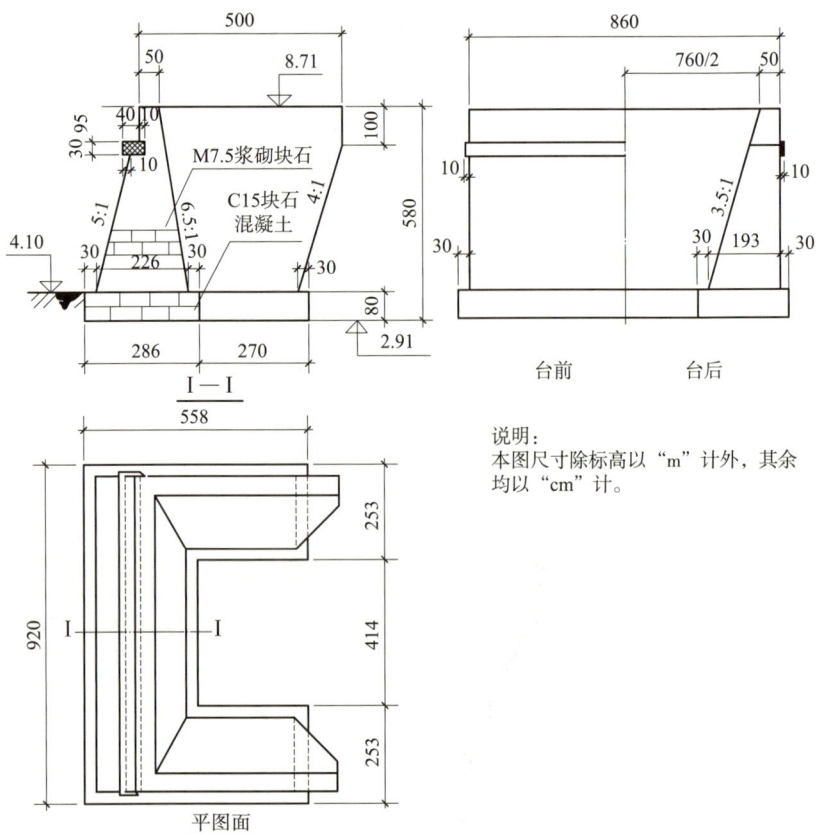

说明：
本图尺寸除标高以"m"计外，其余均以"cm"计。

图 7-26　U 型桥台

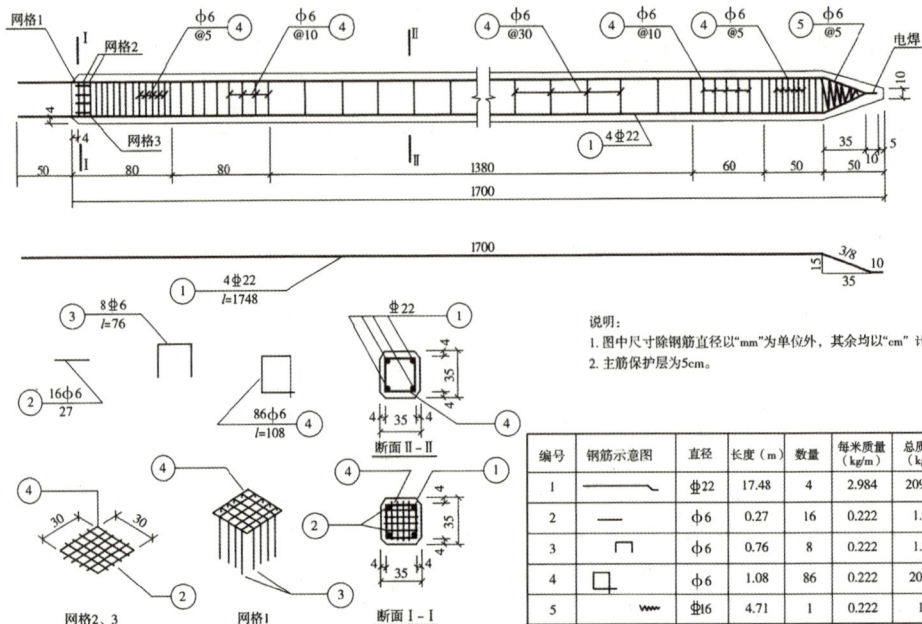

说明：
1. 图中尺寸除钢筋直径以"mm"为单位外，其余均以"cm"计。
2. 主筋保护层为5cm。

编号	钢筋示意图	直径	长度（m）	数量	每米质量（kg/m）	总质量（kg）
1		⏀22	17.48	4	2.984	209.6
2		⏀6	0.27	16	0.222	1.0
3		⏀6	0.76	8	0.222	1.3
4		⏀6	1.08	86	0.222	20.6
5		⏀16	4.71	1	0.222	1

图 7-27　钢筋混凝土桩的结构图

7.1.4　斜拉桥

斜拉桥是我国近年来修建大跨径桥梁较多采用的一种桥型，它是由主梁、索塔和拉索三种基本构件组成的桥梁结构体系（图 7-28），梁塔是主要承重的构件，借助斜拉索组合成整体结构，斜拉桥外形轻巧，跨度大，造型美观。

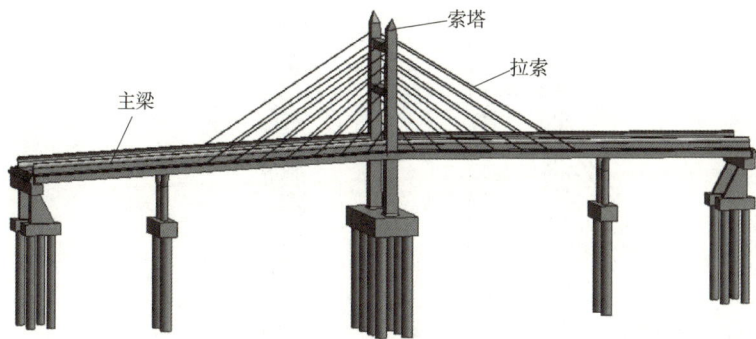

图 7-28　斜拉桥构件组成图

码 7-6　斜拉桥识读

码 7-7　悬索桥识读

码 7-8　刚构桥工程识图与构造

斜拉桥的主梁一般用钢或钢筋混凝土（或预应力钢筋混凝土）或混合制作；斜拉桥的结构体系分为悬臂式或连续式两种；桥塔有门式塔、A 形塔、独立塔或双柱式塔等形式；拉索有辐射式、平行式、扇式和星式等形式。

如图 7-29 所示，为一座双塔双索面钢桁组合双层斜拉桥总体布置图。其中主梁采用钢桁组合梁双层行车道体系，上层单箱 6 室箱形截面梁作为高速公路专用道；下层桁架梁用作一般公路的通行，高速公路的行车道为6 车道，门式塔索，扇式拉索，双索面布置。本桥主跨 460m，两边跨各为200m，为方便绘图两边引桥部分断开未画。

1. 立面图

由于采用较小的比例 1∶2500，仅画桥梁的外形而不画剖面。上层箱梁高用两条粗线表示，最上面加一条细线表示桥面高度，横隔梁和护栏均省略不画；下层仅画出了横梁各杆件的外形。从立面图可以看出主桥的分孔布置情况（即 200m+460m+200m），本桥为三跨连续双层桥面钢斜拉桥。本桥主孔也是主航道通航孔，通航净高 55m（55.903-0.903）。桥墩是由承台和混凝土基桩（井柱基础）组合而成，它和上面的塔柱固结成一整体，使作用稳妥地传递到地基上。立面图上反映了各墩的承台顶面到桩尖的高度及混凝土基桩在顺桥内的排列情况。立面图还反映了河床起伏及水文情况，根据标高尺寸可知桩和桥台基础的埋置深度、梁底、桥面中心和通航水位的标高与尺寸。

2. 平面图

平面图采用了分层揭示画法，以中心线为界，左半部分画外形，显示了上层高速公路的桥面宽度以及塔柱断面和 1 号、2 号墩承台的水平投影，右半是把桥的上部分揭掉后显示下层的桥面桁梁行车道部分、桁梁下承重

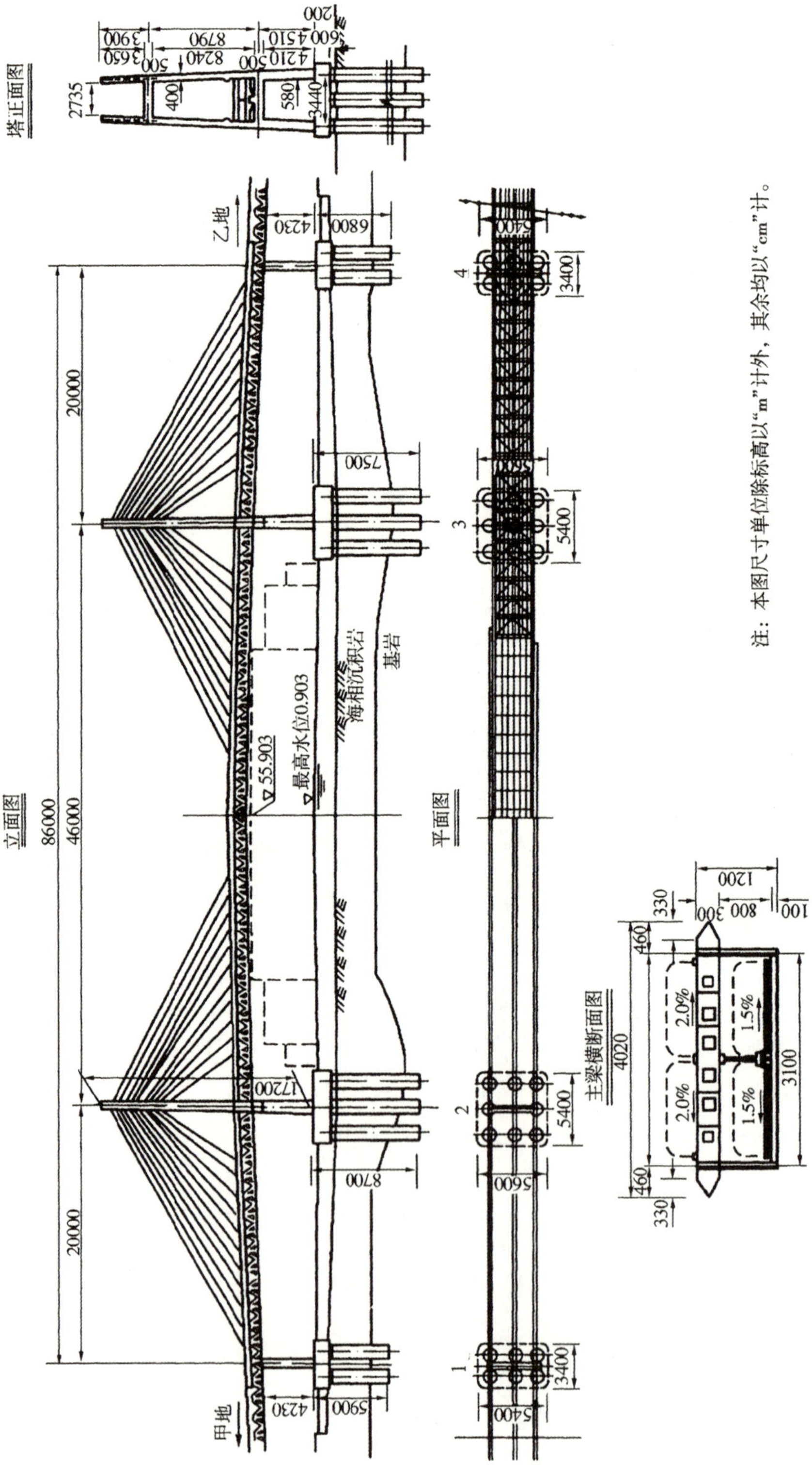

图7-29 双塔双索面钢桁组合双层斜拉桥总体布置图

注：本图尺寸单位除标高以"m"计外，其余均以"cm"计。

梁，下悬杆布置以及 3 号、4 号墩承台和桩位的平面布置情况。

3. 塔正面图及主梁横断面图

采用较大比例画出塔正面图，从图中可以看出塔的形式为门式塔，塔的各部分尺寸也做了表示，梁的上部结构与塔的位置关系，塔与承台基桩的位置关系也做了表达；塔身分为三段，第一段高 39m，第二段 87.9m、塔柱顶端 4m、底宽 5.8m，塔身顶部内侧净距 27.351m、塔身底内侧净距 34.40m，承台厚 6m。第三段 45.10m。塔柱总高为 172.0m，在塔身顶部还表示出了拉索在塔柱上的分布情况，对基础标高、水位标高和混凝土基桩的埋置深度等，也在本图中予以表达。

主梁的断面图另用更大的比例画出，显示出整个桥跨结构的断面细部尺寸及相互位置关系。从图上可以看出上层高速公路桥为单箱六室断面，桥面 2% 的双向横坡，两边设防护栏，箱梁厚 3m，梁两翼各为 3.3m 宽的三角形截面板，桥面总宽 40.2m。其下层梁行车部分的建筑限界也进行了表示，上层梁底至下层主桁净高 8m，主桁厚 1m，主梁总高 12m，主桁下弦轴线宽 31.0m。

7.1.5　桥梁工程图纸

1. 桥梁图纸组成

完整的桥梁工程图纸，一般由以下 10 个部分组成。

（1）目录。完整的工程图纸都要装订成册，为方便阅读，编制详细的图名目录。

（2）工程设计说明。工程设计说明一般包括工程概况、设计依据、设计范围、设计指标、施工要求、验收规范等。

（3）桥位平面图。桥位平面图是表达桥梁在道路路线中的具体位置及桥位周围的河流、山谷等地形、地物情况的图样，它是桥梁平面定位放线的依据。

（4）桥位地质断面图。桥位地质断面图是表明桥位所在河床位置的地质断面情况的图样，该图为设计桥梁下部结构的形式和深度提供资料，也是确定桥梁基础施工方案的依据。

（5）桥梁总体布置图。桥梁总体布置图由桥梁立面图、平面图和横剖面图组成。桥梁的形式、构造组成、跨径、孔数、总体尺寸、各部分结构构件的相互位置关系、桥梁各部分的标高、使用材料，以及必要的技术说明等可在桥梁总体布置图中表示出来。

（6）桥梁上部结构及钢筋构造图。桥梁上部结构及钢筋构造图是表达桥梁上部结构（如主梁、拱圈或拱肋、主桁、支座、桥面铺装、栏杆或防撞墙、人行道、伸缩缝、防水排水系统、照明系统等各部分详细结构的形式和尺寸，以及结构内部钢筋的配置情况等）的详图。

（7）桥梁下部结构及钢筋构造图。桥梁下部结构及钢筋构造图是表达桥梁墩台各部分详细结构的形式、尺寸，以及结构内部钢筋的配置情况的详图。

（8）桥梁附属工程结构构造图。桥梁附属工程结构构造图包括锥形护坡、导流护岸、河床铺砌、检查设备、台阶扶梯、导航装置等图纸。

（9）工程数量表。工程数量表包括全桥主要工程数量表、结构各部分工程数量表。

（10）其他图表。大型桥梁或复杂结构还需要有施工顺序图、安装示意图等。

2. 识图方法

（1）识读桥梁工程图的基本方法是形体分析方法，桥梁虽然是庞大而又复杂的建筑物，但它是由许多构件所组成的，只要了解了每一个构件的形状和大小，再通过总体布置图把它们联系起来，弄清彼此之间的关系，就不难了解整个桥梁的形状和大小了。

（2）由整体到局部，再由局部到整体的反复读图过程。因此必须把整个桥梁图由大化小、由繁化简，各个击破。

（3）运用投影规律，互相对照，弄清整体。读图的时候，决不能单看一个投影图，而是同其他投影图包括总体图或详图、钢筋明细表、说明等联系起来。

3. 识图步骤

（1）总体布置图

1）识读图样的设计说明即标题栏和附注，了解桥梁名称、种类、主要技术指标，例如荷载等级、施工措施及注意事项、比例、尺寸单位等。识读桥位平面图、桥位地质图了解所建桥梁的位置、水文、地质状况等。

2）弄清楚各视图之间的关系，如有剖面、断面图，则要找到剖切位置和观察方向。读图时应先读立面图（包括纵断面图），了解桥形、孔数、跨径大小、墩台数目、总长、河床断面等情况。再对照平面图、侧面图和横剖面图等，了解桥的宽度、人行道的尺寸和主梁的断面形式等，同时要阅读图中的技术说明，这样才能对桥梁的全貌有了一个初步了解。

（2）构件结构图

在看懂总体布置图的基础上，再分别读懂每个构件的构件图。构造图的读图方法与"组合体"相同，不再重复，结构图可按下列步骤进行读图：

1）先看图名，了解是什么构件，再对照图中画出的主要轮廓线，了解构件的外形。

2）识读基本视图（立面图、断面图等），了解钢筋的布置情况，各种钢筋的相互位置等，找出每种钢筋的编号。

3）识读钢筋详图，了解每种钢筋的尺寸、完整形状，这在基本视图中是不能完全表达清楚的，要与详图一起识读。

4）再将钢筋详图与钢筋数量表等联系起来识读，了解钢筋的数量、直径、长度等。

作业页

班级：　　　　　　姓名：　　　　　　学号：

📄 **思考题**

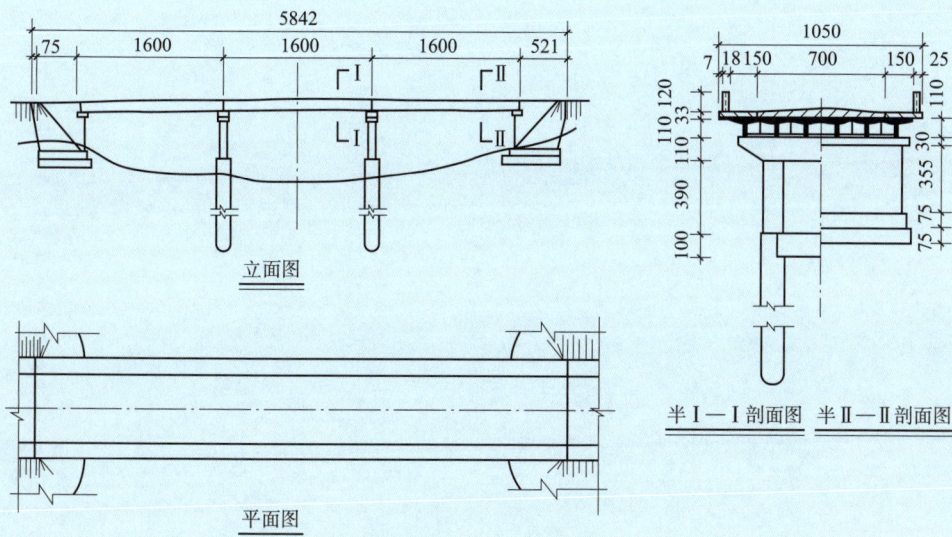

图 7-30　桥梁总体布置图

阅读如图 7-30 所示的桥梁总体布置图，回答下列问题。

1. 立面图

立面图反映出该桥净跨径为_____m，总跨径为_____m；图为_____孔的梁式桥，桥台为重力式桥台，桥墩为桩柱式轻型桥墩，由于桩基础较长，故采用折断画法。由于立面图的比例较小，因此桥面铺垫层、人行道和栏杆均未表示出。为了表达清晰，假设桥梁没有填土或填土为透明的，因此埋入土体中的基础和桥台部分为可见，用实线画出，不可见部分可省略不画。

2. 平面图

由于比例较小，桥栏杆未表示，只画出_____的宽度，以及_____的一部分投影。平面图与立面图一样只画出可见部分的投影。

3. 侧面图

为了表达清楚，侧面图选用的比例比立面图和平面图要大，工程上常采用半Ⅰ—Ⅰ剖面和半Ⅱ—Ⅱ剖面拼接成一个图的表示方法。由图 7-30 可以看出，桥梁的上部结构由_____片 T 型梁组成，桥面宽为_____m，车行道宽为_____m，人行道宽为_____m，净宽为_____m。下部构造用一半桥台、一半桥墩拼接成一个图的表示方法，且只画出可见部分。

　　我国是一个地域辽阔、多山的国家，交通运输发展很快，在新修建铁路、道路时，为缩短建设里程及保护环境，改变了线路走向，那种逢山绕着走、坡陡、曲线半径小的现象已被隧道工程所结束。隧道工程既能保证行车安全，又可防止滑坡、泥石流，并能提高行车速度和安全的可靠性，还能与周围环境相协调，保证自然景观完好。

　　为了减少土石方数量，建造在山岭、江河、海峡和城市地面以下，保证车辆平稳行驶和缩短建设里程的工程构筑物，称为隧道，如图 7-31 所示。

码 7-9　隧道工程识图与构造

图 7-31　隧道

7.2.1　认识隧道

1. 隧道组成

　　隧道是道路穿越山岭或通过水底的狭长构筑物，包括主体建筑和附属建筑物两部分。

　　主体建筑由洞门、洞身和基础三部分组成，如图 7-32 所示。在隧道

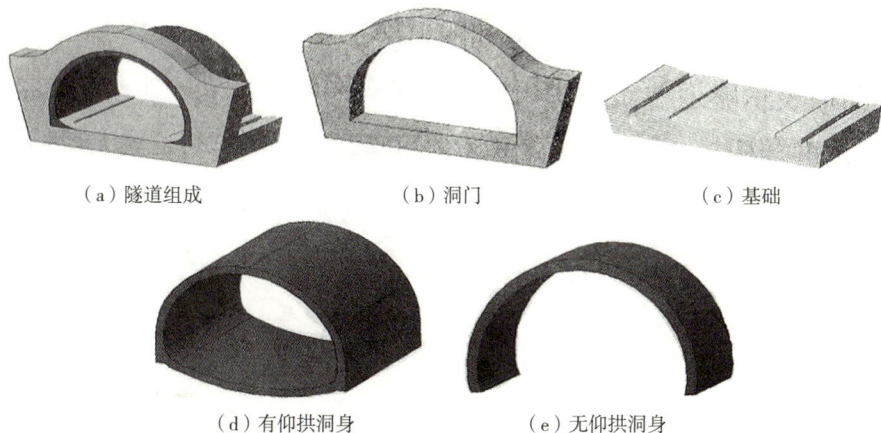

（a）隧道组成　　　　　（b）洞门　　　　　（c）基础

（d）有仰拱洞身　　　　（e）无仰拱洞身

图 7-32　隧道组成

进口或出口处要修筑洞门，两洞门之间的部分就是洞身，如果地基坚固，用无仰拱的洞身；如果地基松软，则采用有仰拱的洞身。

隧道的附属建筑物包括人行道（或避车洞）和防排水设施，长、特长隧道还有通风道、通风机房、供电、照明、信号、消防、通信、救援及其他量测、监控等附属设施。

2.隧道分类

隧道包括的范围很大，从不同角度分析，可得出不同的隧道分类方法。

（1）按地层可分为岩石隧道（软岩、硬岩）、土质隧道。

（2）按所处位置可分为山岭隧道、城市隧道、水底隧道。

（3）按施工方法可分为矿山法、明挖法、盾构法、沉埋法、掘进机法施工的隧道等。

（4）按埋置深度可分为浅埋隧道和深埋隧道。

（5）按断面形式可分为圆形、马蹄形、矩形隧道等。

（6）按车道数可分为单车道、双车道、多车道隧道。

（7）按用途可分为交通隧道、市政隧道、水工隧道、矿山隧道。

3.交通隧道

交通隧道是应用最广泛的一种隧道，其作用是提供交通运输和人行的通道，以满足交通线路畅通的要求，一般包括以下几种。

（1）公路隧道是专供汽车运输行驶的通道。

（2）铁道隧道是专供火车运输行驶的通道。

（3）地下隧道是修建于城市地层中，为解决城市交通问题，供火车（地铁）行驶的通道。

（4）水底隧道是修建于江、河、湖、海洋下的，供汽车和火车运输行驶的通道。

（5）航运隧道是专供轮船运输行驶的通道。

（6）人行隧道是专供行人通过的通道。

4.市政隧道

在城市的建设和规划中，充分利用地下空间，将各种不同市政设施安置在地下而修建的地下孔道，称为市政隧道。市政隧道与城市中人们的生活、工作和生产关系十分密切，对保障城市的正常运转起着重要作用，主要有如下几种类型。

（1）给水隧道是为城市自来水管网铺设系统修建的隧道。

（2）管路隧道是为城市能源供给（燃气、暖气、热水等）系统修建的隧道。

（3）污水隧道是为城市污水排送系统修建的隧道。

（4）线路隧道是为电力电缆和通信电缆系统修建的隧道。

（5）人防隧道是考虑战时的防空目的而修建的防空避难隧道。

将前4种具有共性的市政隧道，按城市的布局和规划建成一个公用隧道，称为共同管沟。共同管沟是现代城市基础设施科学管理和规划的标志，也是合理利用城市地下空间的科学手段，是城市市政隧道规划与修建的发展方向。

5. 水工隧道

水工隧道是水利工程和水力发电枢纽的一个重要组成部分，包括以下几种。

（1）引水隧道是用于将水引入水电站的发电机组或水资源的调动而修建的孔道。

（2）尾水隧道是用于将水电站发电机组排出的废水送出去而修建的隧道。

（3）导流隧道或泄洪隧道是为水利工程中疏导水流并补充溢洪道流量超限后的泄洪而修建的隧道。

（4）排沙隧道是用来冲刷水库中淤泥和泥沙而修建的隧道。

6. 矿山隧道

在矿山开采中，从山体以外通向矿床和将开采到的矿石运输出来，是通过修建隧道来实现的，其主要是为采矿服务的，主要分为运输巷道、给水隧道、通风隧道。

7.2.2 隧道工程图识读

1. 平面图

隧道平面图包含的内容有隧道轴线、洞口及各组成部分的平面位置、隧道位置的地形、地物状况及地质状况。如图 7-33 所示，地形平面图用等高线绘出，结合图例，可知隧道地区工程地质平面分布情况及地质年代和节理产状。隧道平面在山体里面，故投影为不可见，用虚线表示。隧道进口里程桩号为 K21+945，出口桩号为 K22+72。该隧道位于直线段，其导

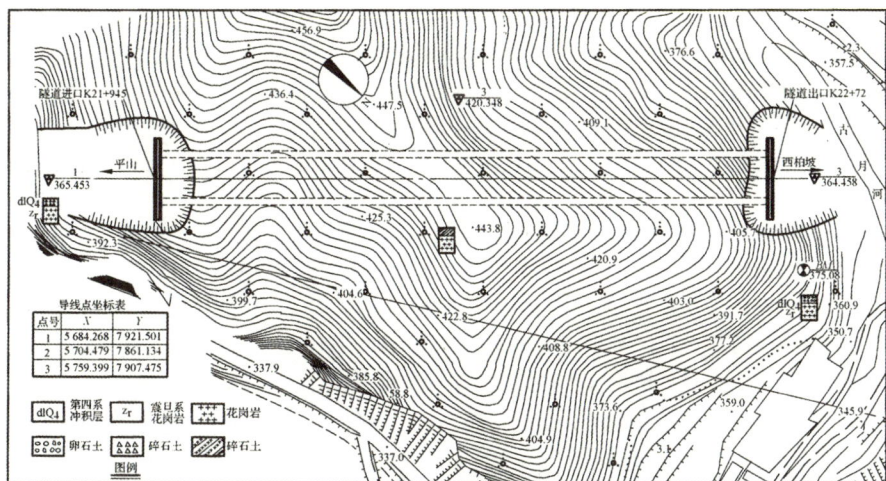

图 7-33　隧道平面示意图

线点坐标值见图左下角的坐标表。高程控制点 *BM* 位于隧道出口原小路附近。从地形图可见隧道出口端山体地形略低于进口端。

隧道平面图可根据隧道长短及地质、地形情况绘制，比例可选 1 ∶ 1000 或 1 ∶ 500。

2. 纵断面图

隧道纵断面图主要反映洞口设计标高、纵坡形式和竖曲线及其大小。纵断面图还反映山体地面的起伏及地质围岩类别的分布情况、断层走向和洞身衬砌形式的段落划分情况。如图 7–34 所示为某隧道纵断面图，其岩体地质为黏质粉土覆盖花岗岩，隧道采用 3.0% 的单坡，洞身拱顶衬砌厚为 60cm，纵断面图也表示洞门的侧面。其左侧树立一个标高比例尺，以便于纵断面图的对照校核。图样下半部分是一个表格栏，反映围岩类别、衬砌形式、坡度、坡长设计高程、地面高程及里程桩号，最下边是图例及说明。

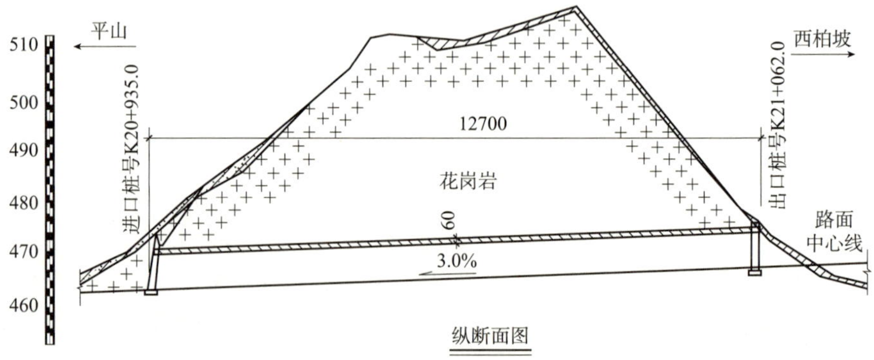

1 衬砌形式					明洞	直墙式变截面圆拱					直墙式等截面圆拱					直墙式变截面圆拱	明洞						
2 坡度/坡长(m)	3.0% 350																						
3 设计高程	470.50	470.70	470.84	470.93	471.05	471.71	471.29	471.42	471.55	471.17	472.23	472.35	472.48	475.29	573.63	474.69	474.73	474.81	474.87	475.96	475.05	475.29	475.65
4 地面高程	474.44	476.81	476.81	481.92	484.74	488.17	490.63	493.52	496.27	499.95	514.16	519.48	520.63	419.43	526.13	486.89	486.37	483.70	480.88	479.25	477.49	472.69	470.31
5 里程桩号	K20+923	+923.60	+938.60	+935.05	+938.60	+942.40	+946.29	+950.58	+954.00	+959.00	+976.00	+980.00	+984.58	K21 +000.00	K21 +022.90	+058.31	+059.50	+062.00	+064.00	+067.00	+070.00	+078.00	+090.00

图例　黏质粉土　花岗岩

说明：
1. 本图尺寸以厘米（cm）计，高程及桩号以米（m）计。
2. 衬砌形式为直墙式单心圆周拱。
3. 设计高程为路面中心。

图 7–34　某隧道纵断面图

一般纵断面图比例采用纵向 1 ∶ 100、横向 1 ∶ 1000。如果高差甚大，隧道较长时，比例尺可用纵向 1 ∶ 200、横向 1 ∶ 2000。图 7–34 因隧道短、地形高差较大，纵横向比例均采用 1 ∶ 500。

隧道的引线设计图主要反映隧道两端与路线的连接情况，包括洞口附近平曲线、引线纵坡及路肩的宽度过渡和为适应光线及视觉过渡所设置的其他构筑物，它的图示特点和读图规律与前述构筑物图样类似。

3. 横断面图

隧道横断面图（图 7-35）是用垂直于隧道轴线的平面剖切后得到的断面图，通常也称建筑限界及净空设计图，包括了隧道建筑限界图和隧道净空断面（衬砌内轮廓）图两部分。隧道横断面图主要反映限界标准、横断面形式、人行道布置和路面结构等内容。其中，隧道建筑限界是为了保证隧道内各种交通的正常运行和安全，规定在一定宽度和高度的空间限界内不得有任何部件或障碍物（包括隧道本身的通风、照明、安全、监控及内部装修等附属设施）。隧道净空断面表示隧道衬砌形式。建筑限界用虚线表示，在建筑限界内不能设置任何设备，交通工程设施（如消防设施、照明及供电线路等）都必须安装在建筑限界外。

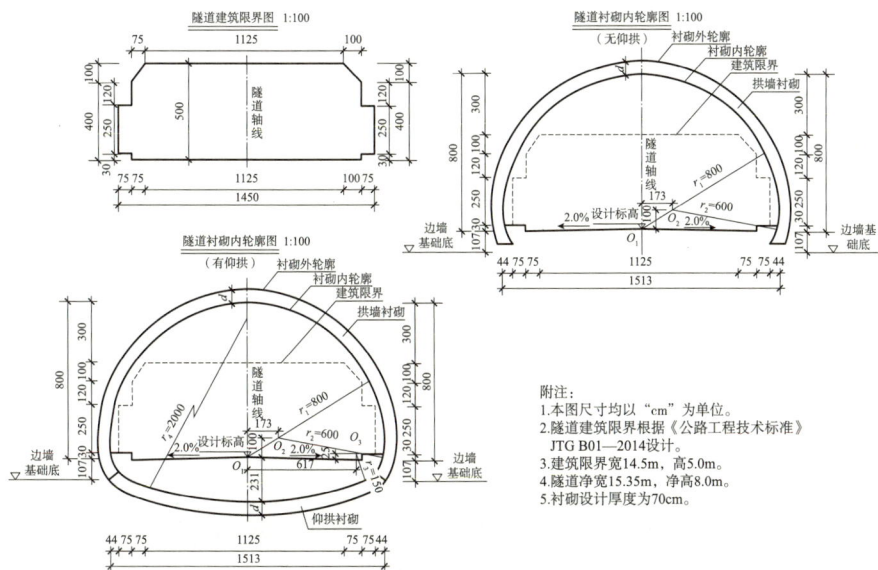

图 7-35　隧道横断面图

4. 隧道洞门构造图

隧道洞门位于隧道的两端，是隧道的外露部分，俗称出入口。它一方面起着稳定洞口仰坡坡脚的作用，另一方面也有装饰美化洞口的效果。它由洞门墙（端墙、翼墙）衬砌、帽石端墙背部的排水系统组成。

（1）洞门类型

洞身的两端均建有隧道洞门，洞门的结构形式应适应洞门的地形、地质及水文地质条件和衬砌结构构造要求。洞门的基本形式有以下几种。

271

1）环框式洞门

若洞口石质坚硬稳定，可仅设洞口环框，起加固洞口和减少洞口雨后滴水等作用，如图 7-36 所示。

2）端墙式洞门

其适用于地形开阔、石质基本稳定的地区。端墙的作用在于支护洞门仰坡，保持其稳定，并将仰坡水流汇集排出，如图 7-37 所示。

图 7-36 环框式洞门

图 7-37 端墙式洞门

3）翼墙式洞门

当洞口地质条件较差时，在端墙式洞门的一侧或两侧加设挡墙，构成翼墙式洞门，如图 7-38 所示。

4）柱式洞门

当地形较陡，地质条件较差，仰坡下滑可能性较大，而修筑翼墙又受地形、地质条件限制时，可采用柱式洞门。柱式洞门比较美观，适用于城市要道、风景区或长大隧道的洞口，如图 7-39 所示。

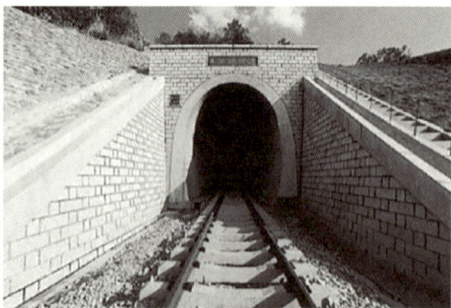

图 7-38 翼墙式洞门

图 7-39 柱式洞门

5）台阶式洞门

在山坡隧道中，因地表面倾斜，故开挖路堑后一侧边坡过高，极易丧失稳定性，此时可采用台阶式洞门，以适应地形特点，减少仰坡土石方开挖量，如图 7-40 所示。

6）削竹式洞门（又称凸出式新型洞门）

目前，不论是公路还是铁路隧道，采用凸出式新型洞门的越来越多。这类洞门是将洞内衬砌延伸至洞外，一般凸出山体数米，它适用于各种地质条件。构筑时可不破坏原有边坡的稳定性，可减少土石方的开挖量，降低造价，而且能更好地与周边环境相协调，如图 7-41 所示。

图 7-40 台阶式洞门

图 7-41 削竹式洞门

（2）洞门组成及构造图

以图 7-42 所示的翼墙式洞门为例，说明洞门各部分的构造和表达方法。

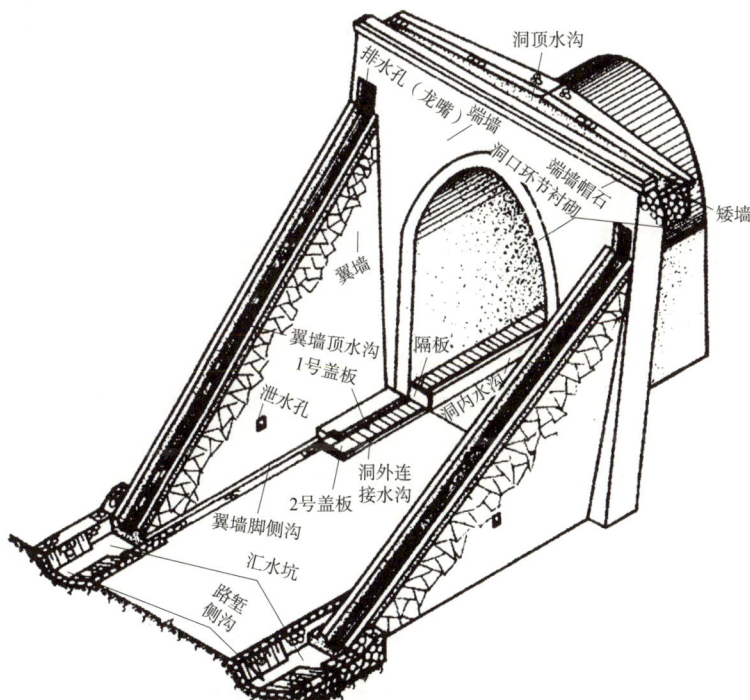

图 7-42 翼墙式洞门构造

1）端墙

端墙由墙体、洞口环节衬砌及帽石等组成。它一般以一定坡度倾向山体，以保持仰坡稳定。端墙还可以阻挡仰坡雨水及土、石落入洞门前的轨道上，以保证洞口的行车安全。

2）翼墙

翼墙位于洞口两边，呈三角形，顶面坡度与仰坡一致，后端紧贴端墙，并以一定坡度倾向路堑边坡，起着稳定端墙和路堑边坡的作用。翼墙顶部还设有排水沟和贯通墙体的泄水孔，用于排除墙后的积水。

3）洞门排水系统

洞门排水系统主要包括洞顶水沟（洞顶水沟前边坡面的投影关系如图 7-43 所示）、翼墙顶水沟、洞外连接水沟、翼墙脚侧沟、汇水坑及路堑侧沟等。其中，洞顶水沟位于洞门端墙顶与仰坡之间，沟底由中间向两侧倾斜，并保持底宽一致。沟底两侧最低处设有排水孔（俗称龙嘴），它穿过端墙，把洞顶水沟的水引向翼墙顶水沟。

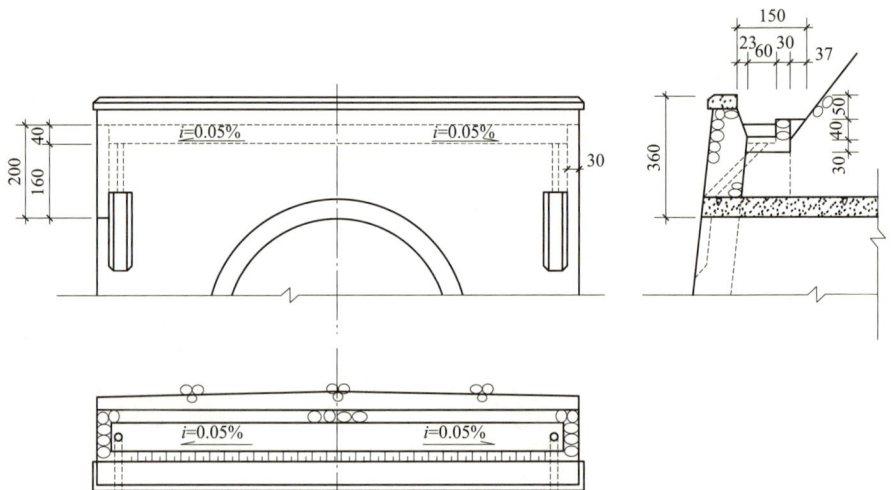

图 7-43　洞顶水沟前边坡面的投影关系（单位：cm）

（3）洞门图

翼墙式隧道洞门如图 7-44 所示。图中示出了隧道洞门正立面图、平面图和剖面图及构造详图。

1）正立面图

正立面图是从翼墙端部竖直剖切以后，再沿线路方向面朝洞内对洞门所作的立面投影，实际上也是一个剖面图。正面图主要是表达洞门端墙的形式、尺寸、洞口衬砌的类型、主要尺寸、翼墙的位置、横向倾斜度，以及洞顶水沟的位置、排水坡度等，同时也表达洞门仰坡与路堑边坡的过渡关系。

2）平面图

平面图主要表达洞门排水系统的组成及洞内外水的汇集和排除路径，

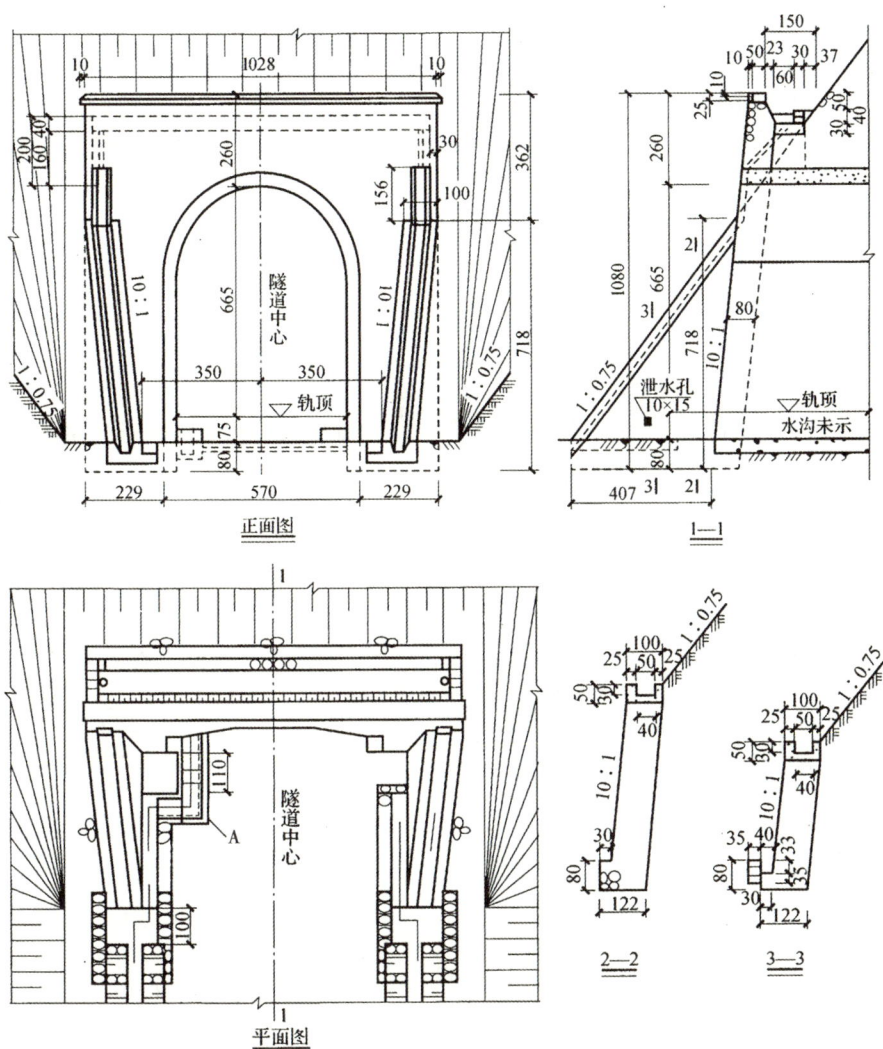

图 7-44　翼墙式隧道洞门图（单位：cm）

另外，也反映了仰坡与边坡的过渡关系。为了保证图面清晰，常略去端墙、翼墙等的不可见轮廓线。

3）1-1 剖面图

1-1 剖面图是沿隧道中心剖切的，以此取代侧面图。它表达端墙的厚度、倾斜度，洞顶水沟的断面形状、尺寸，翼墙顶水沟及仰坡的坡度，连接洞顶及翼墙顶水沟的排水孔设置等。因为另有排水系统详图，所以此图一般对洞内外排水沟不做详示。

4）2-2 和 3-3 断面图

2-2 和 3-3 断面图主要是用来表达翼墙顶水沟的断面形状和尺寸、横向倾斜度及其与路堑边坡的关系，同时也表达翼墙脚构造上有无水沟段的区别。

5）洞门排水系统详图

图 7-45 中的 A 详图是图 7-44 平面图中 A 节点的放大图。它主要表达洞外连接水沟上的盖板布置。6-6 剖面图、7-7 剖面图和 8-8 断面图主要表达洞内水沟与洞外连接水沟的构造及其连接情况。4-4 剖面图表达左右两个汇水坑的构造、做法及与翼墙端面的关系。5-5 剖面图是一个复合断面图，左、右两边分别表示离汇水坑远、近处路堑侧沟的铺砌情况。

5. 隧道洞身结构图

隧道洞身主要包括衬砌、避车洞等。

（1）隧道衬砌断面图

当隧道被开挖成洞体以后，一般都要用混凝土进行衬砌。衬砌是用于支撑隧道四周围岩，防止其塌落的结构。隧道衬砌材料应该具有足够的强度、耐久性，特殊地段还要求具有抗冻、抗渗、抗侵蚀性。

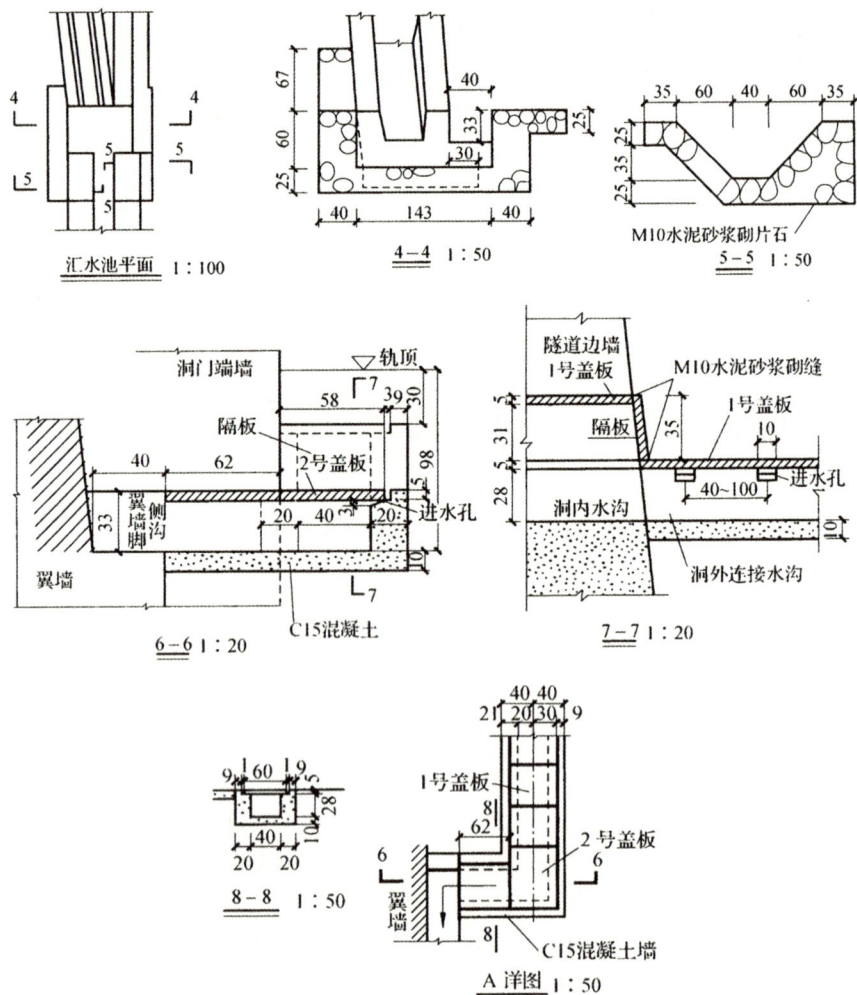

汇水池平面　1:100

4-4　1:50

M10水泥砂浆砌片石

5-5　1:50

6-6　1:20

7-7　1:20

8-8　1:50

A详图　1:50

图 7-45　洞门排水系统详图（单位：cm）

　　表达衬砌结构的图叫作隧道衬砌断面图，它包括两边的边墙和顶上的拱圈。边墙是直线形的衬砌叫作直墙式衬砌，如图 7-46 所示。边墙是曲线型的衬砌叫作曲墙式衬砌，如图 7-47 所示。无论直墙式衬砌还是曲墙式衬砌，其拱圈一般都由三段圆弧构成，故称三心拱。拱与边墙的分界线称为起拱线，底下部分叫作铺底，它有一定的横向坡度，以利于排水。衬砌下部两侧分别设有洞内水沟和电缆槽。

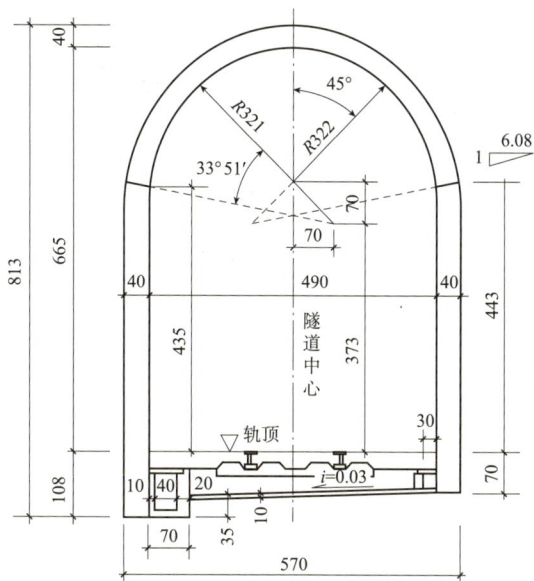

图 7-46　直墙式衬砌横断面图（单位：cm）

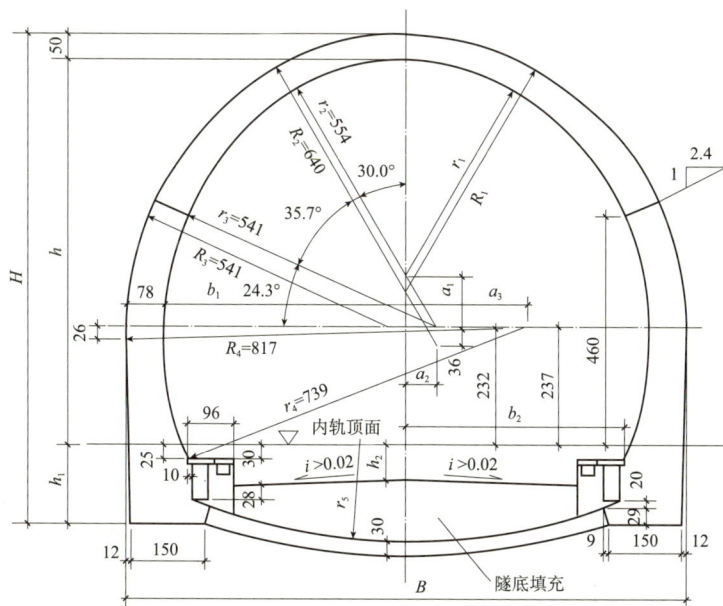

图 7-47　曲墙式衬砌横断面图（单位：cm）

衬砌断面图表达的内容有边墙的形状、尺寸、拱圈各段圆拱的中心及半径大小、厚度，洞内排水沟及电缆沟的位置及尺寸，混凝土垫层的厚度及坡度等。

（2）避车洞图

避车洞是为了供行人和隧道维修人员及维修小车避让来往车辆而设置的，它们沿路线方向交错设置在隧道两侧的边墙上，如图7-48所示。避车洞有大、小两种，通常小避车洞每隔30m设置一个，大避车洞则每隔150m设置一个，通常采用位置布置图来表示，大、小避车洞的相互位置如图7-49所示。由于这种布置图图形比较简单，为了节省图幅，纵横方向可采用不同比例。纵向常采用1：2000比例，横向常采用1：200比例。

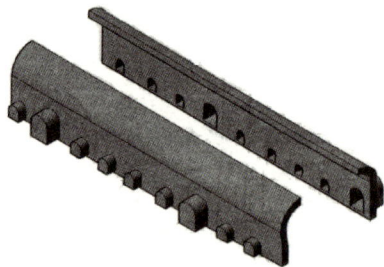

图7-48 避车洞立体图

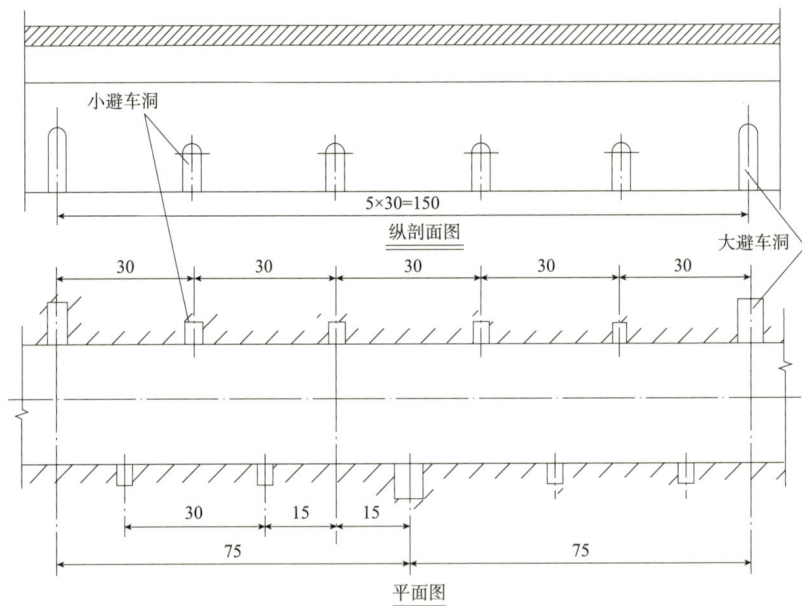

图7-49 避车洞布置图（单位：m）

如图7-50所示是大避车洞详图和示意图，大避车洞宽为4m，深为2.5m，中心高为3.1m，洞内底面两边做成1%的斜坡，以供排水用。

隧道工程除了洞门结构形式有较多变化外，其洞身结构不太复杂。隧道横断面基本不变，因此隧道工程没有桥梁结构复杂，主体结构的图纸也不是很多。隧道工程图纸主要包括以下内容：

（1）隧道平面图

显示地质平面、隧道平面位置及路线里程和进出口位置等。

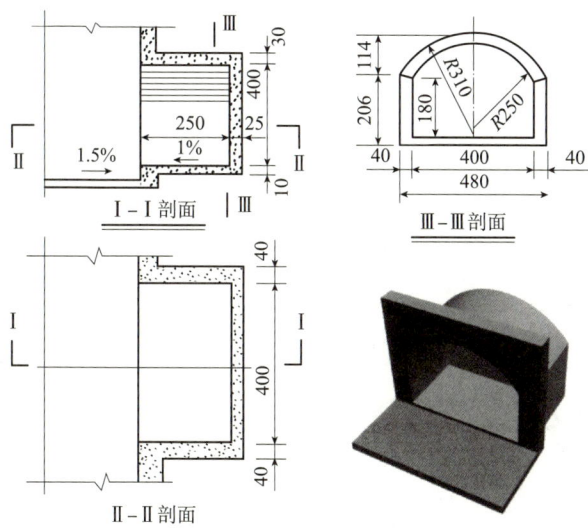

图 7-50 大避车洞详图及示意图（单位：cm）

（2）隧道纵断面图

显示隧道地质概况、衬砌类型（有加宽或设 U 形回车场时，应显示加宽值及加宽段长度）、埋深、路面中心设计标高、路肩标高（有高路肩时显示）、设计坡度、地面标高、里程桩等。

（3）隧道进口（出口）纵横断面图

显示设置洞门处的地形、地质情况、边坡开挖坡度及高度等。

（4）隧道进口（出口）平面图

显示洞门附近的地形、洞顶排水系统（有平导时，显示与平导的相互关系等）、洞门减光设计等。

（5）隧道进口（出口）洞门图

显示洞门的构造、类型及具体尺寸，采用的建筑材料，施工注意事项，工程数量等。

（6）隧道衬砌设计图

显示衬砌类型、构造和具体尺寸、采用的建筑材料、施工注意事项、工程数量等。设回车场、错车道、爬坡车道时应单独设计。

（7）运营通风系统的结构设计图

（8）辅助坑道结构设计图

（9）监控与管理系统的结构设计图

（10）运营照明系统的结构设计图

（11）附属建筑物的结构设计图

在整个施工图设计文件中应有隧道设计说明书，对隧道概况（路线、工程地质、水文地质、气象、环境等）、设计意向及原则、施工方法及注意事项等进行说明。

作业页

班级：　　　　　　姓名：　　　　　　学号：

📋 思考题

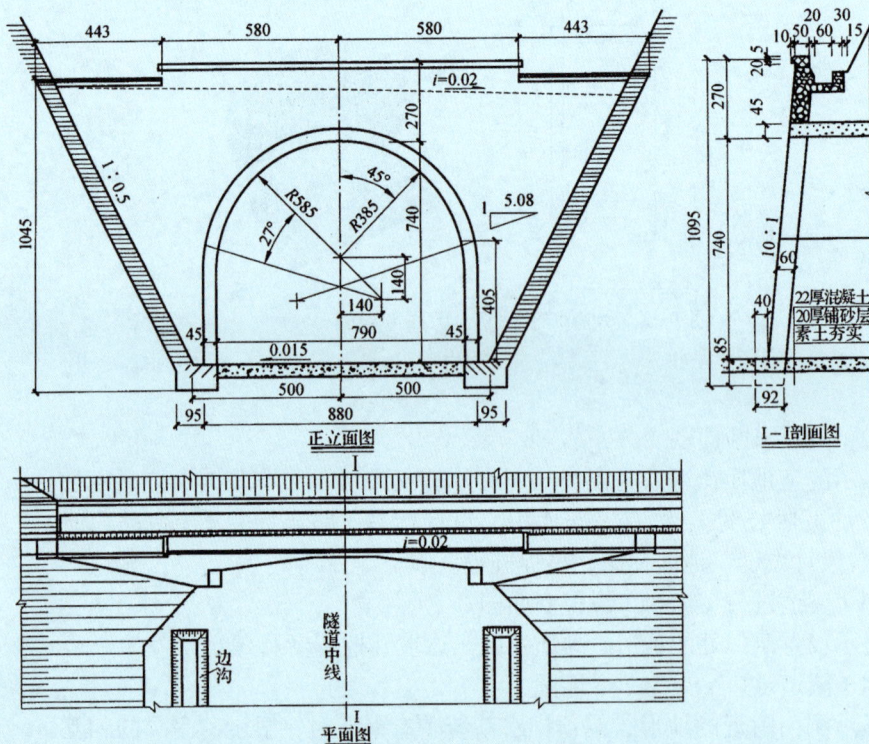

图 7-51　端墙式隧道洞门图（单位：cm）

阅读如图 7-51 所示的端墙式隧道洞门图，并回答下列问题。

1. 正立面图是沿线路方向对隧道门进行投射而得到的图形。在正立面图上可以看出洞门衬砌的形状是_____。端墙的高度是_____cm，长度是_____cm，端墙顶水沟的坡度为_____。

2. 平面图仅画出洞门外露部分的投影。从平面图中还可以看出洞门墙顶帽的宽度、洞顶排水沟的构造及洞门口外两边沟的位置。由于端墙向_____倾斜，因此平面图与正立面图是类似形状。

3. Ⅰ—Ⅰ剖面图是沿着隧道中心线剖切而得到的。从图中可以看出洞门墙倾斜坡度是_____，洞门墙厚度是_____cm，拱圈厚度是_____cm。

课程思政

悬索桥也称吊桥。早期热带原始人利用森林中的藤、竹、树茎做成悬式桥以渡小溪。我国早在公元前3世纪已经记录了竹索桥，在中国四川境内就修建了"笮"（竹索桥）。具有文字记载的悬索桥雏形，最早要属中国，直到今天，仍在影响着世界吊桥形式的发展。

安澜索桥（图7-52）位于四川省都江堰市岷江上，1803年重建，以木板为桥面，旁设扶栏，两岸行人可安渡狂澜，故得名安澜桥，民间又称其为"夫妻桥"，石墩为柱，承托桥身；又以慈竹扭成的缆绳横架江面。1962年，相关部门对索桥进行了维修，改10根竹底绳为6根钢缆绳，改扶栏竹绳为铅丝绳，铅丝绳外以竹缆包缠。1964年岷江洪水暴发，全桥被毁。重建时，只改木桥桩为钢筋混凝土桥桩，其余照旧。安澜索桥是世界索桥建筑的典范，也是全国重点文物保护单位。

泸定桥又名大渡桥（图7-53），是四川省泸桥镇境内的一座跨大渡河铁索桥，始建于1705年，泸定桥全长103.67m，宽3m，由13根锁链组成，

图7-52　安澜索桥

图7-53　泸定桥

是四川入藏的重要通道和军事要津，为一座历史悠久的古桥。1935 年 5 月 29 日中国工农红军长征途经这里，突击队冒着敌人的枪林弹雨，在铁索桥上匍匐前进一举消灭桥头守卫。该桥因"飞夺泸定桥"战斗而闻名中外，1961 年被纳入中国第一批全国重点文物保护单位。

世界桥梁看中国，中国桥梁看贵州。金烽乌江大桥（图 7-54）是贵州省内第一座采用预制平行钢丝索股施工的超宽车道钢桁梁悬索桥。该桥梁采用了 BIM 技术，2 个锚定就节约 200t 钢材。桥梁主跨 650m，全长 1473.5m。桥梁建成通车后不仅让沿线老百姓出行更方便、快捷，还为贵州省黔货出山、乡村旅游连接起一条通途。贵阳至成都的行程缩短 50 多千米，通车时间减少 30 多分钟。该桥梁对提升贵阳至成渝经济区通道运输能力、加快黔中经济区建设、支撑区域工业化和新型城镇化进程具有重大意义。

悬索桥是公认的桥梁领域中最优美的桥型。悬索桥由于跨越能力大，常可因地制宜地选择一跨过河谷或海湾的布置方案，可以避免深水基础。尤其在 V 形山谷中架桥，采用悬索桥方案可避免高桥墩，是较理想的桥型。

图 7-54　金烽乌江大桥

项目 8

涵洞、通道工程图识读

知识目标:

    1. 了解涵洞的特点,掌握涵洞工程图的识读方法;

    2. 了解通道的特点,掌握通道工程图的识读方法。

能力目标:

    1. 能识读涵洞工程图;

    2. 能识读通道工程图。

思政目标:

    培养学生工匠精神、职业精神。

任务 8.1　涵洞工程图识读

涵洞是公路排水的主要构造物，作用是宣泄小量流水，其与桥梁的区别在于跨径的大小。根据《公路工程技术标准》JTG B01—2014 的规定，凡是单孔跨径小于 5m，多孔总跨径小于 8m，以及圆管涵、箱形涵，不论管径或跨径大小，孔数多少，均属于涵洞。涵洞的设置位置，孔径大小的确定，涵洞形式的选择，都直接关系到公路运输是否畅通。

8.1.1　涵洞的分类

根据公路沿线的地形、地质、水文及地物、农田等情况的不同，构筑的涵洞种类很多，可作如下分类：

（1）按建筑材料分类：木涵、石涵、砖涵、混凝土涵、钢筋混凝土涵、缸瓦管涵、陶瓷管涵。

（2）按构造形式分类：圆管涵、盖板涵、箱形涵、拱涵。

（3）按断面形式分类：圆形涵、卵形涵、拱形涵、梯形涵、矩形涵。

（4）按有无覆土分类：明涵、暗涵。

（5）按孔数多少分类：单孔涵、双孔涵、多孔涵。

涵洞一般由洞身、洞口、基础三部分组成。圆管涵的组成如图 8-1 所示。

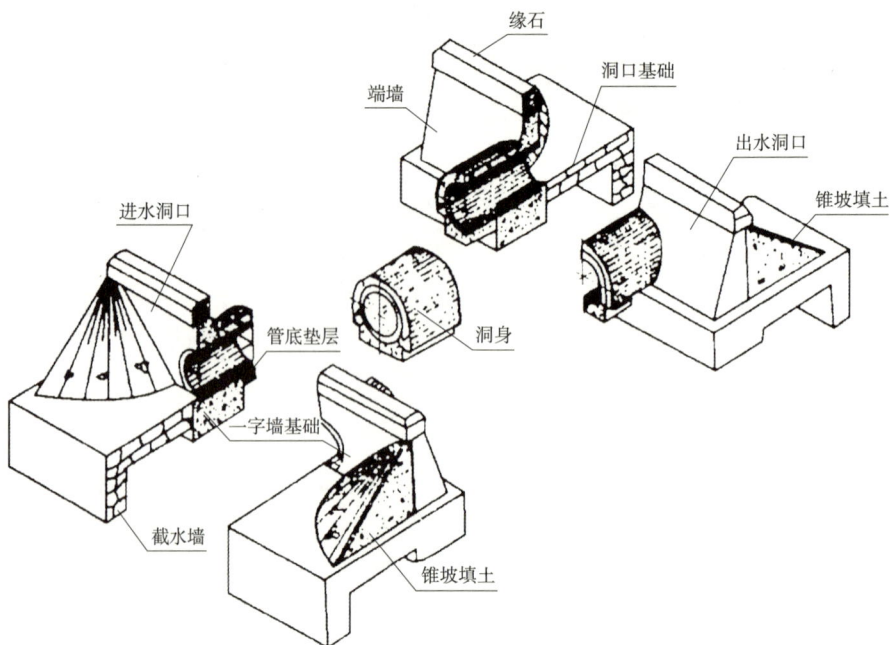

图 8-1　圆管涵的组成

洞身是形成过水孔道的主要构造。它一方面保证流水通过，另一方面也直接承受荷载压力和填土压力，并将压力传给基础。洞身通常由承重构造物（如拱圈、盖板、圆管等）、涵台、基础以及防水层组成。

洞口是洞身、路基、沟道三者的连接构造。其作用是保证涵洞基础和两侧路基免受冲刷，使流水进出顺畅。位于涵洞上游侧的洞口称为进水口，位于涵洞下游侧的洞口称为出水口。洞口的形式是多样的，构造也不同，常见的洞口形式有八字式、锥坡式、端墙式等，如图 8-2 所示。

八字式　　　锥坡式　　　端墙式

图 8-2　常见的洞门形式

涵洞的形状整体上看狭窄而细长，体积与桥梁相比较小，因此绘图比例与桥梁工程图相比稍大。其内容包括：立面图（多以水流方向纵剖面图作为立面图）、平面图（有时可作半剖面图）、洞口立面图，必要时还可以增加涵洞的横剖面图、构造详图、翼墙断面图、钢筋配置图等。

8.1.2　钢筋混凝土盖板涵

图 8-3 所示为钢筋混凝土盖板涵的组成示意图，图 8-4 所示为该涵洞的构造图。

此钢筋混凝土盖板涵的洞口形式为八字式，总长度为 1482cm，洞高为 120cm，净跨为 100cm。

1. 立面图（半纵剖面图）

立面图上表示出了洞身底部设计水流坡度为 1%，洞底铺砌形状及厚度；洞口八字翼墙坡度为 1：1.5，盖板、基础部分的纵剖面及缘石的横断面形状及尺寸，同时也反映了涵洞覆土的厚度要求大于 50cm。

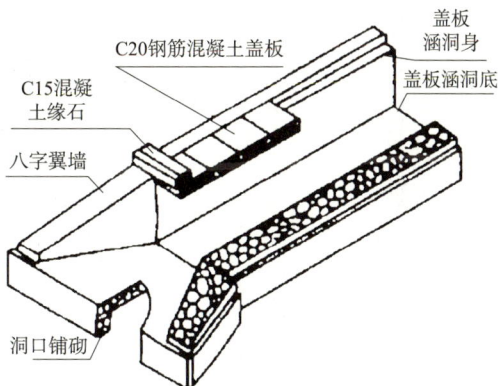

C20钢筋混凝土盖板
C15混凝土缘石
八字翼墙
盖板涵洞身
盖板涵洞底
洞口铺砌

图 8-3　钢筋混凝土盖板涵的组成示意图

码 8-2　钢筋混凝土盖板涵

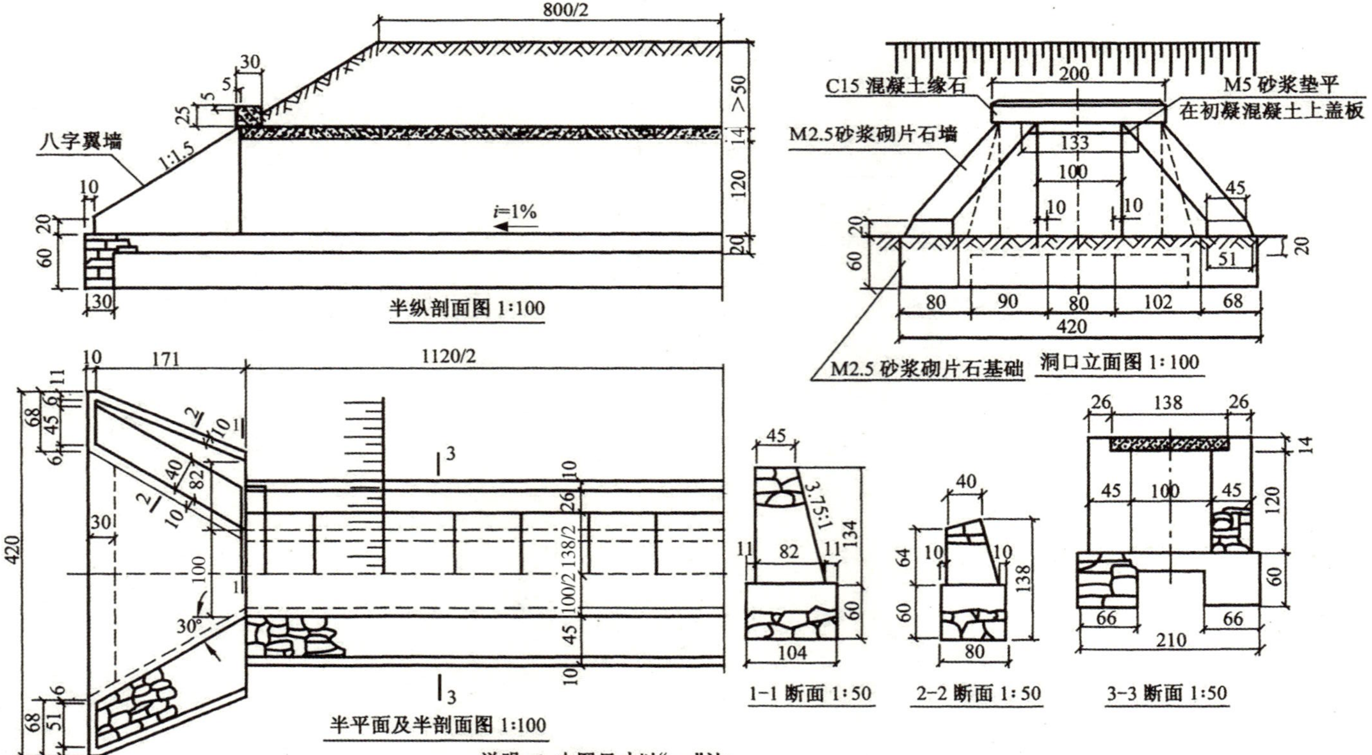

图 8-4 钢筋混凝土盖板涵构造图

说明：1. 本图尺寸以"cm"计；
2. 洞底铺砌用 M2.5 或 M5 砂浆砌筑，盖板采用 C15 钢筋混凝土；
3. 基础深度应按实际情况确定，但最小不得小于60cm；
4. 本工程施工时，必须安装好上部构造后才能填土。

2. 平面图（半平面图及半剖面图）

半平面图反映了钢筋混凝土盖板的铺设位置及方向、洞口八字翼墙与洞身的连接关系、洞身宽度。半剖面图反映了洞口八字翼墙的材料、洞身材料（这一表示方法是沿上端盖板底面以下进行剖切）。另外，3 个位置断面图表示各个位置翼墙墙身和基础的详细尺寸、墙身坡度以及材料情况。

3. 洞口立面图（涵洞侧立面图）

洞口立面图反映洞口形式以及缘石、盖板、八字翼墙、基础之间的相对位置和形状及相关尺寸。

8.1.3 钢筋混凝土圆管涵

如图 8-5 所示为钢筋混凝土圆管涵工程图。图中比例为 1 ∶ 40，洞口为端墙式，洞口两侧铺砌 30cm 厚干砌片石的锥形护坡，涵管内径 75cm，管长 1200cm。

码 8-3　钢筋混凝土圆管涵 1

码 8-4　钢筋混凝土圆管涵 2

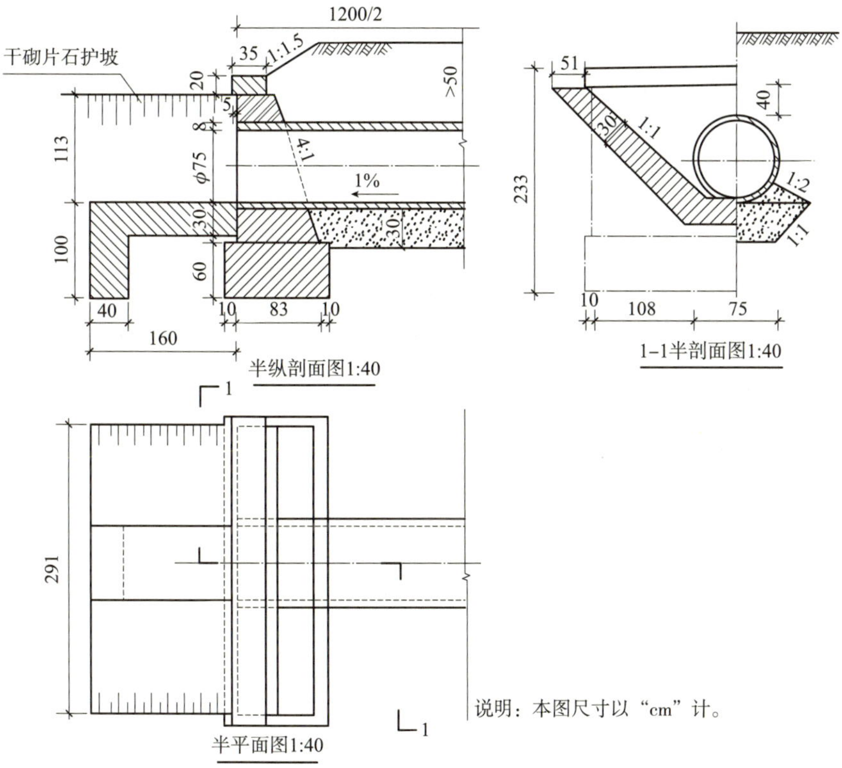

图 8-5　钢筋混凝土圆管涵工程图

1. 立面图（半纵剖面图）

立面图可只画一半，以对称中心线为分界线，也可以采用折断画法，意在清楚地表达洞口构造，并简化作图。一般情况下，可沿管中心轴线作剖切。图中表示了涵管管身、基础、截水墙、缘石等各部分构造和连接位置及尺寸。设计水流坡度为 1%，洞底铺砌厚度为 30cm，覆土厚度要求大于 50cm，锥形护坡与路基边坡坡度为 1 ∶ 1，端墙墙身坡度为 4 ∶ 1（未表示出洞身分段）。

2. 平面图（半平面图）

由于进出口一样，并依照立面图而定，所以平面图也是以中心线分界画一半或折断画出。图中反映了一字端墙顶面、缘石上端面的形状，涵管与端墙相连位置，两侧锥形护坡道路工程制图宽度，洞身分段以粗实线作为分界口，未表示出承接口连接材料。路基边缘线也要用中实线反映在半平面图中，可假定未填覆盖土。

3. 洞口立面图（1–1 半剖面图）

洞口半立面图反映了缘石和端墙的侧面形状和尺寸，以及锥形护坡。1–1 半剖面图反映了涵管与基础垫层的连接方式和材料。为了使图面清晰，覆盖土视为透明体。

作业页

班级：　　　　　　姓名：　　　　　　学号：

📄 思考题

（1）涵洞是如何分类的？

（2）涵洞一般由几个部分组成？

（3）常见的洞口形式有几种？

（4）洞身由几部分组成？洞身的作用是什么？

（5）洞口由几部分组成？洞口的作用是什么？

（6）石拱涵分为哪几种？

（7）涵洞工程图主要包括哪些内容？

任务 8.2　通道工程图识读

由于通道工程的跨径一般比较小，故视图处理和投影特点与涵洞工程图一样，也是以通道洞身轴线作为纵轴，立面图以纵断面表示，水平投影则以平面图的形式表达，投影过程中同时连同通道支线道路一起投影，从而比较完整地描述了通道的结构布置情况。如图 8-6 所示是某通道工程。

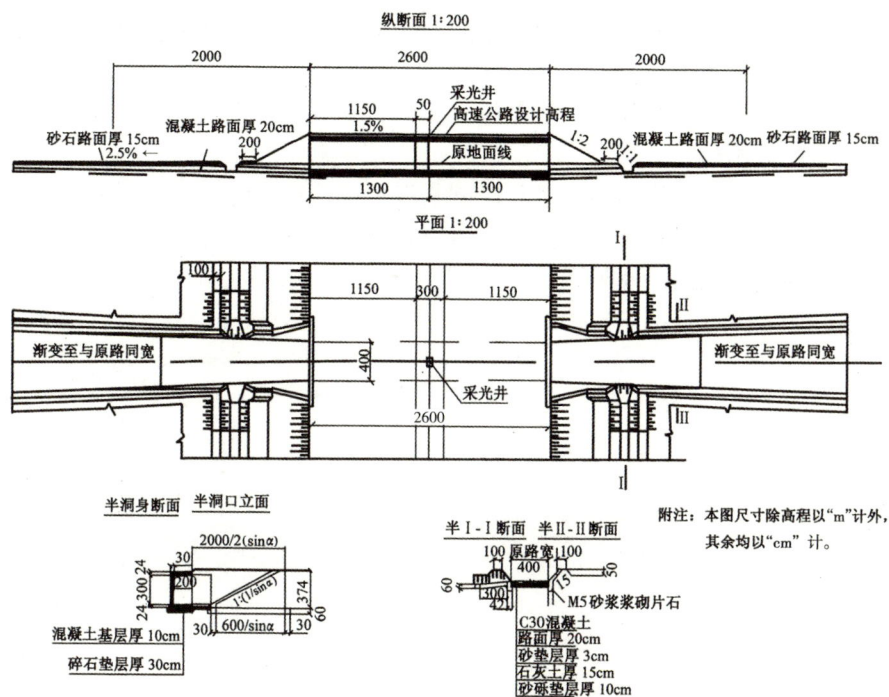

图 8-6　某通道工程（单位：cm）

1.立面图

从图 8-6 可以看出，立面图用纵断面取而代之，高速公路路面宽 26m，边坡坡度为 1：2，通道净高 3m，长度 26m，与高速路同宽，属于明涵形式；洞口为八字墙，为顺接支线原路及外形线条流畅，采用倒八字翼墙，既起到挡土防护作用，又保证了美观。洞口两侧各 20m 支线路面为混凝土路面，厚 20cm，以外为 15cm 厚砂石路面，支线纵向用 2.5% 的单坡，汇集路面水于主线边沟处集中排走。由于通道较长，在通道中部即高速路中央分隔带设有采光井，以利于通道内采光透亮。

293

2. 平面图及断面图

平面图与立面图对应，反映了通道宽度与支线路面宽度的变化情况、高速路的路面宽度及其与支线道路和通道的位置关系。

从平面图可以看出，通道宽 4m，即与高速路正交的两虚线同宽，依投影原理画出通道内轮廓线。通道与高速路夹角为 α，支线两洞口设渐变段与原路顺接，沿高速公路边坡角两边各留出 2m 宽的护坡道，其外侧设有底宽 100cm 的梯形断面排水边沟，边沟内坡面投影宽各 100cm，最外侧设100cm 宽的挡堤支线，路面排水也流向主线纵向排水边沟。

在图纸最下边还给出了半 Ⅰ – Ⅰ、半 Ⅱ – Ⅱ的合成断面图，显示了右侧洞口附近剖切支线路面及附属构造物断面的情况。其混凝土路面厚20cm，砂垫层厚 3cm，石灰土厚 15cm，砂砾垫层厚 10cm。为使读图方便，还给出了半洞身断面与半洞口立面的合成图，可以知道该通道为钢筋混凝土箱涵洞身、倒八字翼墙。

通道洞身及各构件的一般构造图及钢筋结构图与前面介绍的桥涵图类似，不再赘述。

请注意，以上类型的涵洞及通道工程图只是整体构造图，在实际施工中仅依靠这些图样是远远不能满足施工要求的，还必须给出各部分构件详图和详细尺寸及施工说明等资料。

作业页

班级：　　　　　　姓名：　　　　　　学号：

思考题

（1）什么是通道？

（2）由于通道工程的跨径一般比较小，故视图处理和投影特点与涵洞工程图一样，也是以＿＿＿＿＿＿＿作为纵轴，立面图以＿＿＿＿＿＿＿表示，水平投影则以平面图的形式表达。

（3）通道工程图主要有哪几种图组成？

（4）平面图与立面图对应，反映了通道宽度与＿＿＿＿＿＿＿的变化情况、路面宽度与＿＿＿＿＿＿＿的位置关系。

课程思政

涵洞和通道是道路中重要的构造物，涵洞和通道的施工非常重要，因此涵洞和通道的施工图识读要非常认真，在学习和工作中要培养工匠精神和职业精神。

高凤林是中国航天科技集团公司第一研究院 211 厂发动机车间班组长，35 年来，他几乎都在做着同样一件事，即为火箭焊"心脏"——发动机喷管焊接。有的实验，需要在高温下持续操作，焊件表面温度达几百摄氏度，高凤林却咬牙坚持，双手被烤得鼓起一串串水疱。因为技艺高超，曾有人开出"高薪加两套北京住房"的诱人条件聘请他，高凤林却说，我们的火箭打入太空，这样的民族认可的满足感用金钱买不到。他用 35 年的坚守，诠释了一个航天匠人对理想信念的执着追求。

"长征五号"火箭发动机的喷管上，就有数百根几毫米的空心管线。管壁的厚度只有 0.33mm，高凤林需要通过 3 万多次精密的焊接操作，才能把它们编织在一起，焊缝细到接近头发丝，而长度相当于绕一个标准足球场两周。

高凤林说，在焊接时得紧盯着微小的焊缝，一眨眼就会有闪失。"如果这道工序需要十分钟不眨眼，那就十分钟不眨眼"。

高凤林说，每每看到我们生产的发动机把卫星送到太空，就有一种成功后的自豪感。

正是这份自豪感，让高凤林一直以来都坚守在这里。35 年，130 多枚长征系列运载火箭在他焊接的发动机的助推下，成功飞向太空，占到我国发射长征系列火箭总数的一半以上。

火箭的研制离不开众多的院士、教授、高工，但火箭从蓝图落到实物，靠的是一个个焊接点的累积，靠的是一位位普通工人的咫尺匠心。

专注做一样东西，创造别人认为不可能的可能，高凤林用 35 年的坚守，诠释了一个航天匠人对理想信念的执着追求。

297

给水排水施工图识读

知识目标：

    1. 掌握常用管道、配件知识；

    2. 掌握给水排水制图的基本规定；

    3. 掌握给水排水制图的图样画法。

能力目标：

    1. 能识读给水排水平面图；

    2. 能识读给水排水系统图。

思政目标：

    培养学生具备科学严谨、实事求是、精益求精等职业素养，具备安全意识。

任务 9.1　给水排水施工图的基本知识

给水排水工程是现代化城市及工矿建设中必要的市政基础工程，由给水工程和排水工程两部分组成。给水工程是为居民生活或工业生产提供合格用水的工程，排水工程则是将居民生活或工业生产中产生的污水、废水收集和排放出去的工程，可以分为室内外给水工程和室内外排水工程。

9.1.1　简介

1. 室外给水工程

室外给水工程是指向民用和工业生产部门提供用水而建造的工程设施，一般包括水源取水、水质净化、泵站加压及净水输送。

2. 室内给水工程

室内给水工程是从室外给水管网引水供室内各种用水设施用水的工程，按用途可分为生活给水系统、生产给水系统、消防给水系统和联合给水系统四类。

3. 室内排水工程

室内排水工程是将建筑物内部的污水、废水排入室外管网的工程，按所排水性质的不同分为生活污水管道、工业废水管道及雨水管道。

生活污水不得与室内雨水合流，冷却系统排水可以排入室内雨水系统。生活污水管道有时又分为生活污水管道（粪便水）和生活废水管道（洗涤池、淋浴等用水）。

室内排水工程一般包括污水收集、污水排除。污水收集是指利用卫生器具收集污水、废水。污水排除是指将卫生器具收集的污水、废水经过存水弯和排水短管流入横支管及干管。

4. 室外排水工程

室外排水工程是指把室内排出的生活污水、工业废水及雨水按一定系统组织起来，经过污水处理，达到排放标准后，再排入天然水体。室外排水系统包括窨井、排水管网、污水泵站及污水处理和污水排放口等，处理流程为窨井→排水管网→污水泵站→污水处理→污水排放口。

室外排水系统有分流制和合流制两种。分流制指将各种污水分门别类分别排出，它的优点在于有利于污水的处理和利用，管道可以分期建设，管道的水力条件较好；缺点是投资较大。合流制指将各种污水统一汇总排放到一套管网中，它的优点在于节约投资；缺点是当雨季排水量大时，可能出现排放不及时的现象。

9.1.2　常用管道、配件知识

1. 常用材料及配件

（1）管道

给水排水工程常用管材种类很多，根据不同的分类方法，主要分为以下几类：

1）按制造材质分为金属管和非金属管。金属管包括钢管、铸铁管、铜管和铅管等；非金属管包括混凝土管、钢筋混凝土管、石棉水泥管、陶土管、橡胶管和塑料管等。

2）按制造方法分为有缝管和无缝管。有缝管又称为焊接钢管，有镀锌钢管（白铁管）和非镀锌钢管（黑铁管）两种；无缝管通常用在需要承受较大压力的管道上，在给水排水管道中很少使用。

3）按管内介质有无压力分为有压力管道和无压力管道（或称为重力管道）。一般来说给水管道为压力管道，排水管道为无压力管道。

（2）连接配件

管道是由管件装配连接而成。常用的管件有弯头、三通、四通、大小头、存水弯及检查口等，它们起着连接、改向、分支、变径和封堵等作用。

（3）控制配件

为了控制和调节各种管道及设备内气体、液体的介质流动，需要在管道上设置各种阀门。常用的阀门有截止阀、闸阀、止回阀、旋塞阀、安全阀、减压阀和浮球阀等。

1）截止阀：一般用于气、水管道上，其主要作用是关断管道某一个部分。

2）闸阀：一般装于管道上，起启闭管路及设备中介质的作用，其特点是介质通过时阻力很小。

3）止回阀：只允许介质流向一个方向，当介质反向流动时，阀门自动关闭。

4）旋塞阀：装于管道上，用来控制管路启闭的一种开关设备。

5）安全阀：当压力超过规定标准时，从安全门中自动排出多余的介质。

6）减压阀：用于将蒸汽压力降低，并能将此压力保证在一定的范围内不变。

7）浮球阀：即为水箱、水池和水塔等储水装置中进水部分的自动开关设备。当水箱中的水位低于规定位置时，即自动打开，让水进入水箱；当水位达到规定位置时，即自动关闭，停止进水。

（4）量测配件

常用的量测配件有压力表、文氏表及水表等。

1）压力表：用于量测管道内的压力值。

2）文氏表：安装在水平管道上用来测定流量。

3）水表：用于量测用水量。

2. 管道与配件的公称直径

为了使管道与配件能够互相连接，其连接处的口径应保持一致，口径大小现在常用公称直径 DN 表示。所谓公称直径，也就是管道与配件的通用口径。管道的公称直径与管内径接近，但它不一定等于管道或配件的实际内径，也不一定等于管道或配件的外径，而只是一种公认的称呼直径，因此又称为名义直径。

一般阀门和铸铁管的公称直径等于管道的内径，但钢管的公称直径与它的内、外径均不相等。

3. 管道及配件的压力

管道及配件的压力分为公称压力、试验压力和工作压力。

（1）公称压力

公称压力用 P_g 表示，并注明压力数值。例如，$P_g1.8$ 代表工程压力为 1.8MPa 的管道。管道公称压力等级的划分是根据《建筑给水排水及采暖工程施工质量验收规范》GB 50242—2002 确定的。

1）低压管道：$P_g1.6$ 以内为低压管道。

2）中压管道：$P_g1.6\sim P_g10.0$ 为中压管道。

3）高压管道：$P_g10.0$ 以上为高压管道。

（2）试验压力

试验压力是对管道进行水压或严密性试验而规定的压力，用 P_s 表示。例如 $P_s2.0$ 代表试验压力为 2.0MPa。

（3）工作压力

工作压力是表示管道质量的一种参数，用 P 表示，并在 P 的右下方注明介质最高温度的数值，其数值是以介质最高温度除以 10 表示。例如，P_{25} 代表介质最高温度为 250℃。

9.1.3 给水排水制图的基本规定

1. 图线

图线的宽度 b 应根据图纸的类别、比例和复杂程度，按《房屋建筑制图统一标准》GB/T 50001—2017 中的规定选用。线宽 b 宜为 0.7mm 或 1.0mm。

给水排水施工图中的各种图线宜符合表 9-1 的规定。

2. 比例

给水排水制图中常用的比例宜按表 9-2 的规定选用。

3. 标高标注

（1）标高标注的一般规定

标高符号及一般标注方法应符合《房屋建筑制图统一标准》GB/T 50001—2017 中的有关规定。室内管道的标高为了与建筑图一致以便对照阅读，采

码 9-1 给水排水制图的基本规定

给水排水施工图中图线的选用　　　　　表 9-1

名称	线型	线宽	用途
粗实线	——————	b	新设计的各种排水和其他重力流管线
粗虚线	– – – – –	b	新设计的各种排水和其他重力流管线的不可见轮廓线
中粗实线	——————	$0.75b$	新设计的各种给水和其他压力流管线；原有的各种排水和其他重力流管线
中粗虚线	– – – – –	$0.75b$	新设计的各种给水和其他压力流管线；原有的各种排水和其他重力流管线的不可见轮廓线
中实线	——————	$0.50b$	给水排水设备、零（附）件的可见轮廓线；总图中新建的建筑物和筑物的可见轮廓线；原有的各种给水和其他压力流管线
中虚线	– – – – –	$0.50b$	给水排水设备、零（附）件的不可见轮廓线；总图中新建的建筑物和构筑物的不可见轮廓线；原有的各种给水和其他压力力流管线的不可见轮廓线
细实线	——————	$0.25b$	建筑的可见轮廓线；总图中原有的建筑物和构筑物的可见轮廓线；制图中的各种标注线
细虚线	– – – – –	$0.25b$	建筑的不可见轮廓线；总图中原有的建筑物和构筑物的不可见轮廓线
单点长画线	—‧—‧—‧—	$0.25b$	中心线、定位轴线
折断线	——╱╲——	$0.25b$	断开界线
波浪线	～～～～	$0.25b$	平面图中水面线；局部构造层次范围线；保温范围示意图

给水排水制图中常用比例的选用　　　　　表 9-2

名称	比例	备注
区域规划图 区域位置图	1：50000、1：25000、1：10000 1：5000、1：2000	宜与总专业图一致
总平面图	1：1000、1：500、1：300	宜与总专业图一致
管道纵断面图	纵向：1：200、1：100、1：50 横向：1：1000、1：500、1：300	可根据需要对纵向和横向采用不同的组合比例
水处理厂（站）平面图	1：500、1：200、1：100	
水处理构筑物、设备间、卫生间、泵房平面图、泵房剖面图	1：100、1：50、1：40、1：30	
建筑给水排水平面图	1：200、1：150、1：100	宜与建筑专业一致
建筑给水排水系统图	1：150、1：100、1：50	宜与相应图纸一致；如局部表达有困难时，该处可按不同的比例绘制
详图	1：50、1：30、1：20、1：10、 1：2、1：1、2：1	

用相对标高进行标注；室外管道为了与总图对应以便定位，宜标注绝对标高，当总图无绝对标高资料时，可标注相对标高，总之应与总图标注保持一致。压力管道应标注管中心标高，沟渠和重力流管道宜标注沟（管）内底标高。

（2）标高标注的部位

1）沟渠和重力流管道的起讫点、转角点、连接点、变坡点、变尺寸（管径）点及交叉点。

2）压力流管道中的标高控制点。

3）管道穿外墙、剪力墙和构筑物的壁及底板等处。

4）不同水位线处。

5）为了与土建其他图纸配套还应标注构筑物和土建部分的相关标高。

（3）标高标注的方法

在不同的施工图上标高的标注方法各不相同，如图 9-1~ 图 9-3 所示。这三张图分别表示了在平面图、剖面图和轴测图中管道标高的标注规定。图 9-1 表示了在平面图中管道标高的标注方法。图 9-2 表示了在剖面图中管道标高的标注方法。图 9-3 中则表示了在轴测图中管道标高的标注方法。

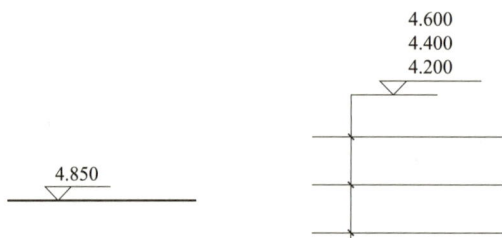

图 9-1 平面图中管道标高标注方法

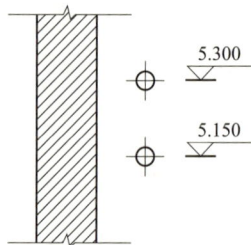

图 9-2 剖面图中管道标高标注方法

在建筑工程中，管道也可标注相对本层建筑地面的标高，标注方法为 $h+\times.\times\times\times$，其中 h 表示本层建筑地面标高（如 $h+0.250$）。

（4）管径的标注

管径的尺寸标注应以毫米（mm）为单位，管径的表达方式应符合下列规定：

图 9-3 轴测图中管道标高标注方法

1）水、煤气输送钢管（镀锌或非镀锌管）、铸铁管等管材，管径宜以公称直径 DN 表示（如 $DN15$）。

2）无缝钢管、焊接钢管（直缝或螺旋缝）、钢管和不锈钢管等管材，管径宜以外径 $d\times$ 壁厚表示（如 $d108\times4$）。

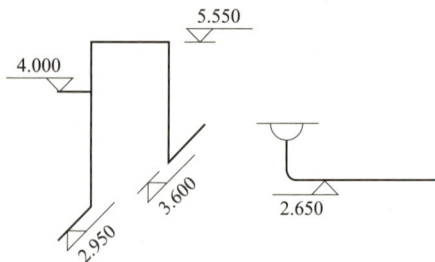

3）钢筋混凝土（或混凝土）管、陶土管、耐酸陶瓷管和缸瓦管等管材，管径宜以内径 d 表示（如 $d230$）。

4）塑料管材管径宜按产品标准的方法表示。

5）当设计均用公称直径 DN 表示管径时，应有公称直径 DN 与相应产品规格对照表。

管径的标注方法如图 9-4 所示。图 9-4（a）表示单根管道的管径表示法，图 9-4（b）表示多根管道的管径表示法。

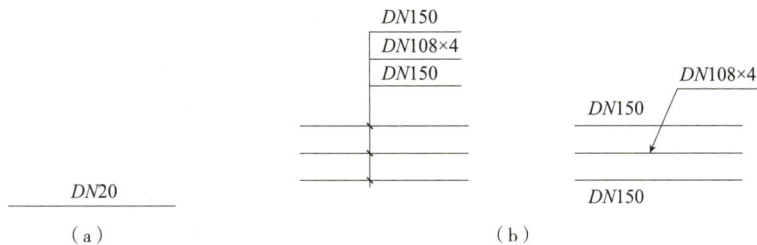

图 9-4 管径的标注方法
（a）单根管道管径表示法；（b）多根管道管径表示法

（5）编号方法

当建筑物的给水引入管或排水排出管的数量超过 1 根时，宜进行编号，编号宜按图 9-5（a）的方法表示；建筑物内穿越楼层的立管，其数量超过 1 根时，也宜进行编号，编号宜按图 9-5（b）的方法表示。图 9-5（b）的左图为平面图中立管的表达，右图则是系统图中立管的表达。

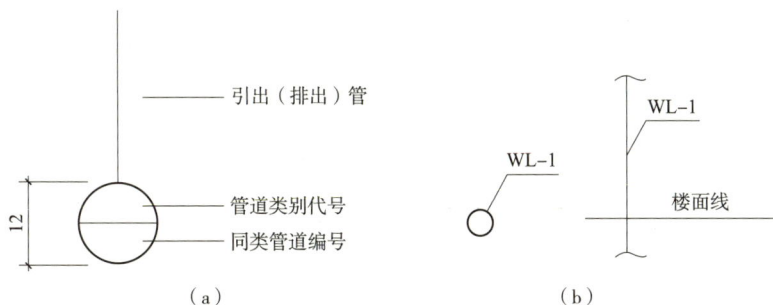

图 9-5 管道的编号方法

在图形中，当给水排水附属构筑物的数量超过 1 个时，宜进行编号。编号的方法为构筑物代号—编号。例如，HC—1，代表的是 1 号化粪池，构筑物的代号一般采用汉语拼音的首字母来表示。编号一般按照介质流动的顺序来编排。给水构筑物的编号顺序宜为从水源到干管，再从干管到支管，最后到用户；排水构筑物的编号顺序宜为从上游到下游，先干管后支管。

（6）给水排水图例

与建筑、结构施工图一样，给水排水施工图也常常采用图例来表达特

305

给水排水工程图常见图例 表 9-3

名称	图例	说明	名称	图例	说明
生活给水管	—— J ——	用汉语拼音字母表示管道类别	自动冲洗水箱		
废水管	—— F ——		法兰连接		
污水管	—— W ——		承插连接		
雨水管	—— Y ——				
管道交叉		在下方和后面的管道应断开	活接头		
三通连接			管堵		
四通连接			法兰堵盖		
			闸阀		
多孔管			截止阀	$DN \geq 50$　$DN < 50$	
管道立管	XL-1　XL-1	X：管道类别 L：立管 1：编号	浮球阀	平面　系统	
存水弯			放水龙头	平面　系统	
立管检查口			台式洗脸盆		
通气帽			浴盆		
			盥洗槽		
圆形地漏		通用，如为无水封，地漏应加存水弯	污水池		
坐式大便器			矩形化粪池	HC	HC 为化粪池代号
小便槽			阀门井检查井		
淋浴喷头			水表	—①—	

定的物体。要想看懂给水排水施工图，首先要熟悉有关的图例，表 9-3 列出了给水排水工程图常见图例。

9.1.4 给水排水制图的图样画法

1.图纸规定

（1）设计应以图样表示，不得以文字代替绘图。如果必须对某部分进行说明时，说明文字应通俗易懂、简明清晰。有关全工程项目的问题应在首页说明，局部问题应注写在本张图纸内。

（2）工程设计中，本专业的图纸应单独绘制。

（3）在同一个工程项目的设计图纸中，图例、术语和绘图表示方法应一致。

（4）在同一个工程项目的设计图纸中，图纸规格应一致。如有困难，不宜超过 2 种规格。

（5）图纸编号应遵守下列规定：

1）规划设计采用水规—××。

2）初步设计采用水初—××，水扩初—××。

3）施工图采用水施—××。

（6）图纸的排列应符合下列要求：

1）初步设计的图纸目录应以工程项目为单位进行编写，施工图的图纸目录应以工程单体项目为单位进行编写。

2）工程项目的图纸目录、使用标准图目录、图例、主要设备器材表、设计说明等，如果一张图纸幅面不够使用时，可采用两张图纸编排。

3）图纸图号应按下列规定编排：

①系统原理图在前，平面图、剖面图、放大图、轴测图和详图依次在后。

②平面图中应地下各层在前，地上各层依次在后。

③水净化（处理）流程图在前，平面图、剖面图、放大图和详图依次在后。

④总平面图在前，管道节点图、阀门井示意图、管道纵断面图或管道高程表、详图依次在后。

2. 建筑给水排水平面图的图样画法

（1）建筑物轮廓线、轴线号、房间名称和绘图比例等均应与建筑专业一致，并用细实线绘制。

（2）各类管道、用水器具及设备、消火栓、喷洒头、雨水斗、阀门、附件和立管位置等应按图例以正投影法绘制在平面图上，线型按表 9-1 的规定执行。

（3）安装在下层空间或埋设在地面下而为本层使用的管道，可绘制于本层平面图上；如果有地下层，排水管、引入管和汇集横干管可绘于地下层内。

（4）各类管道应标注管径。生活热水管要表示出伸缩装置及固定支架位置；立管应按管道类别和代号自左至右分别进行编号，且各楼层相一致；消火栓可按需要分层，按顺序编号。

（5）引入管、排出管应注明与建筑轴线的定位尺寸、穿建筑外墙标高、防水套管形式。

（6）±0.000 标高层平面图应在右上方绘制指北针。

3.屋面雨水平面图的画法

（1）屋面形状、伸缩缝位置、轴线号等应与建筑专业一致，不同层或不同标高的屋面应注明屋面标高。

（2）绘制雨水斗位置、汇水天沟或屋面坡向、每个雨水斗汇水范围、分水线位置等。

（3）对雨水斗进行编号，并宜注明每个雨水斗汇水面积。

（4）雨水管应注明管径、坡度，无剖面图时应在平面图上注明起始及终止点管道标高。

4.系统原理图的画法

（1）多层建筑、中高层建筑和高层建筑的管道以立管为主要表示对象，按管道类别分别绘制立管道系统原理图。如果绘制的立管在某层偏置（不含乙字管）设置，该层偏置立管宜另行编号。

（2）以平面图左端立管为起点，顺时针自左向右按编号依次顺序均匀排列，不按比例绘制。

（3）横管以首根立管为起点，按平面图的连接顺序，水平方向在所在层与立管相连接，如果水平呈环状管网，绘两条平行线并于两端封闭。

（4）立管上的引出管在该层水平绘出。如果支管上的用水或排水器具另有详图，其支管可在分户水表后断掉，并注明详见图号。

（5）楼地面、层高相同时应等距离绘制，夹层、跃层、同层升降部分应以楼层线反映，在图纸的左端注明楼层层数和建筑标高。

（6）管道阀门及附件（过滤器、除垢器、水泵接合器、检查口、通气帽、波纹管和固定支架等）、各种设备及构筑物（水池、水箱、增压水泵、气压罐、消毒器、冷却塔、水加热器和仪表等）均应示意绘出。

（7）系统的引入管、排水管绘出穿墙轴线号。

（8）立管、横管均应标注管径，排水立管上的检查口及通气帽注明距楼地面或屋面的高度。

5.平面放大图的画法

（1）管道类型较多、正常比例表示不清时，可绘制放大图。

（2）比例大于等于1：30时，设备和器具按原形用细实线绘制，管道用双线以中实线绘制。

（3）比例小于1：30时，可按图例绘制。

（4）应注明管径和设备、器具附件、预留管口的定位尺寸。

6.剖面图的画法

（1）设备、构筑物布置复杂，管道交叉多，轴测图不能表示清楚时，宜辅以剖面图，管道线型应符合表9-1的规定。

（2）表示清楚设备、构筑物、管道、阀门及附件位置、形式和相互关系。

（3）注明管径、标高、设备及构筑物的有关定位尺寸。

（4）建筑、结构的轮廓线应与建筑及结构专业一致。本专业有特殊要求时，应加注附注予以说明，线型用细实线。

（5）比例大于等于 1 ∶ 30 时，管道宜采用双线绘制。

7. 轴测图的画法

（1）卫生间放大图应绘制管道轴测图。

（2）轴测图宜按 45° 正面斜轴测投影法绘制。

（3）管道布图方向应与平面图一致，并按比例绘制。局部管道按比例不易表示清楚时，该处可不按比例绘制。

（4）楼地面图、管道上的阀门和附件应予以表示，管径、立管编号与平面一致。

（5）管道应注明管径、标高（也可标注距楼地面尺寸），以及接出或接入管道上的设备、器具宜编号或注字表示。

8. 详图的画法

（1）无标准设计图可供选用的设备、器具安装图及非标准设备制造图，宜绘制详图。

（2）安装或制造总装图上，应对零部件进行编号。

（3）零部件应按实际形状绘制，并标注各部件尺寸、加工精度、材质要求和制造数量，编号应与总装图一致。

作业页

班级：　　　　　姓名：　　　　　学号：

思考题

（1）什么是室外给水工程？包括哪几部分？

（2）什么是室内给水工程？按用途可分为哪几类？

（3）什么是室内排水工程？按性质可分为哪几类？

（4）什么是室外排水工程？包括哪几部分？

（5）什么是分流制？什么是合流制？

（6）常用的管道阀门有哪些？

（7）什么叫公称直径？

（8）管道公称压力等级如何划分？

310 （9）管径的表达方式是如何规定的？

任务 9.2　给水排水平面图

给水排水平面图是建筑给水排水工程图中最基本的图样，它主要反映卫生器具、管道及其附件相对于房屋的平面位置。

9.2.1　给水排水平面图的图示特点

1. 比例

给水排水平面图可采用与房屋建筑平面图相同的比例，一般为1∶100，有时也可采用1∶50、1∶200、1∶300。如果在卫生设备或管路布置较复杂的房间，用1∶100的比例不足以表达清楚时，可选择1∶50的比例来画。给水排水平面图见图9-6。

码 9-2　给水排水平面图

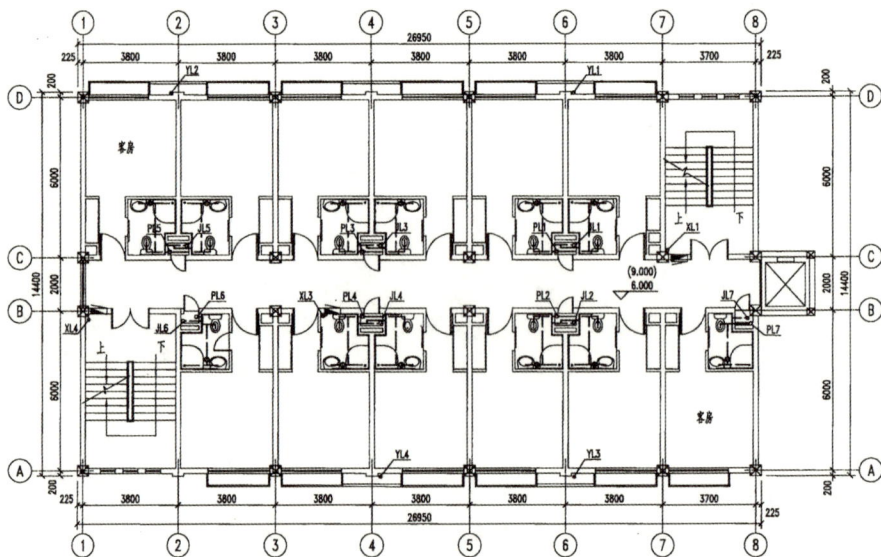

图 9-6　给水排水平面图

2. 给水排水平面图的数量和表达范围

多层房屋的给水排水平面图原则上应分层绘制。底层给水排水平面图应单独绘制。若楼层平面的管道布置相同，可绘制一个标准层给水排水平面图，但在图中必须注明各楼层的层次及标高。当设有屋顶水箱及管路布置时，应单独画屋顶层给水排水平面图；但当管路布置不太复杂时，如有可能也可将屋面上的管道系统附画在顶层给水排水平面图中（用双点画线表示水箱的位置）。

3. 房屋平面图

在给水排水平面图中所画的房屋平面图，不是用于房屋的土建施工，而仅作为管道系统各组成部分的水平布局和定位基准，因此，仅需抄绘房屋的墙身、柱、门窗洞、楼梯和台阶等主要构配件，至于房屋的细部及门窗代号等均可省去。底层给水排水平面图要画全轴线，楼层给水排水平面图可仅画边界轴线。建筑物轮廓线、轴线号、房间名称和绘图比例等均应与建筑专业一致，并用细实线绘制。各类管道、用水器具及设备、消火栓、喷洒头、雨水斗、阀门、附件和立管位置等应按图例以正投影法绘制在平面图上，线型按规定执行。

4. 卫生器具平面图

室内的卫生设备一般已在房屋设计的建筑平面图上布置好，可以直接抄绘于相应的给水排水平面布置图上。常用的配水器具和卫生设备（如洗脸盆、大便器、污水池、淋浴器等）均有一定规格的工业定型产品，不必详细画出其形体，可按表 9-3 所列的图例画出；施工时可按给水排水国家标准图集来安装。而盥洗槽、大便槽和小便槽等是现场砌筑的，其详图由建筑设计人员绘制，在给水排水平面图中仅需画出其主要轮廓；屋面水箱可在屋顶平面图中按实际大小用一定比例绘出，如果未另画屋顶平面图，水箱也可在顶层给水排水平面图上用双点画线画出，其具体结构由结构设计人员另画详图。所有的卫生器具图线都用细实线（$0.25b$）绘制；也可用中实线（$0.5b$）按比例画出其平面图形的外轮廓，内轮廓则用细实线（$0.25b$）表示。

5. 尺寸和标高

房屋的水平方向尺寸，一般在底层给水排水平面图中只需注明其轴线间尺寸。至于标高，只需标注室外地面的整平标高和各层地面标高。

卫生器具和管道一般都是沿墙、靠柱设置的，因此不必标注其定位尺寸。必要时，可以墙面或柱面为基准标出。卫生器具的规格可用文字标注在引出线上，或在施工说明中写明。

管道的长度在备料时只需用比例尺从图中近似量出，在安装时则以实测尺寸为依据，所以图中均不标注管道的长度。至于管道的管径、坡度和标高，因给水排水平面图不能充分反映管道在空间的具体位置、管路连接情况，故均在给水排水系统图中予以标注，给水排水平面图中一概不标注（特殊情况除外）。

9.2.2 给水排水平面图的绘图步骤

绘制给水排水施工图一般都先画给水排水平面图。给水排水平面图的绘图步骤一般如下：

（1）先画底层给水排水平面图，再画楼层给水排水平面图。

（2）在画每一层给水排水平面图时，先抄绘房屋平面图和卫生器具平

313

面图（因这些都已在建筑平面图上布置好），再画管道布置，最后标注尺寸、标高和文字说明等。

（3）抄绘房屋平面图的步骤与画建筑平面图一样，先画轴线，再画墙体和门窗洞，最后画其他构配件。

（4）画管路布置时，先画立管，再画引入管和排水管，最后按水流方向画出横支管和附件。给水管一般画至各卫生设备的放水龙头或冲洗水箱的支管接口，排水管一般画至各设备的污、废水的排泄口。

9.2.3　给水排水平面图的识读

由于底层给水排水平面图中的室内管道需与户外管道相连，所以必须单独画出一个完整的平面图。

在给水排水平面图上表示的管道应包括立管、干管和支管，底层给水排水平面图还有引入管和废污水排出管。为了便于读图，在底层给水排水平面图中的各种管道要编号，系统的划分视具体情况而异，一般给水管以每一根引入管为一个系统，污水、废水管以每一个承接排水管的检查井为一个系统。

作业页

班级：　　　　　　姓名：　　　　　　学号：

思考题

（1）什么是给水排水平面图？

（2）给水排水平面图的绘图比例一般是多少？

（3）给水排水平面图中，房屋平面图应该怎样绘制？

（4）给水排水平面图中，卫生器具平面图应该怎样绘制？

（5）给水排水平面图中，尺寸和标高应该怎样标注？

（6）简述给水排水平面图的绘图步骤。

（7）怎样识读给水排水平面图？

任务 9.3　给水排水系统图

给水排水平面图主要显示室内给水排水设备的水平安排和布置，而连接各管路的管道系统因其在空间转折较多，上下交叉重叠，往往在平面图中无法完整且清楚地表达，因此，需要有一个同时能反映空间三个方向的图来表示。这种图被称为给水排水系统图（或称为管系轴测图）。给水排水系统图能反映各管道系统的管道空间走向和各种附件在管道上的位置。管道交叉表示方法如图 9-7 所示。

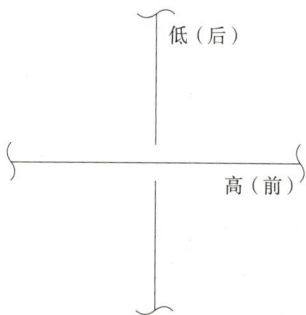

低（后）

高（前）

图 9-7　管道交叉表示方法

码 9-3　给水排水系统图

9.3.1　给水排水系统图的图示特点和表达方法

给水排水平面图是绘制给水排水系统图的基础图样。通常，给水排水系统图采用与平面图相同的比例绘制，一般为 1 ∶ 100 或 1 ∶ 200，当局部管道按比例不易表示清楚时，可以不按比例绘制。

给水排水系统图习惯上采用 45° 正面斜等轴测投影绘制。通常，将房屋的横向作为 OX 轴，纵向作为 OY 轴，高度方向作为 OZ 轴，三个方向的轴向伸缩系数相等且均取 1。当给水排水系统图与平面图采用相同的比例绘制时，OX 轴、OY 轴方向的尺寸可以直接在相应的平面图上量取，OZ 轴方向的尺寸按照配水器具的习惯安装高度量取。

给水和排水的系统图通常分开绘制，分别表现给水系统和排水系统的空间枝状结构，即系统图通常按独立的给水或排水系统来绘制，每一个系统图的编号应与底层给水排水平面图中的编号一致。

给水排水系统图中的管道依然用粗线型表示，其中给水管用粗实线表示，排水管用粗虚线表示。为了使系统图绘制简洁、阅读清晰，对于用水器具和管道布置完全相同的楼层，可以只画底层的所有管道，其他楼层省略，在省略处用 S 形折断符号表示，并注写"同底层"的字样。当管道的轴测投影相交时，位于上方或前方的管道连续绘制，位于下方或后方的管道则在交叉处断开，如图 9-8、图 9-9 所示。

在给水排水系统图中，应对所有管段的直径、坡度和标高进行标注。管段的直径可以直接标注在管段的旁边或由引出线引出，管径尺寸应以毫米（mm）为单位。给水管和排水管均需标注"公称直径"，在管径数字前应加以代号"DN"，例如 $DN50$ 表示公称直径为 50mm。给水管为压力管，不需要设置坡度；排水管为重力管，应在排水横管旁边标注坡度，如"$i=0.02$"，箭头表示坡向，当排水横管采用标准坡度时，可省略坡度标注，

317

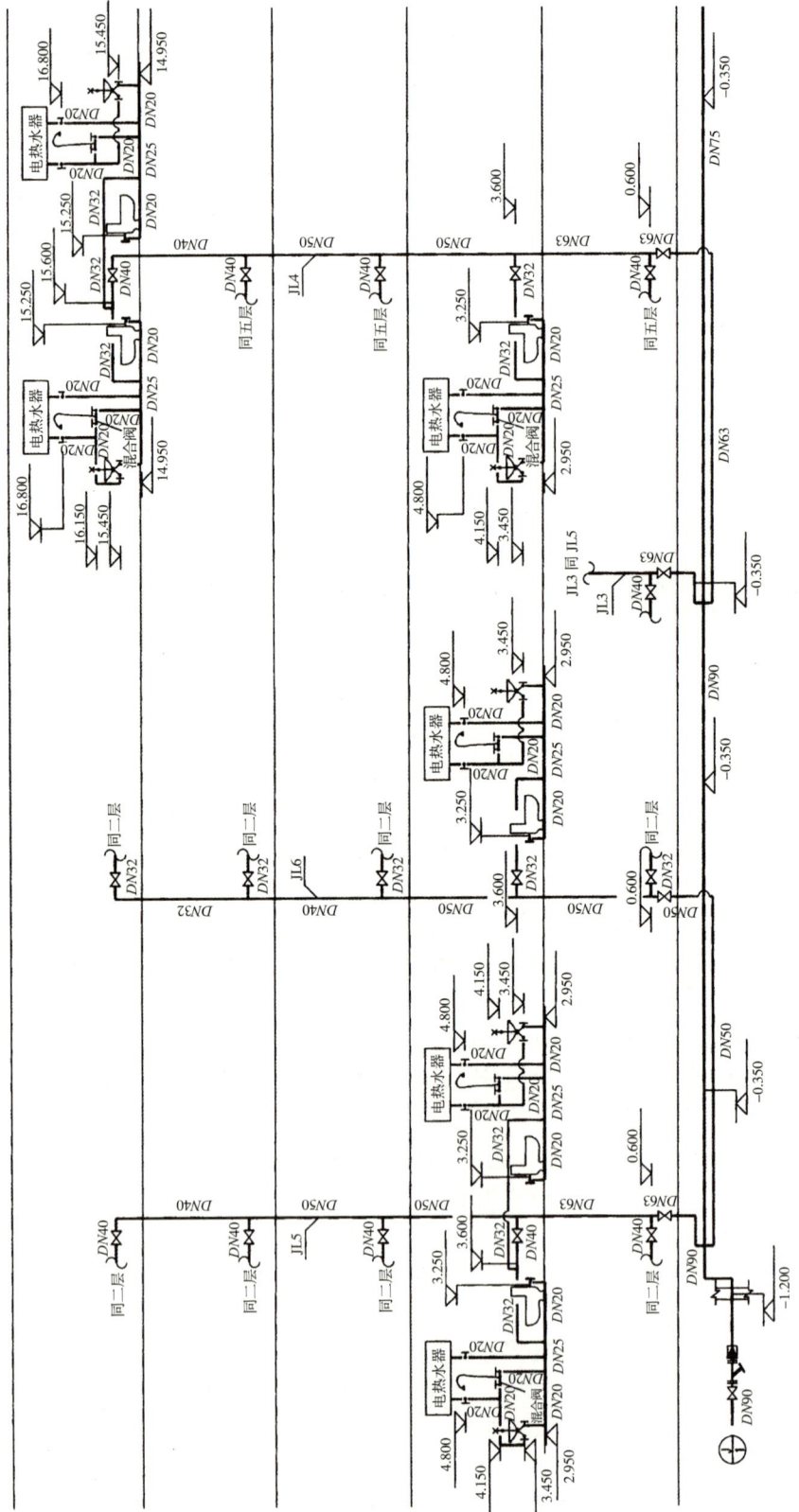

图 9-8 给水系统原理图

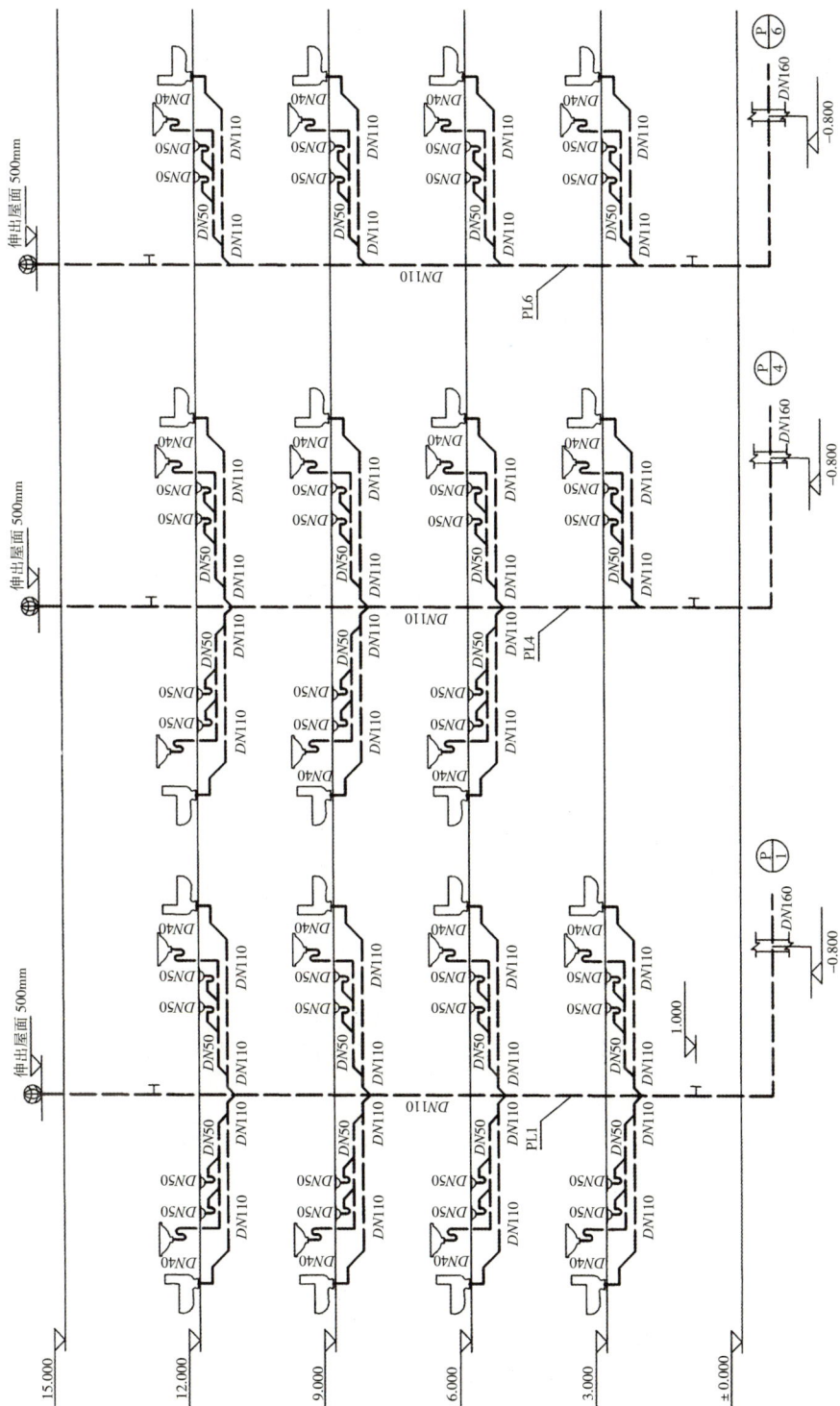

图 9-9　排水系统原理图

在施工说明中写明即可。系统图中的标高数字以米（m）为单位，保留三位有效数字。给水系统一般要求标注楼（地）面、屋面、引入管、支管水平段、阀门、龙头和水箱等部位的标高，管道的标高以管中心标高为准。排水系统一般要求标注楼（地）面、屋面、主要的排水横管、立管上的检查口及通气帽、排出管的起点等部位的标高，管道的标高以管内底标高为准。

9.3.2　给水排水系统图的绘图步骤

（1）为使各层给水排水平面图和给水排水系统图容易对照和联系，在布置图幅时，将各管路系统中的立管穿越相应楼层的楼地面线，如有可能，尽量画在同一水平线上。

（2）先画各系统的立管，定出各层的楼地面线、屋面线，再画给水引入管及屋面水箱的管路；排水管系统中接画排出横管、窨井及立管上的检查口和通气帽等。

（3）从立管上引出各横向的连接管段。

（4）在横向管段上画出给水管系的截止阀、放水龙头、连接支管和冲洗水箱等，在排水管系中可接画承接支管、存水弯等。

（5）标注公称直径、坡度、标高和冲洗水箱的容积等数据。

9.3.3　给水排水系统图的阅读

给水排水系统图以平面图中的立管符号为首要对象在图面上排序，进行展开。立管的展开排列方式为：以平面图左端（或下端）的立管为基准，在系统图中自左至右展开排列各立管，立管的排列次序与平面图一致，并应使读图者能方便地互相对照。所有编号的立管（穿楼板的立管均要编号）均在系统图中绘出。

横干管以任一个立管与横干管的连接点为基点，向一侧或两侧展开，并依次连接各立管。连接次序严格按照平面图。

给水排水系统图中均需绘制楼层线。相同层高的楼层线间距按等距离绘制。当个别层所画内容较多而排列不开时，可适当拉大间距。夹层、跃层及楼层升降部分均用楼层线反映。楼层线标注层数和建筑地面标高。

立管的上下两端点及横管均准确地绘制在所在层内。管道均不标注标高，其标高标注在平面图中。立管端点标高在平面图中与其连接的横管上反映。

立管上所有的阀器件（包括检查口、阀门、逆止阀、减压阀、伸缩节及固定支架等）及接出支管等均要绘出，并准确地绘制在所在层内。当接出的支管另有详图时，支管线可在引出后断掉。

作业页

班级：　　　　　　姓名：　　　　　　学号：

思考题

（1）什么是给水排水系统图？

（2）给水排水系统图的绘图比例一般是多少？

（3）给水排水系统图习惯上采用_____测投影绘制。通常，将房屋的横向作为OX轴，纵向作为OY轴，高度方向作为OZ轴，三个方向的轴向伸缩系数_____。

（4）给水和排水系统图通常_____绘制，分别表现_____和_____的空间枝状结构，即系统图通常按独立的给水或排水系统来绘制，每一个系统图的编号应与底层_____图中的编号一致。

（5）在给水排水系统图中，应对所有的管段的_____、_____和标高进行标注。管段的直径可以直接标注在管段的旁边或由_____引出，管径尺寸应以_____为单位。

（6）简述给水排水系统图的绘图步骤。

（7）怎样识读给水排水系统图？

课程思政

　　给水排水工程常用管材种类很多。在选择管材时要特别注意要求，不要选错。这就要求我们具备科学严谨、实事求是、精益求精等良好的职业素养。

　　为了控制和调节各种管道及设备内气体、液体的介质流动，需要在管道上设置各种阀门。常用的阀门有截止阀、闸阀、止回阀、旋塞阀、安全阀、减压阀和浮球阀等。安全阀的作用是当压力超过规定标准时，从安全门中自动排出多余的介质。这提醒我们在日常的工作中时时刻刻具备安全意识。

参考文献

[1] 赵云华.道路工程制图 [M]. 北京：机械工业出版社，2005.

[2] 谭建伟.道路工程制图 [M]. 北京：机械工业出版社，2012.

[3] 刘雪松.道路工程制图 [M]. 北京：人民交通出版社，2002.

[4] 张力.市政工程制图与识图 [M]. 北京：中国建筑工业出版社，2007.

[5] 王芳.市政工程构造与识图 [M]. 北京：中国建筑工业出版社，2002.

[6] 张春娥.道路工程制图 [M].济南：山东大学出版社，2006.

[7] 郭启臣.市政工程制图与识图 [M]. 北京：电子工业出版社，2018.